电气控制与 PLC 项目式教程

主 编 李新卫 王益军

副主编 石 钰

北京理工大学出版社
BEIJING INSTITUTE OF TECHNOLOGY PRESS

版权专有　侵权必究

图书在版编目（CIP）数据

电气控制与 PLC 项目式教程 / 李新卫，王益军主编. —北京：北京理工大学出版社，2018.1（2022.7 重印）

ISBN 978-7-5682-5131-0

Ⅰ. ①电…　Ⅱ. ①李…　②王…　Ⅲ. ①电气控制−高等学校−教材②PLC 技术−高等学校−教材　Ⅳ. ①TM921.5②TM571.61

中国版本图书馆 CIP 数据核字（2018）第 000454 号

出版发行 / 北京理工大学出版社有限责任公司
社　　址 / 北京市海淀区中关村南大街 5 号
邮　　编 / 100081
电　　话 / （010）68914775（总编室）
　　　　　　（010）82562903（教材售后服务热线）
　　　　　　（010）68944723（其他图书服务热线）
网　　址 / http://www.bitpress.com.cn
经　　销 / 全国各地新华书店
印　　刷 / 三河市天利华印刷装订有限公司
开　　本 / 787 毫米×1092 毫米　1/16
印　　张 / 16.5　　　　　　　　　　　　　　责任编辑 / 陈莉华
字　　数 / 387 千字　　　　　　　　　　　　文案编辑 / 陈莉华
版　　次 / 2018 年 1 月第 1 版　2022 年 7 月第 6 次印刷　责任校对 / 黄拾三
定　　价 / 48.00 元　　　　　　　　　　　　责任印制 / 李志强

图书出现印装质量问题，请拨打售后服务热线，本社负责调换

前　言

可编程控制器是适应现代工业控制的多功能控制器，近年来在工业自动控制、机电一体化系统、改造传统产业等方面得到了广泛的应用。"电气控制与 PLC"是高职高专自动化类专业开设的一门专业核心课程。该课程将继电器–接触器控制、PLC、变频器及触摸屏融合到一起，与生产实际紧密结合，是培养高职高专学生机电工程实践能力和创新能力的一门重要课程。

本书紧扣维修电工（中级）、可编程序系统设计师（四级）和中小企业对生产设备维修保养工作岗位的要求，联合企业工程师，精选企业典型工作过程，将继电器–接触器控制、PLC 基本指令、PLC 步进梯形图指令、PLC 功能指令等内容有机结合起来，设计了 5 个工作项目，22 个典型工作任务，如下表所示，使学生熟悉传统继电器–接触器控制电路，掌握利用 PLC 进行一般控制系统设计和改造的技能，成为企业所需要的技术技能型人才。

序号	项目	工作任务		建议学时
一	电动机基本电气控制电路的设计与安装	任务一	电动机点动与自锁控制电路的分析与安装	6
		任务二	电动机正反转启动电路的分析与安装	4
		任务三	笼型异步电动机Y–△启动控制电路的分析与安装	4
		任务四	异步电动机制动电路的分析与安装	4
		任务五	异步电动机行程控制电路的分析与安装	4
二	PLC 基本指令应用	任务一	认识 PLC	6
		任务二	电动机自锁电路 PLC 控制	6
		任务三	电动机正反转 PLC 控制	4
		任务四	三相异步电动机Y–△降压启动 PLC 控制	4
		任务五	电动机带动传送带的 PLC 控制	4
		任务六	电动机单按钮启停 PLC 控制	2
三	PLC 步进梯形图指令编程与应用	任务一	凸轮旋转工作台的 PLC 控制	6
		任务二	工件自动分拣系统 PLC 控制	4
		任务三	组合钻床的 PLC 控制	4
四	PLC 功能指令编程与应用	任务一	用 PLC 功能指令实现电动机Y–△降压启动	4
		任务二	五站运料小车运行方向 PLC 控制	4
		任务三	反应釜压力实时报警系统 PLC 控制	6
		任务四	小型轧钢机 PLC 控制	6
		任务五	机械手传送工件的 PLC 控制	6
五	PLC 综合系统设计	任务一	三台 PLC 数据通信	6
		任务二	自动线传送带多段速运行 PLC 系统设计	8
		任务三	基于触摸屏的自动送料装置系统设计	8

本书遵照高等职业教育专业教学标准，立足高职高专教育人才培养目标，力求简明扼要，突出重点。归纳起来，本书具有以下特点。

（1）校企合作开发课程项目，以典型机械产品的控制系统为载体规划教学内容。在教材结构的组织方面，以企业项目构建教学体系，以典型工作任务为教学主线，将知识点和技能训练融于各个任务中，将知识点做了较为精密的整合，由浅入深、循序渐进，强调实用性、可操作性和可选择性。

（2）本书将电气控制基础、PLC、变频器和触摸屏等现代电气控制的内容整合在一起，包括 5 个教学项目，22 个典型工作任务，从电气控制的基础知识到 PLC 基本指令、步进梯形图指令、功能指令最终到 PLC 综合系统应用，整个教学内容注重实用、理论联系实际，便于开展理实一体化教学。

（3）教学内容的设计紧密衔接职业资格标准。教学内容有机融合维修电工（中级）、可编程序系统设计师（四级）的职业资格标准。将理论教学与技能操作训练有机结合，突出学生设计能力、创新能力的培养和提高，符合职业教育的特色。

（4）本书配备有全方位立体化的教学资源。本门课程为山东省精品课程和山东省优质资源共享课立项课程，网址分别为：http：//jpkc2.sdjtzyxy.com/plckz/，http：//222.173.171.218：8080/suite/wv/681626。读者随时可以登录网站获取教材、电子教案、授课视频等教学资源进行自主学习，还可以登录学习平台与教师进行互动交流。

本书由李新卫、王益军担任主编，虽然本书作为校本教材已经试用多年，但由于编写时间仓促，加之水平有限，难免有不当之处，恳请有关专家、广大读者及同行们批评指正，以便改进。同时，对本书所有引用的参考文献的作者深表感谢。

编　者

目 录

项目一　电动机基本电气控制电路的设计与安装 ·· 1
　任务一　电动机点动与自锁控制电路的分析与安装 ·· 1
　　一、任务描述 ·· 1
　　二、背景知识 ·· 2
　　三、任务实施 ·· 12
　　四、知识进阶 ·· 16
　　五、技能强化——点动与自锁混合控制电路 ·· 17
　　六、思考与练习 ·· 18
　任务二　电动机正反转启动电路的分析与安装 ·· 18
　　一、任务描述 ·· 18
　　二、背景知识 ·· 19
　　三、任务实施 ·· 22
　　四、知识进阶——电气线路故障检修步骤 ·· 22
　　五、思考与练习 ·· 25
　任务三　笼型异步电动机Y-△启动控制电路的安装与调试 ································ 25
　　一、任务描述 ·· 25
　　二、背景知识 ·· 26
　　三、任务实施 ·· 31
　　四、知识进阶 ·· 31
　　五、思考与练习 ·· 32
　任务四　异步电动机制动电路的分析与安装 ·· 33
　　一、任务描述 ·· 33
　　二、背景知识 ·· 33
　　三、任务实施 ·· 36
　　四、知识进阶——制动电磁铁 ·· 38
　　五、思考与练习 ·· 39
　任务五　异步电动机行程控制电路的分析与安装 ·· 40
　　一、任务描述 ·· 40
　　二、背景知识 ·· 40
　　三、任务实施 ·· 43
　　四、知识进阶——接近开关 ·· 43
　　五、技能强化——电动机自动往返循环控制 ·· 44

六、思考与练习 ··· 45

项目二　PLC 基本指令应用 ··· 46
任务一　认识 PLC ··· 46
　　一、任务描述 ··· 46
　　二、背景知识 ··· 47
　　三、任务实施——认识 FX_{3U} 系列 PLC ··· 52
　　四、知识进阶——PLC 编程语言 ··· 57
　　五、思考与练习 ··· 59

任务二　电动机自锁电路 PLC 控制 ··· 59
　　一、任务描述 ··· 59
　　二、背景知识 ··· 60
　　三、任务实施 ··· 68
　　四、知识进阶 ··· 70
　　五、技能强化——电动机两地控制 PLC 程序设计 ··· 71
　　六、思考与练习 ··· 72

任务三　电动机正反转 PLC 控制 ··· 73
　　一、任务描述 ··· 73
　　二、背景知识 ··· 73
　　三、任务实施 ··· 76
　　四、知识进阶 ··· 78
　　五、技能强化——工作台自动往返 PLC 控制 ··· 80
　　六、思考与练习 ··· 81

任务四　三相异步电动机 Y–△降压启动 PLC 控制 ··· 82
　　一、任务描述 ··· 82
　　二、背景知识 ··· 83
　　三、任务实施 ··· 87
　　四、知识进阶——用定时器实现的指示灯闪烁电路 ··· 91
　　五、技能强化——三台电动机顺序启动 PLC 程序设计 ··· 91
　　六、思考与练习 ··· 92

任务五　电动机带动传送带的 PLC 控制 ··· 93
　　一、任务描述 ··· 93
　　二、背景知识 ··· 93
　　三、任务实施 ··· 96
　　四、知识进阶 ··· 98
　　五、技能强化——会议大厅入口人数统计报警控制程序设计 ··· 99
　　六、思考与练习 ··· 100

任务六　电动机单按钮启停 PLC 控制 ··· 101
　　一、任务描述 ··· 101
　　二、背景知识 ··· 101

三、任务实施 ·· 102
　　四、知识进阶 ·· 104
　　五、技能强化——洗手间的冲水清洗控制 ··· 107
　　六、思考与练习 ·· 108

项目三　PLC步进梯形图指令编程与应用 ·· 109
　任务一　凸轮旋转工作台的PLC控制 ·· 109
　　一、任务描述 ·· 109
　　二、背景知识 ·· 110
　　三、任务实施 ·· 120
　　四、知识进阶——复杂转移条件的程序处理 ··· 122
　　五、技能强化——流水灯的顺序控制 ··· 123
　　六、思考与练习 ·· 124
　任务二　工件自动分拣系统PLC控制 ·· 125
　　一、任务描述 ·· 125
　　二、背景知识 ·· 125
　　三、任务实施 ·· 128
　　四、知识进阶——由"启-保-停"电路实现顺序功能图与梯形图之间的转换 ··· 130
　　五、思考与练习 ·· 131
　任务三　组合钻床的PLC控制 ·· 131
　　一、任务描述 ·· 131
　　二、背景知识 ·· 132
　　三、任务实施 ·· 135
　　四、知识进阶——组合流程和虚拟状态 ··· 137
　　五、技能强化——按钮式人行横道交通灯控制程序设计 ···························· 138
　　六、思考与练习 ·· 139

项目四　PLC功能指令编程与应用 ··· 141
　任务一　用PLC功能指令实现电动机Y-△降压启动 ·· 141
　　一、任务描述 ·· 141
　　二、背景知识 ·· 141
　　三、任务实施 ·· 144
　　四、知识进阶 ·· 146
　　五、技能强化——利用功能指令实现喷泉控制 ··· 148
　　六、思考与练习 ·· 149
　任务二　五站运料小车运行方向PLC控制 ·· 150
　　一、任务描述 ·· 150
　　二、背景知识 ·· 150
　　三、任务实施 ·· 153
　　四、知识进阶——交换指令 ·· 155
　　五、技能强化——传送带工件数量统计PLC程序设计 ································ 156

六、思考与练习 ·· 157
　任务三　反应釜压力实时报警系统 PLC 控制 ·· 157
　　一、任务描述 ·· 157
　　二、背景知识 ·· 158
　　三、任务实施 ·· 168
　　四、知识进阶 ·· 170
　　五、技能强化——停车场车位数量 PLC 控制 ·· 171
　　六、思考与练习 ·· 172
　任务四　小型轧钢机 PLC 控制 ·· 172
　　一、任务描述 ·· 172
　　二、背景知识 ·· 173
　　三、任务实施 ·· 177
　　四、知识进阶 ·· 179
　　五、思考与练习 ·· 181
　任务五　机械手传送工件的 PLC 控制 ·· 181
　　一、任务描述 ·· 181
　　二、背景知识 ·· 182
　　三、任务实施 ·· 186
　　四、知识进阶 ·· 190
　　五、技能强化——用位移指令编写 4 台电动机顺序启动控制程序 ·· 191
　　六、思考与练习 ·· 192

项目五　PLC 综合系统设计 ·· 193
　任务一　三台 PLC 数据通信 ·· 193
　　一、任务描述 ·· 193
　　二、背景知识 ·· 194
　　三、任务实施 ·· 199
　　四、知识进阶——如何提高 PLC 控制系统的可靠性 ·· 202
　　五、思考与练习 ·· 204
　任务二　自动线传送带多段速运行 PLC 系统设计 ·· 204
　　一、任务描述 ·· 204
　　二、背景知识 ·· 205
　　三、任务实施 ·· 214
　　四、知识进阶——如何减少 PLC 输入/输出点数 ·· 218
　　五、技能强化——用模拟量输出模块来控制电动机运行频率 ·· 219
　　六、思考与练习 ·· 221
　任务三　基于触摸屏的自动送料装置系统设计 ·· 222
　　一、任务描述 ·· 222
　　二、背景知识 ·· 223
　　三、任务实施 ·· 233

四、知识进阶——PLC 控制系统的日常维护 ································· 236
　　五、思考与练习 ··· 238
附录 ·· 240
　　附录一　三菱 FX_{3U} 系列 PLC 软继电器 ··································· 240
　　附录二　三菱 FX_{3U} 系列 PLC 基本指令 ··································· 242
　　附录三　三菱 FX_{3U} 系列 PLC 功能指令 ··································· 244
参考文献 ·· 252

项目一　电动机基本电气控制电路的设计与安装

本项目主要介绍常用低压电器的结构、工作原理、性能指标和选用原则，几种常见的基本电气控制电路和三相异步电动机控制电路。重点介绍如何应用继电器—接触器来控制普通三相异步电动机的启动、停止、连续运行、正反转、降压启动、电气制动等控制电路。并结合当前电气控制技术的发展，介绍了软启动器等现代低压电气元件及其应用。

✓ 知识目标

（1）知道常用低压电器的结构、工作原理、型号规格、使用方法及其在控制电路中的作用。
（2）知道三相异步电动机启动、制动和正反转运行等控制电路的分析方法。
（3）学会常用电动机控制电路的工作原理和安装调试方法。

✓ 能力目标

（1）能根据控制要求，选择合适型号的低压电器。
（2）能根据控制要求，绘制典型电动机控制电路原理图，并能按照电气原理图进行装配。
（3）能读懂电气控制图纸，掌握常用电气控制电路的安装、调试和维修方法。

任务一　电动机点动与自锁控制电路的分析与安装

一、任务描述

异步电动机主要用作动力源，去拖动各种生产机械。和其他电动机比较，它具有结构简单、制造容易、价格低廉、运行可靠、维护方便、效率较高等一系列优点。异步电动机的缺点是不能经济地在较大范围内平滑调速，以及必须从电网吸收滞后的无功功率，使电网功率因数降低。异步电动机应用极为广泛。例如，在工业方面，各种金属切削机床、轻工机械、矿山机械、通风机、压缩机等；在农业方面，如水泵、脱粒机、粉碎机及

扫一扫，
查看教学课件

其他农副产品加工机械等都是用异步电动机来拖动的。此外，与人们日常生活密切相关的电扇、洗衣机等设备中都使用了异步电动机。

电动机的单向点动控制线路常用于电动葫芦的操作、地面操作的小型车及某些机床辅助运动的电气控制。通过这种简单的电气控制线路的学习，可以熟悉安装控制线路的基本步骤。自锁控制线路常用于只需要单方向运转的小功率电动机的控制，如小型通风机、水泵及皮带

运输机等机械设备。本任务是设计、安装并调试异步电动机单向启动控制线路。

二、背景知识

凡是能自动或手动接通和断开电路，以及对电路或非电路现象能进行切换、控制、保护、检测、变换和调节的元器件统称为电器。按工作电压高低，可分为高压电器和低压电器两大类。高压电器是指额定电压 3 kV 及以上的电器；低压电器是指交流电压 1 000 V 或直流电压 1 200 V 以下的电器。低压电器是电力拖动自动控制系统的基本组成元件。

电动机控制线路是由各种低压电器按照一定的控制要求连接而成的。在本次学习任务中，我们将用到低压断路器、交流接触器、按钮、熔断器等低压电器。下面首先认识一下这些电器。

（一）低压断路器

低压断路器又叫自动空气开关或自动空气断路器，简称断路器。它是低压配电网络和电力拖动系统中常用的一种配电电器。低压断路器按结构形式可分为塑壳式（又称装置式）、框架式（又称万能式）、限流式、直流快速式、灭磁式（用于励磁回路，作为灭磁和过压保护用）、真空式和漏电保护式等几类。常用低压断路器的外观、功能及特点如表 1-1 所示。

表 1-1 常用低压断路器的外观、功能及特点

外观	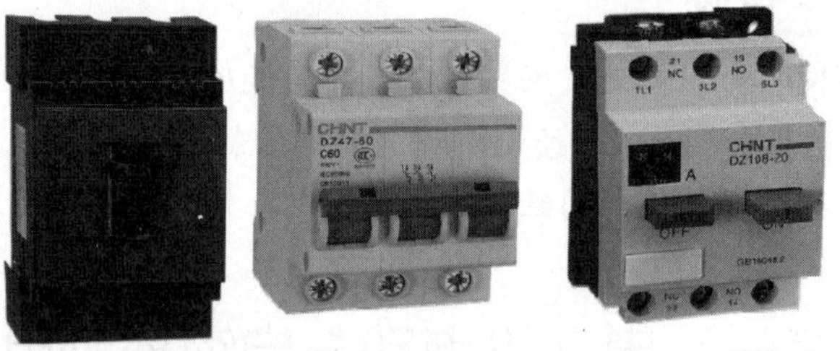
电气符号	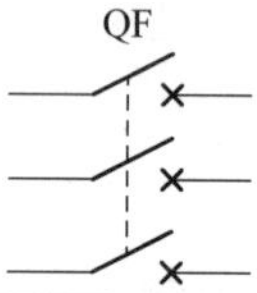 QF
功能	集控制和多种保护功能于一体，在正常情况下可用于不频繁地接通和断开电路以及控制电动机的运行。当电路发生短路、过载和失压等故障时，能自动切断故障电路，保护供电线路和电气设备
特点	低压断路器具有操作安全、安装使用方便、工作可靠、动作值可调、分断能力较高、兼顾多种保护、动作后不需要更换元件等优点，因此得到广泛应用

在电力拖动系统中常用的低压断路器是 DZ 系列塑壳式断路器，下面以 DZ5-20 型断路器为例介绍低压断路器。

1. 低压断路器的型号及含义

低压断路器的型号及含义如图 1-1 所示。

2. 低压断路器的结构与工作原理

DZ5-20 型断路器由动触头、静触头、灭弧装置、操作机构、热脱扣器、电磁脱扣器、

外壳等部分组成。

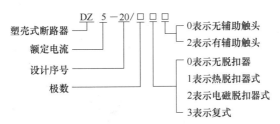

图 1-1 低压断路器的型号及含义

断路器的工作原理示意图如图 1-2 所示。使用时断路器的三副主触头串联在被控制的三相电路中，按下接通按钮时，外力使锁扣克服反作用弹簧的反力，将固定在锁扣上面的动触头与静触头闭合，并由锁扣锁住搭钩使动、静触头保持闭合，开关处于接通状态。

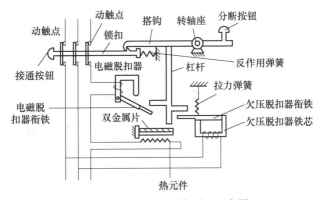

图 1-2 断路器的工作原理示意图

当电路发生过载时，过载电流流过热元件产生一定的热量，使双金属片受热向上弯曲，通过杠杆推动搭钩与锁扣脱开，在反作用弹簧的推动下，动、静触头分开，从而切断电路，使用电设备不致因过载而烧毁。

当电路发生短路时，短路电流超过电磁脱扣器的瞬时脱扣整定电流，电磁脱扣器产生足够大的吸力将衔铁吸合，通过杠杆推动搭钩与锁扣脱开，从而切断电路，实现短路保护。

想一想：根据断路器工作原理示意图和电磁脱扣器动作过程，分析欠压脱扣器的动作过程。需手动分断电路时，按下分断按钮即可。

（二）交流接触器

接触器是一种自动的电磁式开关，是电力拖动自动控制线路中使用最广泛的电气元件。因它不具有短路保护功能，常与熔断器、热继电器等保护电器配合使用。接触器的外观与结构、电气符号、功能及特点如表 1-2 所示。

接触器按主触头通过的电流种类，分为交流接触器和直流接触器两种。本任务中介绍交流接触器。交流接触器的种类很多，目前常用的有我国自行设计生产的 CJ0、CJ10、CJ20、CJX1、CJX2、CJX4、CJX8、CJT1、CJK1 和 CJW1 等系列，以及从国外引进先进技术生产的 B、SK、LC1-D、3TB、3TF 等系列。下面以 CJ10 系列为例介绍交流接触器。

表 1–2 接触器的外观与结构、电气符号、功能及特点

外观与结构	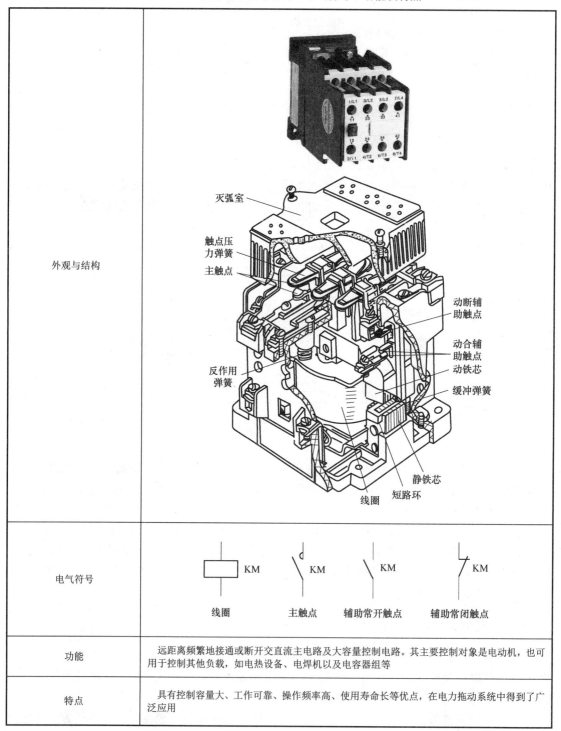
电气符号	KM 线圈　　KM 主触点　　KM 辅助常开触点　　KM 辅助常闭触点
功能	远距离频繁地接通或断开交直流主电路及大容量控制电路。其主要控制对象是电动机，也可用于控制其他负载，如电热设备、电焊机以及电容器组等
特点	具有控制容量大、工作可靠、操作频率高、使用寿命长等优点，在电力拖动系统中得到了广泛应用

1. 交流接触器的型号及含义

交流接触器的型号及含义如图 1-3 所示。

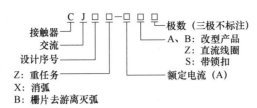

图 1-3 交流接触器的型号及含义

2. 交流接触器的结构与工作原理

交流接触器的结构及各部分作用如表 1-3 所示。

表 1-3 交流接触器的结构及各部分作用

结构	各部分组成/类型	图例	各部分作用
电磁系统	1—铁芯（静铁芯） 2—线圈 3—衔铁（动铁芯）		利用电磁线圈的通电或断电，使衔铁和铁芯吸合或释放，从而带动动触头与静触头闭合或分断，实现接通或断开电路的目的
触头系统	主触头 辅助触头（常开触头、常闭触头）		主触头用于通断电流较大的主电路，一般由三对接触面积较大的常开触头组成。辅助触头用于通断电流较小的控制电路，一般由两对常开触头和两对常闭触头组成
灭弧装置	双断口电动力灭弧		交流接触器在断开大电流或高电压电路时，在动、静触头之间会产生很强的电弧。电弧是触头间气体在强电场作用下产生的放电现象，电弧的产生，一方面会灼伤触头，减少触头的使用寿命；另一方面会使线路切断时间延长，甚至造成弧光短路或引起火灾事故。因此希望触头间的电弧能尽快熄灭
	纵缝灭弧		
	栅片灭弧 1—灭弧片 2—触头 3—电弧		
辅助部件	反作用弹簧 缓冲弹簧 触头压力弹簧 传动机构		反作用弹簧安装在动铁芯和线圈之间，在线圈断电后，推动衔铁释放，使各触头恢复原状态。 缓冲弹簧安装在静铁芯与线圈之间，其作用是缓冲衔铁在吸合时对静铁芯和外壳的冲击力，保护铁芯和外壳。 触头压力弹簧安装在动触头上面，其作用是增加动、静触头间的压力，从而增大接触面积，减少接触电阻，防止触头过热灼伤。 传动机构的作用是在衔铁或反作用弹簧的作用下，带动动触头实现与静触头的接通或分断

交流接触器的工作原理：当接触器的线圈通电后，线圈中流过的电流产生磁场，磁通穿过铁芯和衔铁构成闭合回路，将铁芯和衔铁磁化，在铁芯和衔铁相对的端面上产生异性磁极，当相互吸引的电磁力大于反作用弹簧的作用力时，衔铁吸合，通过传动机构带动辅助常闭触头断开，三对主触头和辅助常开触头闭合。当接触器线圈断电或电压显著下降时，由于电磁吸力消失或过小，衔铁在反作用弹簧的作用下复位，带动各触头恢复到原始状态。交流接触器工作原理示意图如图1-4所示。

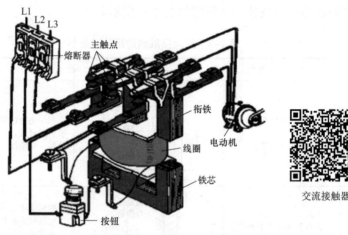

图1-4 交流接触器工作原理示意图

3. 交流接触器的选用

电气控制系统中，交流接触器可按下列方法选用。

1）选择接触器主触头的额定电压

接触器主触头的额定电压应大于或等于控制线路的额定电压。

2）选择接触器主触头的额定电流

接触器控制电阻性负载时，主触头的额定电流应等于负载的额定电流。控制电动机时，主触头的额定电流应大于或稍大于电动机的额定电流。或按下列经验公式计算（仅适用于CJ0、CJ10系列）：

$$I_C = \frac{P_N \times 10^3}{KU_N}$$

式中　K——经验系数，一般取 1~1.4；
　　　P_N——被控制电动机的额定功率（kW）；
　　　U_N——被控制电动机的额定电压（V）；
　　　I_C——接触器主触头电流（A）。

如果接触器使用在频繁启动、制动及正反转的场合，应选用主触头额定电流大一个等级的接触器。

3）选择接触器吸引线圈的电压

当控制线路简单，使用电器较少时，为节省变压器，可直接选用 220 V 或 380 V；线路复杂，使用电器超过 5 个时，从人身和设备安全考虑，线圈电压要选低一些，可用 36 V 或

110 V 电压的线圈。

4）选择接触器的触头数量及类型

接触器的触头数量、类型应满足控制线路的要求。

（三）按钮

按钮是由人体某一部分（一般为手指或手掌）所施加力来操作，并具有储能（弹簧）复位功能的一种控制开关。按钮的外观及功能如表 1-4 所示。

表 1-4 按钮的外观及功能

外观	
功能	按钮的触头允许通过的电流较小，一般不超过 5 A，因此一般情况下它不直接控制主电路的通断，而是在控制电路中发出指令或信号去控制接触器、继电器等电器，再由它们去控制主电路的通断、功能转换或联锁

想一想：你见过的按钮有哪几种颜色？查找资料，看看每种颜色都代表什么含义？

1. 按钮的型号及含义

按钮的型号及含义如图 1-5 所示。

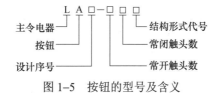

图 1-5 按钮的型号及含义

其中结构形式代号的含义为：

K—开启式，适用于嵌装在操作面板上；

H—保护式，带保护外壳，可防止内部零件受机械损伤或人偶然触及带电部分；

S—防水式，具有密封外壳，可防止雨水侵入；

F—防腐式，能防止腐蚀性气体进入；

J—紧急式，带有红色大蘑菇钮头（突出在外），作紧急切断电源用；

X—旋钮式，用旋钮旋转进行操作，有通和断两个位置；

Y—钥匙操作式，用钥匙插入进行操作，可防止误操作或供专人操作；

D—光标按钮，按钮内装有信号灯，兼作信号指示；

M—蘑菇头式；

ZS—自锁式。

2. 按钮的结构及分类

按钮的结构及分类如表 1-5 所示。

表1-5　按钮的结构及分类

结构			
符号	SB	SB	SB
名称	常闭按钮（停止按钮）	常开按钮（启动按钮）	复合按钮

3. 按钮的使用说明

按钮的使用说明如表1-6所示。

表1-6　按钮的使用说明

选用原则	安装与使用
（1）根据使用场合和具体用途选择按钮的种类。例如：嵌装在操作面板上的按钮可选用开启式；需显示工作状态的选用光标式；在非常重要处，为防止无关人员误操作宜用钥匙操作式；在有腐蚀性气体处要用防腐式。 （2）根据工作状态指示和工作情况要求，选择按钮或指示灯的颜色。例如：启动按钮可选用绿色，停止按钮可选用红色。 （3）根据控制回路的需要选择按钮的数量。如单联按钮、双联按钮和三联按钮等。	（1）按钮安装在面板上时，应布置整齐，排列合理，如根据电动机启动的先后顺序，从上到下或从左到右排列。 （2）同一机床运动部件有几种不同的工作状态时（如上、下、前、后、松、紧等），应使每一对相反状态的按钮安装在一组。 （3）按钮的安装应牢固，安装按钮的金属板或金属按钮盒必须可靠接地。 （4）由于按钮的触头间距较小，如有油污等极易发生短路故障，所以应注意保持触头间的清洁。

（四）熔断器

熔断器是在电气控制系统中用作短路保护的电器。使用时串联在被保护的电路中，当电路发生短路或过载故障，通过熔断器的电流达到或超过某一规定值时，以其自身产生的热量使熔体熔断，切断电路，起到保护作用。它具有结构简单、价格便宜、动作可靠、使用维护方便等优点，因此得到广泛应用。如图1-6所示。

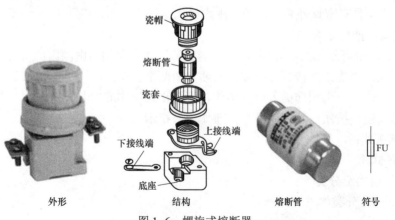

图1-6　螺旋式熔断器

1. 熔断器的型号及含义

熔断器的型号及含义如图 1-7 所示。

图 1-7 熔断器的型号及含义

例如：RL1—15/4 表示为螺旋式熔断器，其额定电流为 15 A，其熔断管中的熔体的额定电流为 4 A。

2. 熔断器的结构及作用

熔断器主要由熔体、安装熔体的熔断管和熔座三部分组成。

熔体：是熔断器的主要组成部分，常做成丝状、片状或栅状。

熔体的材料通常有两种：一种是由铅、铅锡合金或锌等低熔点材料制成，多用于小电流电路；另一种是由银、铜等较高熔点的金属制成，多用于大电流电路。

熔断管：熔体的保护外壳，用耐热绝缘材料制成，在熔体熔断时兼有灭弧作用。

熔座：是熔断器的底座，作用是固定熔断管和外接引线。

该系列熔断器的熔断管内，在熔丝周围填充着石英砂以增强灭弧性能。熔丝焊在瓷管两端的金属盖上，其中一端有一个标有不同颜色的熔断指示器，当熔丝熔断时，熔断指示器自动脱落，此时只需更换相同规格的熔断管即可。

3. 熔断器的主要技术参数

熔断器的主要技术参数如表 1-7 所示。

表 1-7 熔断器的主要技术参数

额定电压	熔断器的额定电压是指能保证熔断器长期正常工作的电压。若熔断器的实际工作电压大于其额定电压，熔体熔断时可能会发生电弧不能熄灭的危险
额定电流	熔断器的额定电流是指保证熔断器能长期正常工作的电流，是由熔断器各部分长期工作时允许温升决定的。它与熔体的额定电流是两个不同的概念。 熔体的额定电流是指在规定的工作条件下，长时间通过熔体而熔体不熔断的最大电流值。 通常，一个额定电流等级的熔断器可以配若干个额定电流等级的熔体，但熔体的额定电流不能大于熔断器的额定电流值
分断能力	在规定的使用和性能条件下，熔断器在规定电压下能分断的预期分断电流值。常用极限分断电流值来表示
时间-电流特性	在规定的条件下，表示流过熔体的电流与熔体熔断时间的关系特性，也称保护特性或熔断特性

由表 1-8 可见，熔断器对过载反应是很不灵敏的，当电气设备发生轻度过载时，熔断器将持续很长时间才能熔断。因此，除照明电路外，熔断器一般不宜作过载保护，主要用作短路保护。

表 1-8 熔断器的熔断时间与熔断电流的关系

熔断电流 I_s/A	$1.25I_N$	$1.6I_N$	$2.0I_N$	$2.5I_N$	$3.0I_N$	$4.0I_N$	$8.0I_N$	$10.0I_N$
熔断时间 t/s	∞	3 600	40	8	4.5	2.5	1	0.4

（五）热继电器

热继电器是利用流过继电器的电流所产生的热效应而反时限动作的继电器。所谓反时限动作，是指电器的延时动作时间随通过电路电流的增加而缩短。

热继电器的外观、电气符号、功能及特点如表 1-9 所示。

表 1-9 热继电器的外观、电气符号、功能及特点

外观	![外观图]
电气符号	FR [热继电器驱动元件]　　FR [常闭触点]
功能	热继电器主要用于电动机的过载保护、断相保护、电流不平衡运行的保护及其他电气设备发热状态的控制
特点	电动机在实际运行中，常遇到过载情况，若过载不大，时间较短，是可以的。但若过载时间较长，绕组温升超过了允许值，将会加剧老化，缩短电动机的使用寿命，严重时会烧毁电动机的绕组

图 1-8 热继电器的型号及含义

1. 热继电器的型号及含义

热继电器的型号及含义如图 1-8 所示。

2. 热继电器的结构及工作原理

目前我国在生产中常见的热继电器有国产的 JR16、JR20 等系列以及引进的 T 系列、3UA 等系列产品，下面以 JR16 系列为例，介绍热继电器的结构及工作原理。

1) 结构

JR16 系列热继电器的外形和结构如图 1-9 所示。它主要由热元件、动作机构、触头结构、电流整定装置、复位机构和温度补偿元件等组成。各组成部分的功能如表 1-10 所示。

(a)　　　　　　　　　(b)

图 1-9 JR16 系列热继电器的外形及结构

(a) 外形；(b) 结构

表 1-10 JR16 系列热继电器各组成部分的功能

组成部分	功　能
热元件	热元件是热继电器的主要组成部分，由主双金属片和绕在外面的电阻丝组成。主双金属片是由两种热膨胀系数不同的金属片复合而成，金属片的材料多为铁镍铬合金和铁镍合金。电阻丝一般用康铜或镍铬合金等材料制成
动作机构和触头系统	动作机构利用杠杆传递和弓簧式瞬跳机构来保证触头动作的迅速、可靠。触头为单断点弓簧跳跃式动作，一般为一个常开触头、一个常闭触头
电流整定装置	电流整定装置通过旋钮和电流调节凸轮调节推杆间隙，改变推杆移动距离，从而调节整定电流值
复位机构	复位机构有手动复位和自动复位两种形式，可根据使用要求通过复位调节螺钉来自由调整选择。一般自动复位的时间不大于 5 min，手动复位时间不大于 2 min

2）工作原理

使用时，将热继电器的热元件分别串接在电动机的两相（三相）主电路中，常闭触头串接在控制电路的接触器线圈回路中。当电动机过载时，流过电阻丝的电流超过热继电器的整定电流，电阻丝发热，主双金属片向右弯曲，推动导板向右移动，推动人字拨杆绕轴转动，从而推动触头系统动作，动触头与常闭静触头分开，使接触器线圈断电，接触器触头断开，将电源切除起保护作用。电源切除后，主双金属片逐渐冷却恢复原位，于是动触头在失去作用力的情况下，靠弓簧的弹性自动复位。热继电器的工作原理如图 1-10 所示。

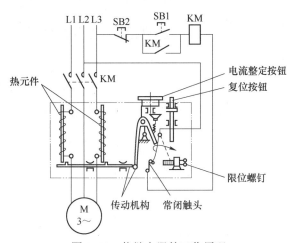

图 1-10 热继电器的工作原理

这种热继电器也可采用手动复位，以防止故障排除前设备带故障再次投入运行。将限位螺钉向外调节到一定位置，使动触头弓簧的转动超过一定角度失去反弹性，此时即使主双金属片冷却复原，动触头也不能自动复位，必须采用手动复位。按下复位按钮，动触头弓簧恢复到具有弹性的角度，推动动触头与静触头恢复闭合。

想一想：手动复位和自动复位的热继电器在使用过程中有何不同？应该注意些什么？

热继电器整定电流的大小可通过旋转电流整定旋钮来调节，旋钮上刻有整定电流值标尺。所谓热继电器的整定电流，是指热继电器连续工作而不动作的最大电流，超过整定电流，热继电器将在负载未达到其允许的过载极限之前动作。

三、任务实施

（一）读图与绘图

让电动机按照生产机械的要求正常安全地运转，必须配备一定的电器，组成一定的控制线路，才能达到目的。

1. 电气原理图

电气原理图是为了便于阅读与分析控制线路，根据简单、清晰的原则，采用电气元件展开的形式绘制而成的图样。它包括所有电气元件的导电部分和接线端点，但并不按照电气元件的实际布置位置来绘制，也不反映电气元件的大小。其作用是便于详细了解工作原理，知道系统或设备的安装、调试与维修。

绘制、识读电气控制线路原理图时应遵循以下原则，如表1-11所示。

表1-11 绘制、识读电气控制线路原理图应遵循的原则

原则	（1）原理图一般分为主电路和辅助电路两部分。主电路就是从电源到电动机大电流通过的路径。辅助电路包括控制电路、照明电路、信号电路及保护电路等
	（2）原理图中各电气元件不画实际的外形图，而采用国家规定的统一标准图形符号，文字符号也要符合国家标准规定
	（3）原理图中，各个电气元件和部件在控制线路中的位置，应根据便于阅读的原则安排。同一元器件的各个部件可以不画在一起
	（4）图中元件、器件和设备的可动部分，都按没有通电和没有外力作用时的开闭状态画出
	（5）原理图的绘制应布局合理、排列均匀。为了便于看图，可以水平布置，也可以垂直布置。电气元件应按功能布置，并尽可能按水平顺序排列，其布局顺序应该是从上到下，从左到右
	（6）电气原理图中，有直接联系的交叉导线连接点，要用黑圆点表示；无直接联系的交叉导线连接点，不画黑圆点
图例	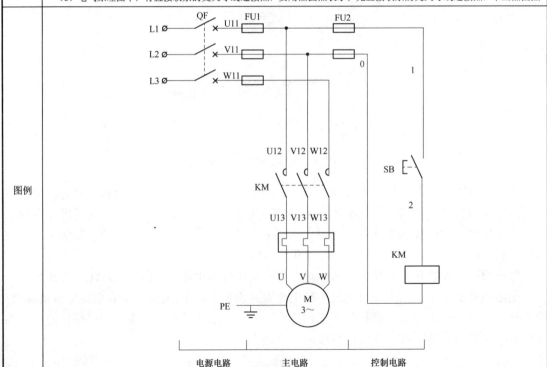

2. 点动控制线路识读

点动控制是指按下按钮，电动机得电运转；松开按钮，电动机失电停转。点动正转控制线路图如图 1-11 所示。

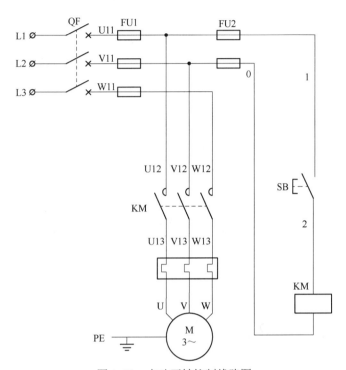

图 1-11　点动正转控制线路图

点动控制线路的工作原理如下：

先合上组合开关 QF，此时电动机 M 尚未接通电源。按下启动按钮 SB，交流接触器 KM 的线圈得电，使衔铁吸合，同时带动交流接触器 KM 的三对常开主触头闭合，电动机 M 便接通电源启动运转。当电动机需要停转时，只要松开按钮 SB，使交流接触器 KM 的线圈失电，衔铁在复位弹簧作用下复位，带动交流接触器 KM 的三对主触头恢复分断，电动机 M 失电停转。

为了简单明了分析各种控制线路，常用文字符号和箭头配以少量文字说明来表达线路的工作原理。如电动机点动正转控制线路的工作原理可叙述如下：

先合上电源开关 QF。

启动：

按下 SB→KM 线圈得电→KM 主触头闭合→电动机 M 启动运转

停止：

松开 SB→KM 线圈失电→KM 主触头分断→电动机 M 失电停转

停止使用时，断开电源开关 QF。

带过载保护的接触器自锁控制线路原理图如图 1-12 所示。先合上电源开关 QF，然后再进行操作。

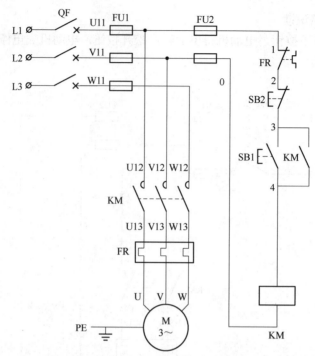

图 1-12 带过载保护的接触器自锁控制线路

启动：

按下SB1 —→ KM线圈得电 —→ KM主触头闭合 —→ 电动机M连续运转
　　　　　　　　　　　　└→ KM常开辅助触头闭合 —→ 自锁

停止：

按下SB2 —→ KM线圈失电 —→ KM主触头分断 —→ 电动机M失电停转
　　　　　　　　　　　　└→ KM常开辅助触头分断 —→ 自锁解除

当松开启动按钮 SB1 后，接触器 KM 通过自身常开辅助触头而使线圈保持得电的效果叫作自锁。与启动按钮 SB1 并联起自锁作用的常开辅助触头叫自锁触头。线路加装自锁触头后，则需在线圈支路中串接停止按钮 SB2，才能方便控制电动机的停止。

过载保护是指当电动机因长期负载过大、启动操作频繁、缺相运行等出现过载时，能自动切断电动机电源，使电动机停转的一种保护。在过载情况下，熔断器往往并不熔断，从而引起定子绕组过热，若温度超过允许温升就会使绝缘损坏，缩短电动机的使用寿命，严重时甚至会使电动机的定子绕组烧毁。因此，对电动机必须采取过载保护措施。

想一想：熔断器和热继电器其实都是过电流保护，它们有什么不同？在线路中能否只采用其中一种保护电器？

（二）控制线路的安装

1. 检查

（1）电气元件的技术数据（如型号、规格、额定电压、额定电流等）应完整并符合要求，外观无损伤，附件、备件齐全完好。

（2）检查电气元件的电磁机构动作是否灵活，有无衔铁卡阻等不正常现象。用万用表检查电磁线圈的通断情况以及各触头的分合情况。

（3）检查继电器线圈额定电压与电源电压是否一致。

（4）对电动机的质量进行常规检查。

2. 固定电气元件

在控制板上安装电气元件，并贴上醒目的文字符号。工艺要求如下：

（1）自动空气开关、熔断器的受电端子应安装在控制板的外侧，并使熔断器的受电端为底座的中心端，继电器线圈的接线端子（CJX2 的 A1）应朝上。

（2）各元件的安装位置应整齐、匀称，间距合理，便于元件的更换。

（3）紧固元件时，要用力均匀，紧固程度适当。在紧固熔断器、继电器等易碎裂元件时，应用手按住元件，一边轻轻摇动，一边用旋具轮换旋紧对角线上的螺钉，直到手摇不动后再适当旋紧些即可。

注意：如果选用的是固定好电气元件的实验台，只需选择相对应的电气元件即可，无须再固定。

3. 按图接线

按接线图的走线方法进行板前明线布线和套编码套管。板前明线布线的工艺要求是：

（1）布线通道尽可能少，同路并行导线按主、控电路分类集中，单层密排，紧贴安装面板布线。

（2）同一平面的导线应高低一致或前后一致，不能交叉。非交叉不可时，该根导线应在接线端子引出时，就水平架空跨越，但必须走线合理。

（3）布线应横平竖直，分布均匀。变换走向时应垂直。

（4）布线时严禁损伤线芯和导线绝缘。

（5）布线顺序一般以继电器为中心，由里向外，由低向高，先控制电路、后主电路布线，以不妨碍后续布线为原则。

（6）在每根剥去绝缘层导线的两端套上编码套管。所有从一个接线端子（或接线桩）到另一个接线端子（或接线桩）的导线必须连续，中间无接头。

（7）导线与接线端子或接线桩连接时，不得压绝缘层，不反圈，不露铜过长。

（8）同一元件、同一回路的不同接点的导线间距应保持一致。

（9）一个电气元件接线端子上的连接导线不得多于两根，每节接线端子板上的连接导线一般只允许连接一根。

（10）安装电动机，连接电动机和按钮金属外壳的保护接地线，连接电源、电动机等控制板外部的导线。

注意事项：

（1）电动机及按钮的金属外壳必须可靠接地。接至电动机的导线必须穿在导线通道内加以保护或采用坚韧的四芯橡皮线、塑料护套线进行临时通电校验。

（2）安装各电气元件和接线时，切忌用力过猛，以免将元器件挤碎。按钮内接线时，用力不可过猛，以防螺钉打滑。

（3）在一般情况下，热继电器置于手动复位的位置上。若需要自动复位时，可将复位调节螺钉沿顺时针方向向里旋足。

（4）热继电器因过载动作后，若需再次启动电动机，必须待热元件冷却后，才能使热继电器复位。一般自动复位时间大于 5 min，手动复位时间不大于 2 min。

（5）训练应在规定定额时间内完成。训练结束后，安装的控制板留用。

（6）编码套管套装要正确。

四、知识进阶

1. 刀开关

刀开关又称闸刀开关或隔离开关，它是手控电器中最简单而使用又较广泛的一种低压电器。其外观结构、电气符号、功能及特点如表 1-12 所示。

表 1-12　刀开关的外观结构、电气符号、功能及特点

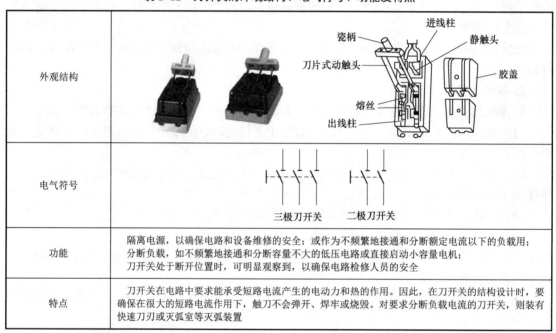

外观结构	（图示：刀开关实物及结构示意，标注有进线柱、瓷柄、静触头、刀片式动触头、熔丝、胶盖、出线柱）
电气符号	三极刀开关　二极刀开关
功能	隔离电源，以确保电路和设备维修的安全；或作为不频繁地接通和分断额定电流以下的负载用； 分断负载，如不频繁地接通和分断容量不大的低压电路或直接启动小容量电机； 刀开关处于断开位置时，可明显观察到，以确保电路检修人员的安全
特点	刀开关在电路中要求能承受短路电流产生的电动力和热的作用。因此，在刀开关的结构设计时，要确保在很大的短路电流作用下，触刀不会弹开、焊牢或烧毁。对要求分断负载电流的刀开关，则装有快速刀刃或灭弧室等灭弧装置

2. 欠压和失压保护

欠压保护是指当线路电压下降到某一数值时，电动机能自动脱离电源停转，避免电动机在欠压状态下运行的一种保护。

采用接触器自锁控制线路就可实现欠压保护。因为当线路电压下降到一定值（一般指低于额定电压 80%）时，接触器线圈两端的电压也下降到此值，从而使接触器线圈磁通减弱，产生的电磁吸力减小。当电磁吸力减小到小于反作用弹簧的弹力时，动铁芯释放，主触头、自锁触头同时分断，自动切断主电路和控制电路，电动机失电停转，达到了欠压保护的目的。

失压（或零压）保护是指电动机在正常运行中，由于外界某种原因引起突然断电时，能自动切断电动机电源；当重新供电时，保证电动机不能自行启动的一种保护。

接触器自锁控制线路可实现失压保护。因为电源断电时，接触器自锁触头和主触头就会

断开，使控制电路和主电路都不能接通，所以在电源恢复供电时，必须重新按下启动按钮才会使电动机得电运转，电动机不会自行启动运转，这样保证了人身和设备的安全。

五、技能强化——点动与自锁混合控制电路

（一）设计要求

设计点动和自锁混合控制电路，该电路既可以实现点动控制，又能进行自锁控制，其中SB1为停止运行按钮，SB2为连续运转启动按钮，当按下按钮SB2时，其工作原理与自锁控制电路的工作原理相同。SB3为点动按钮，当按下SB3时，电动机通电运转，当松开SB3时，接触器线圈失电，电动机断电停转。

（二）训练过程

（1）绘制点动和自锁混合控制电路线路图，分析工作原理。
（2）按照所绘制线路图配齐所用电气元件，并进行质量检验。
（3）绘制电气元件位置图，并按位置图安装电气元件。
（4）按照所绘制的线路图进行板前明线布线和套编码套管。
（5）安装电动机，要求安装牢固平稳，以防止在换相时产生滚动而引起事故。
（6）连接电源、电动机等控制板外部的导线。
（7）安装完毕后，必须经过认真检查后，方可通电。
（8）通电试车。合上电源开关，按下开关SB2，电动机呈自锁运行方式，SB1为停止按钮；按下SB3，电动机呈点动运行方式。若遇到异常情况，应立即停车，检查故障。通电试车完毕，切断电源。
（9）汇总整理文档，保存工程文件。

（三）考核标准

技能训练考核标准如表1-13所示。

表1-13 技能考核评价表

序号	主要内容	考核内容	评分标准	配分	得分
1	方案设计	根据控制要求，绘制电气原理图，选择电气元件，并进行合理布置	（1）电气原理图绘制错误，每处扣2分； （2）选择电气元件错误，每处扣2分； （3）选择的电气元件有故障未排查出，每个扣2分； （4）电气元件布置不合理，每处扣2分	30	
2	安装与接线	按电气原理图进行安装接线，布线整齐、横平竖直、分布均匀、走线合理；套编码套管正确；接点牢靠，电动机安装牢固平稳	（1）接线不紧固、不美观，每根扣2分； （2）接点松动、压绝缘层、露线芯过长等，每处扣1分； （3）不按接线图接线，每处扣2分	30	
3	功能测试	对主电路、控制电路进行检查；按下点动控制按钮，电动机实现点动控制；按下自锁控制按钮，实现自锁控制	（1）未使用万用表对电路进行检查的，扣10分； （2）未实现点动控制功能的，扣10分； （3）未实现自锁控制功能的，扣10分	30	

续表

序号	主要内容	考核内容	评分标准	配分	得分
4	安全文明生产	遵守纪律，遵守国家相关专业安全文明生产规程	（1）未对主电路、控制电路进行检查直接通电的，扣10分； （2）不遵守教学场所规章制度，扣2分； （3）出现重大事故或人为损坏设备，扣10分	10	
备注			合计		
小组签名					
教师签名					

六、思考与练习

（一）填空题

1. 接触器主要由_____、_____和_____三部分组成。
2. 接触器的触点分_____和_____两种，其中前者用于通断较大电流的_____，后者用于通断小电流的控制电路。
3. 熔断器用于各种电路中作_____保护；热继电器用作电动机的_____保护。
4. 热继电器是利用_____来切断电路的一种_____电器。热继电器的整定电流一般情况下取电动机的额定电流。

（二）问答题

1. 热继电器可否用于电动机的短路保护？为什么？熔断器与热继电器用于保护交流三相异步电动机时，能不能相互取代？为什么？
2. 交流接触器的主要用途和工作原理是什么？
3. 画出下列元件的图形符号，并标出对应的文字符号。
熔断器；刀开关；复合按钮；交流接触器；热继电器。

任务二 电动机正反转启动电路的分析与安装

一、任务描述

在生产中，有的生产机械常要求能正反两个方向运行，如机床工作台的前进和后退，主轴的正转和反转，小型升降机、起重机吊钩的上升与下降等，这就需要电动机必须可以正反转。本次任务主要就是设计、安装并调试异步电动机正反转控制线路。

扫一扫，
查看教学课件

二、背景知识

（一）按钮联锁的正反转控制电路

由电动机的工作原理可知，只有将电动机的三相电源进线中任意两相接线对调，改变电源的相序，使旋转磁场反向，电动机便可以反转。其控制电路设计如图1-13所示，图1-13中用两只接触器来改变电动机电源的相序，显然它们不能同时得电动作，否则将造成电源短路。

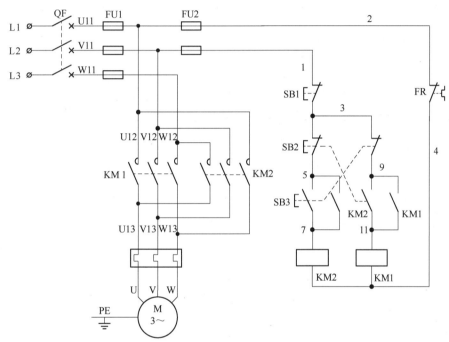

图1-13 按钮联锁的电动机正反向启动控制线路电气原理图

图中SB2和SB3分别为正反向启动按钮，每只按钮的常闭触点都与另一只按钮的常开触点串联。按钮的这种接法称为按钮联锁，又称为机械联锁。每只按钮上起联锁作用的常闭触点称为"联锁触点"，其两端的接线称为联锁线。当操作任意一只启动按钮时，其常闭触点先分断，使相反转向的接触器断电释放，因而防止两只接触器同时得电造成电源短路。整个电路工作原理如下。

正转控制：

反转控制：

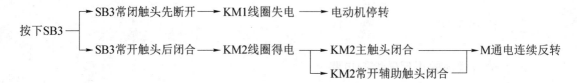

停止控制：

按下 SB1，整个控制电路失电，接触器各触头复位，电动机失电停转。

想一想：

（1）为什么按下 SB3 后，常闭触头先断开而常开触头后闭合？

（2）该控制电路不能在实际生产中单独使用，为什么？

（二）接触器联锁的正反转控制电路

同一时间里两个接触器只允许一个工作的控制作用称为接触器联锁（或互锁）。具体做法是在正、反转接触器中互串一个对方的常闭触点，这对常闭触点称为联锁触点，如图 1-14 所示。接触器联锁可以防止由于接触器故障（如衔铁卡阻、主触点熔焊等）而造成的电源短路事故。

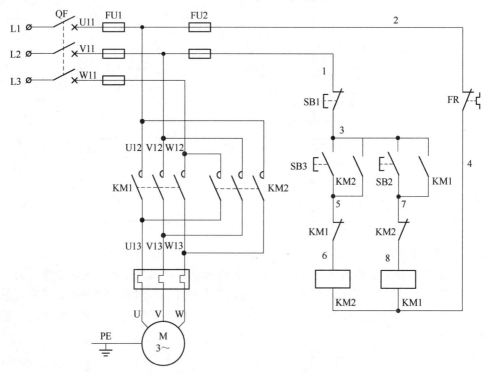

图 1-14　接触器联锁的电动机正反向启动控制线路电气原理图

整个电路工作原理如下。

正转控制：

反转控制：

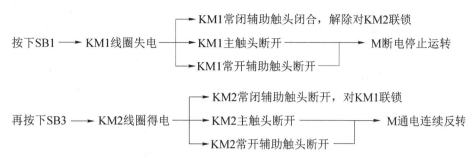

从以上分析可见，接触器联锁控制电路工作安全可靠，但操作不便，每次实现正反转切换时，需先按下停止按钮。为克服这一不足，可结合按钮联锁组成双重联锁控制。

（三）双重联锁的正反转控制电路

电气联锁正反向控制线路虽然可以避免接触器故障造成的电源短路事故，但是在需要改变电动机转向时，必须先操作停止按钮。这在某些场合下使用不方便。双重联锁线路则兼有前两个电路的优点，既安全又方便，因而在各种设备中得到广泛的应用。其电气原理图如图1-15所示。

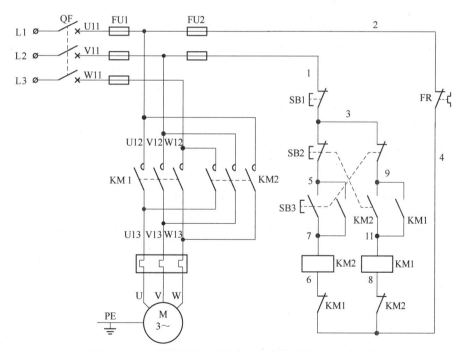

图1-15 双重联锁的正反向启动控制线路的电气原理图

试一试：参考按钮联锁和接触器联锁正反向启动控制的工作原理，自行分析双重联锁的正反向启动控制线路的动作过程。

三、任务实施

（一）电气元件的选择及布置

根据图 1-15 所示电动机正反转控制电路配齐所用电气元件，并进行质量检验。电气元件应完好无损，各项技术指标符合规定要求，否则应予以更换。

在控制板上安装所有的电气元件。隔离开关、熔断器的受电端子应安装在控制板外侧；元件排列要整齐、均匀、间隔合理，且易于更换；紧固电气元件时要用力均匀，紧固程度适当，做到既要使元件安装牢固，又不使其损坏。

（二）电路连接

进行布线和套编码套管。做到布线横平竖直、整齐、分布均匀、走线合理，套编码套管正确，严禁损伤线芯和导线绝缘，接点牢靠，不得松动，不得压绝缘层，不露线芯太长等。

注意事项：

（1）电动机和按钮的金属外壳必须可靠接地。接至电动机的导线必须穿在导线通道内加以保护，或采用坚韧的四芯橡皮线或塑料护套线进行临时通电校验。

（2）电源进线应接在螺旋式熔断器底座的中心端上，出线应接在螺纹外壳上。

（3）电动机必须安放平稳，以防在可逆运转时产生滚动而引起事故。

（4）注意电动机必须进行换相，否则，电动机只能进行单向运转。

（5）要特别注意接触器的联锁触点不能接错，否则，将会造成主电路中两相电源短路事故。

（6）接线时，不能将正、反转接触器的自锁触点进行互换，否则，只能进行点动控制。

（三）检查与试车

安装完毕后需进行自检，确认无误后才允许进行通电试车。特别要注意短路故障的检测。正反转控制电路的常见故障现象及故障点如表 1-14 所示。

表 1-14 正反转控制电路的常见故障现象及故障点

故障现象	故障点
按下 SB2，电动机不转；按下 SB3，电动机运转正常	KM1 线圈断路或 SB2 损坏产生断路
按下 SB2 电动机正常运转，但按下 SB3 后电动机不反转	KM2 线圈断路或 SB3 损坏产生断路
按下 SB1 不能停车	SB1 熔焊
合上 QF 后，熔断器 FU2 熔断	KM1 或 KM2 线圈、触点短路
合上 QF 后，熔断器 FU1 熔断	KM1 或 KM2 短路；电动机相间短路；正反转主电路换相接线接错
按下 SB2 后电动机正转运行，再按下 SB3，FU1 即熔断	正反转主电路换相接线接错

四、知识进阶——电气线路故障检修步骤

电气故障的检修方法很多，常用的有电压测量法、电阻测量法等。

（一）电压测量法

电压测量法是指利用万用表测量电气线路上某两点间的电压值来判断故障点的范围或故障元件的方法。

（1）分阶测量法。电压的分阶测量法如图 1-16（a）所示。

检查时，首先用万用表测 1-7 两点间的电压，若电压正常应为 380 V。然后按住启动按钮 SB1 不放，同时将黑色表棒接到点 7 上，红色表棒按 6、5、4、3、2 标号依次向前移动。分别测量 7-6、7-5、7-4、7-3、7-2 各阶的电压，电路正常的情况下，各阶的电压值均为 380 V。如测到 7-6 之间无电压，说明是断路故障，此时可以将红色表棒向前移动，当移至某点（如 2 点）时电压正常，说明点 2 以后的触头或接线有电路故障。一般是点 2 以后的第二个触点（即刚跨过的停止按钮 SB2 的触头）或连接线短路。

（2）分段测量法。电压的分段测量法如图 1-16（b）所示。

先用万用表测试 1-7 两点，电压值为 380 V，说明电源电压正常。

电压的分段测量法是将红黑两根表棒逐段测量相邻两标号点 1-2、2-3、3-4、4-5、5-6、6-7 间的电压。

如电路正常，按下 SB1 后，除 6-7 两点间的电压等于 380 V 之外，其他任何相邻两点间的电压值均为零。

如按下启动按钮 SB1，接触器 KM1 不吸合，说明发生断路故障，此时可用电压表逐段测试各相邻两点间的电压。如测量到某相邻两点间的电压为 380 V 时，说明这两点间所包含的触点、连接导线接触不良。

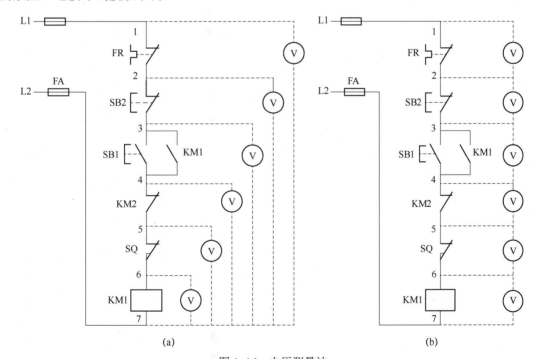

图 1-16 电压测量法
（a）分阶测量法；（b）分段测量法

（二）电阻测量法

电阻测量法是指利用万用表测量电气线路上某两点间的电阻值来判断故障点的范围或故障元件的方法。

（1）分阶测量法。电阻的分阶测量法如图 1-17（a）所示。

如按下启动按钮 SB1，接触器 KM1 不吸合，说明该电器回路有断路故障。

用万用表的电阻挡检测前应先断开电源，然后按下 SB1 不放，先测量 1-7 两点间的电阻，如电阻值为无穷大，说明 1-7 之间的电路断路。然后分阶测量 1-2、1-3、1-4、1-5、1-6 各点间电阻值。若电路正常，则该两点间的电阻值为 0；当测量到某标号间的电阻值为无穷大，则说明表棒刚跨过的触头或连接导线断路。

（2）分段测量法。电阻的分段测量法如图 1-17（b）所示。

用万能表的电阻挡检查时，先切断电源，按下启动按钮 SB1，然后依次逐段测量相邻两标点 1-2、2-3、3-4、4-5、5-6 间的电阻为无穷大，说明这两点间的触头或连接导线断路。例如当测得 2-3 两点间的电阻为无穷大时，说明停止按钮 SB2 或连接 SB2 的导线断路。

电阻测量法的注意事项如下：

① 用电阻测量法检查故障时一定要断开电源。

② 如被测的电路与其他电路并联时，必须将该电路与其他电路断开，否则所测得的电阻值是不准确的。

③ 测量高电阻值的电气元件时把万用表的选择开关旋转至合适的电阻挡。

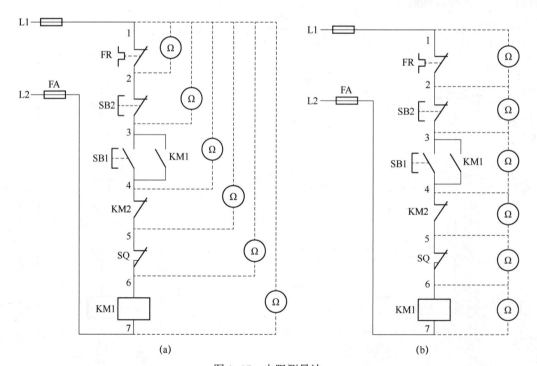

图 1-17 电阻测量法
（a）分阶测量法；（b）分段测量法

五、思考与练习

（一）问答题

1. 两个交流接触器控制的电动机正反转控制电路，为防止电源相间短路，必须采取哪些联锁保护环节？各有什么特点？
2. 什么叫"互锁"？在控制电路中互锁起什么作用？

（二）分析题

1. 在电动机正反转控制线路中，采用了接触器互锁，在运行中发现以下情况：

（1）按下正转按钮，正转接触器就不停地吸合与释放，电路无法工作；松开按钮后，接触器不再吸合。

（2）当按下正转按钮时，电动机立即正向启动；当按下停止按钮时，电动机停转；但一松开停止按钮，电动机又正向启动。

（3）正向启动与停止控制均正常，但在反转控制时，只能实现启动控制，不能实现停止控制，只有切断电源开关，才能使电动机停转。

2. 图1-18是两种在控制电路实现电动机顺序控制的电路（主电路省略），请分析说明各电路有什么特点，能满足什么控制要求。

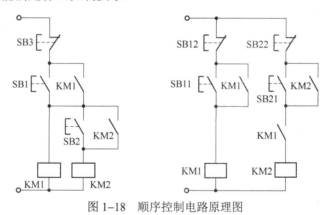

图1-18 顺序控制电路原理图

任务三　笼型异步电动机Y-△启动控制电路的安装与调试

一、任务描述

星三角（Y-△）减压启动方式适用于正常运行时定子绕组接成三角形的笼型异步电动机。采用Y-△的减压启动方式可以起到限制启动电流的作用，且该方法简单，价格便宜，因此在轻载或空载情况下，一般应优先采用。我国采用Y-△启动方法的电动机额定电压都是380 V，绕组是△接法。本次

扫一扫，
查看教学课件

任务主要是设计、安装并调试笼型异步电动机Y-△降压启动控制线路。

二、背景知识

（一）三相异步电动机的启动方式

三相异步电动机的启动方式主要有直接启动、降压启动。

1. 直接启动

直接启动，也叫全压启动，即启动时将全部电源电压（即全压）直接加到异步电动机的定子绕组，使电动机在额定电压下进行启动。直接启动方式的优缺点如表1-15所示。

表1-15　直接启动方式的优、缺点

启动方式	优点	缺点
直接启动	（1）启动线路简单； （2）启动转矩较大	（1）直接启动时启动电流为额定电流的3~8倍，会造成电动机发热，缩短电动机的使用寿命； （2）电动机绕组在电动力的作用下，会发生变形，可能引起短路进而烧毁电动机； （3）过大的启动电流，会使线路电压降增大，造成电网电压显著下降，从而影响同一电网的其他设备正常工作

一般容量在 10 kW 以下或其参数满足式（1-1）的三相笼型异步电动机可采用直接启动方式，否则必须采用降压启动方式。

$$\frac{I_{\mathrm{st}}}{I_{\mathrm{N}}} \leqslant \frac{3}{4} + \frac{S}{4 \times P} \tag{1-1}$$

式中　I_{st}——电动机的直接启动电流（A）；

I_{N}——电动机的额定电流（A）；

S——变压器容量（kVA）；

P——电动机额定功率（kW）。

如果不能满足上式的要求，则必须采用降压启动的方式，通过减压，把启动电流 I_{st} 限制到允许的数值。

2. 降压启动

降压启动是在启动时先降低定子绕组上的电压，待启动后，再把电压恢复到额定值。降压启动虽然可以减小启动电流，但是同时启动转矩也会减小。因此，降压启动方式一般只适用于轻载或空载情况。

常见的降压启动方式有四种：定子绕组串接电阻降压启动；自耦变压器降压启动；Y-△降压启动；延边△降压启动。这里介绍星-三角形降压启动方式：星-三角形（Y-△）启动法是电动机启动时，定子绕组为星形（Y）接法，当转速上升至接近额定转速时，将绕组切换为三角形（△）接法，使电动机转为正常运行的一种启动方式。

定子绕组接成星形连接后，每相绕组的相电压为三角形连接（全压）时的$1/\sqrt{3}$，故星-三角形启动时启动电流及启动转矩均下降为直接启动的1/3。

想一想：对比直接启动，降压启动有哪些优点和缺点，适合应用于哪些场合？

（二）时间继电器

时间继电器是利用电磁原理或机械原理实现触点延时闭合或延时断开的自动控制电器。常用的种类有电磁式、空气阻尼式、电动式和晶体管式。这里以空气阻尼式时间继电器为主做介绍。

空气式时间继电器又叫气囊式时间继电器，是利用空气阻尼的原理获得延时。空气式时间继电器可以做成通电延时的，也可以做成断电延时的。空气式时间继电器的功能、特点等如表 1-16 所示。

表 1-16 空气式时间继电器的功能及特点

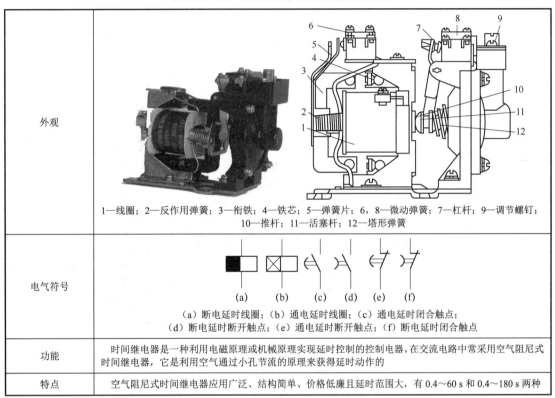

外观	1—线圈；2—反作用弹簧；3—衔铁；4—铁芯；5—弹簧片；6,8—微动弹簧；7—杠杆；9—调节螺钉；10—推杆；11—活塞杆；12—塔形弹簧
电气符号	（a）断电延时线圈；（b）通电延时线圈；（c）通电延时闭合触点；（d）断电延时断开触点；（e）通电延时断开触点；（f）断电延时闭合触点
功能	时间继电器是一种利用电磁原理或机械原理实现延时控制的控制电器。在交流电路中常采用空气阻尼式时间继电器，它是利用空气通过小孔节流的原理来获得延时动作的
特点	空气阻尼式时间继电器应用广泛、结构简单、价格低廉且延时范围大，有 0.4～60 s 和 0.4～180 s 两种

常用的时间继电器有 JS7、JS23 系列。主要技术参数有瞬时触点数量、延时触点数量、触点额定电压、触点额定电流、线圈电压及延时范围等。

1. 时间继电器的型号及含义

时间继电器的型号及含义如图 1-19 所示。

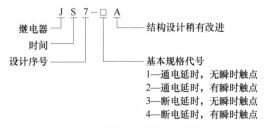

图 1-19 时间继电器的型号及含义

2. 时间继电器的结构和工作原理

时间继电器可分为通电延时型和断电延时型两种类型,结构如图 1-20 所示。空气阻尼式时间继电器的延时范围大(有 0.4～60 s 和 0.4～180 s 两种),其结构简单,但准确度较低。当线圈通电(电压规格有 AC 380 V、AC 220 V 或 DC 220 V、DC 24 V 等)时,衔铁及托板被铁芯吸引而瞬时下移,使瞬时动作触点接通或断开。但是活塞杆和杠杆不能同时跟着衔铁一起下落,因为活塞杆的上端连着气室中的橡皮膜,当活塞杆在释放弹簧的作用下开始向下运动时,橡皮膜随之向下凹,上面空气室的空气变得稀薄而使活塞杆受到阻尼作用而缓慢下降。经过一定时间,活塞杆下降到一定位置,便通过杠杆推动延时触点动作,使动断触点断开,动合触点闭合。从线圈通电到延时触点完成动作,这段时间就是继电器的延时时间。延时时间的长短可以用螺钉调节空气室进气孔的大小来改变。吸引线圈断电后,继电器依靠恢复弹簧的作用而复原。空气经出气孔被迅速排出。

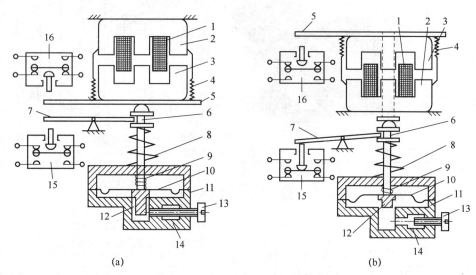

图 1-20 时间继电器的结构原理图
(a) 通电延时型;(b) 断电延时型

1—线圈;2—铁芯;3—衔铁;4—反作用弹簧;5—托板;6—活塞杆;7—杠杆;8—塔形弹簧;9—弹簧;
10—橡皮膜;11—气室;12—活塞;13—调节螺钉;14—进气孔;15,16—微动开关

(三)控制线路原理分析

1. 按钮、接触器控制的Y-△降压启动

采用按钮操作,用接触器接通电源和改换电动机绕组的接法,这种方法不但方便,而且还可以对电动机进行失压保护。

图 1-21 中,KM 是电源接触器,KM_Y 是Y接法接触器,KM_△ 是△接法接触器。注意 KM_Y 和 KM_△ 不能同时得电,否则会造成电源短路。控制电路中 SB3 为停止按钮,SB1 为Y接法启动按钮,复合按钮 SB2 控制△接法运行状态。

电动机基本电气控制电路的设计与安装   **项目一**

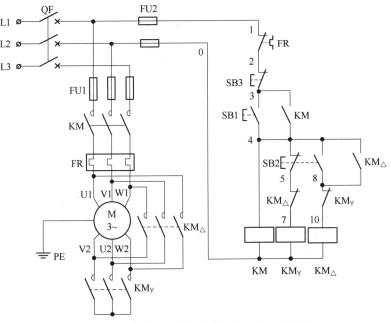

图 1-21 按钮、接触器控制的 Y-△ 降压启动

工作原理如下，电动机星形接法降压启动：

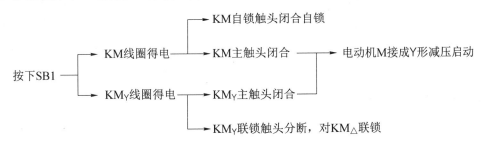

电动机三角形接法全压运行：当电动机转速上升并接近额定值时，

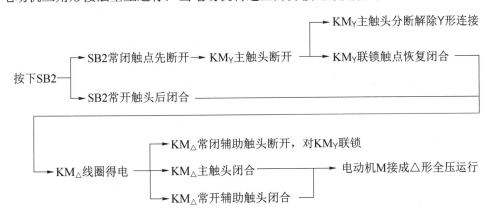

停止时按下 SB3 即可实现。

2. 时间继电器转换的 Y-△ 降压启动

时间继电器转换的 Y-△ 降压启动电路中的辅助电路增加了时间继电器 KT，用来控制 Y-

△转换的时间。时间继电器转换的Y-△降压启动控制电路电气原理如图 1-22 所示。在控制中，时间继电器 KT 只是在启动时运行，这样可延长时间继电器的寿命并节约电能。停止时只要按下 SB2，KM 和 KM△ 断电释放，电动机停转。

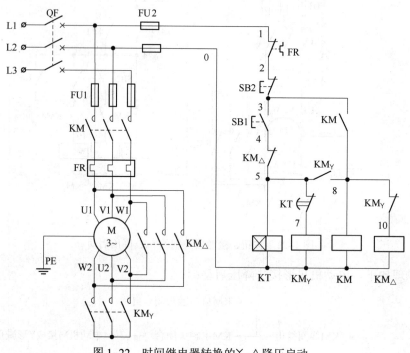

图 1-22　时间继电器转换的Y-△降压启动

线路的工作原理如下：先合上电源开关 QF，

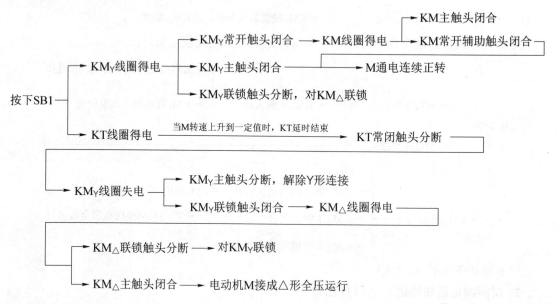

停止时按下 SB2 即可。

想一想：按钮接触器控制的Y-△降压启动和时间继电器转换的Y-△降压启动在工作过程上有哪些相同点和不同点？哪一种更方便？

三、任务实施

（一）电气元件的选择及布置

想一想：根据以前学过的知识，时间继电器转换的电动机Y-△降压启动电路的电气元件选型及布置应该有哪些注意事项？

（二）电路连接

根据时间继电器转换的Y-△降压启动控制线路设计原理图，进行安装及配线。
注意事项：
（1）用Y-△降压启动控制的电动机，必须有6个出线端子且定子绕组在△形接法时额定电压等于三相电源线电压。
（2）接线时要保证电动机△形接法的正确性，即接触器$KM_△$主触点闭合时，应保证定子绕组的U1与W2、V1与U2、W1与V2相连接。
（3）接触器KM_Y的进线必须从三相定子的末端引入，若误将其首端引入，则在KM_Y吸合时，会产生三相电源短路事故。
（4）控制板外部配线，必须按要求一律装在导线通道内，使导线有适当的机械保护。以防止液体、铁屑和灰尘的侵入。在训练时可适当降低要求，但必须以能确保安全为条件，如采用多芯橡皮线或塑料护套软线。
（5）通电校验前应再检查一下熔体规格及时间继电器、热继电器的各整定值是否符合要求。
（6）通电校验必须有指导教师在现场监护，学生应根据电路图的控制要求独立进行校验，若出现故障也应自行排除。
（7）安装训练应在规定定额时间完成。同时要做到安全操作和文明生产。

（三）检查与试车

安装完毕后需进行检查，确认无误后才允许进行通电试车。特别要注意短路故障的检测。注意观察3个交流接触器KM、KM_Y、$KM_△$的吸合情况及时间继电器KT的动作情况。

四、知识进阶

（一）软启动

电压由零慢慢提升到额定电压，这样电动机在启动过程中的启动电流，就由过去过载冲击电流不可控制成为可控制。并且可根据需要调节启动电流的大小。电动机启动的全过程都不存在冲击转矩，而是平滑的启动运行。这就是软启动。
优点：
（1）无冲击电流。软启动器在启动电动机时，通过逐渐增大晶闸管导通角，使电动机启动电流从零线性上升至设定值。对电动机无冲击，提高了供电可靠性，平稳启动，减少对负载机械的冲击转矩，延长机器使用寿命。

（2）有软停车功能，即平滑减速，逐渐停机，它可以克服瞬间断电停机的弊病，减轻对重载机械的冲击，减少设备损坏。

（3）启动参数可调。根据负载情况及电网继电保护特性选择，可自由地无级调整至最佳的启动电流。

（二）其他降压启动方法

1. 定子绕组串电阻（电抗）降压启动

在电动机启动时，把电阻串接在电动机定子绕组与电源之间，通过电阻的分压作用来降低定子绕组上的启动电压。待电动机启动后，再将电阻短接，使电动机在额定电压下正常运行。

对于容量较小的异步电动机，一般采用定子绕组串接电阻来降压；但对于容量较大的异步电动机，考虑到串接电阻会造成铜耗较大，故采用定子绕组串电抗降压启动。

2. 自耦变压器降压启动

自耦变压器启动法就是电动机启动时，电源通过自耦变压器降压后接到电动机上，待转速上升至接近额定转速时，将自耦变压器从电源切除，而使电动机直接接到电网上转化为正常运行的一种启动方法。

自耦变压器启动适用于容量较大的低压电动机作减压启动用，应用非常广泛，有手动及自动控制线路。其优点是电压抽头可供不同负载启动时选择；缺点是质量大、体积大、价格高、维护检修费用高。

3. 延边三角形降压启动

延边△降压启动是指电动机启动时，把定子绕组的一部分接成△形，另一部分接成丫形，使整个绕组接成延边△形，待电动机启动后，再把绕组接成△形全压运行，根据分析和试验可知，丫形和△形的抽头比例为 1:1 时，电动机每相电压为 268 V；抽头比例为 1:2 时，每相绕组的电压为 290 V。可见，延边三角形可采用不同的抽头比，来满足不同负载特性的要求。延边三角形启动的优点是节省金属，重量轻；缺点是内部接线复杂。

试一试：同学们自行到网站上查找这三种降压启动的控制电路，并分析其工作原理。

五、思考与练习

（一）填空题

1. 时间继电器从结构上可以分为_____和_____两种。

2. 电动机的启动分为_____和降压启动两种，其中降压启动有_____、_____和_____等方式。

3. 丫-△降压启动适用于正常运行时定子绕组成_____连接的电动机。丫形接法降压启动时，加在每相定子绕组上的启动电压只有△形接法的_____，启动电流为△形接法的_____，启动转矩也只有△形接法的_____。

(二)设计题

1. 现有 3 kW 的电动机 M1、M2、M3,要求按下启动按钮先启动 M1,间隔 5 s 后 M2 启动,再间隔 5 s 后 M3 启动,按下停止按钮,三台电动机一起停止,要求列出元件清单并绘制电气原理图。

任务四 异步电动机制动电路的分析与安装

一、任务描述

电动机制动是电机控制中经常遇到的问题,一般电动机制动会出现在两种不同的场合,一种是为了达到迅速停车的目的,以各种方法使电动机旋转磁场的旋转方向和转子旋转方向相反,从而产生一个电磁制动转矩,使电动机迅速停止转动;另一种是在某些场合,当转子转速超过旋转磁场转速时,电动机也处于制动状态。本次任务主要是设计、安装并调试异步电动机制动控制线路。

扫一扫,
查看教学课件

二、背景知识

(一)速度继电器

速度继电器又称反接制动继电器。它的主要结构是由转子、定子及触点三部分组成。转子是一个圆柱形永久磁铁,定子是一个笼型空芯圆环,由硅钢片叠成,并装有笼型绕组。速度继电器的外观、电气符号、功能及特点如表 1-17 所示。

表 1-17 速度继电器的电气符号、功能及特点

外观	

1—转轴;2—转子;3—定子;4—绕组;5—胶木摆杆;6—动触头;7—静触头

续表

电气符号	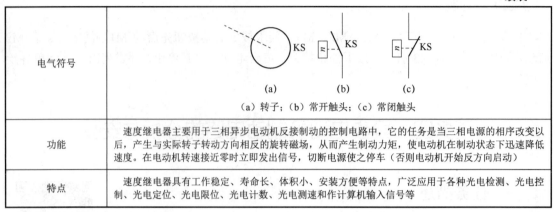 （a）转子；（b）常开触头；（c）常闭触头
功能	速度继电器主要用于三相异步电动机反接制动的控制电路中，它的任务是当三相电源的相序改变以后，产生与实际转子转动方向相反的旋转磁场，从而产生制动力矩，使电动机在制动状态下迅速降低速度。在电动机转速接近零时立即发出信号，切断电源使之停车（否则电动机开始反方向启动）
特点	速度继电器具有工作稳定、寿命长、体积小、安装方便等特点，广泛应用于各种光电检测、光电控制、光电定位、光电限位、光电计数、光电测速和作计算机输入信号等

常用的速度继电器有 JY1 型和 JFZ0 型两种。其中，JY1 型可在 700～3 600 r/min 范围内可靠地工作；JFZ0—1 型使用于 300～1 000 r/min；JFZ0—2 型适用于 1 000～3 600 r/min。常用的速度继电器一般具有两个常开触点、两个常闭触点，触点额定电压为 380 V，额定电流为 2 A。

一般速度继电器的转轴在 120 r/min 左右即能动作，在 100 r/min 时触头即能恢复到正常位置。可以通过螺钉的调节来改变速度继电器动作的转速，以适应控制电路的要求。

1. 速度继电器的型号及含义

速度继电器的型号及含义如图 1-23 所示。

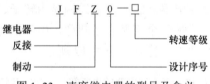

图 1-23　速度继电器的型号及含义

2. 速度继电器的工作原理

速度继电器的转子是一个永久磁铁，与电动机或机械轴连接，随着电动机旋转而旋转。定子与鼠笼转子相似，内有短路条，它也能围绕着转轴转动。当转子随电动机转动时，它的磁场与定子短路条相切割，产生感应电动势及感应电流，这与电动机的工作原理相同，故定子随着转子转动而转动起来。定子转动时带动杠杆，杠杆推动触点，使之闭合与分断。当电动机旋转方向改变时，继电器的转子与定子的转向也改变，这时定子就可以触动另外一组触点，使之分断与闭合。当电动机停止时，继电器的触点即恢复原来的静止状态。

由于继电器工作时是与电动机同轴的，不论电动机正转或反转，继电器的两个常开触点，就有一个闭合，准备实行电动机的制动。一旦开始制动时，由控制系统的联锁触点和速度继电器备用的闭合触点，形成一个电动机相序反接（俗称倒相）电路，使电动机在反接制动下停车。而当电动机的转速接近零时，速度继电器的制动常开触点分断，从而切断电源，使电动机制动状态结束。

3. 速度继电器的使用说明

速度继电器的使用说明如表 1-18 所示。

电动机基本电气控制电路的设计与安装　项目一

表 1-18　速度继电器的选用原则和安装与使用说明

选用原则	安装与使用
速度继电器主要根据所需控制的转速大小、触头的数量和电压、电流来选用	（1）速度继电器的转轴应与电动机同轴连接，使两轴的中心线重合。速度继电器的轴可用联轴器与电动机的轴连接。 （2）速度继电器安装接线时，应注意正反向触头不能接错，否则不能实现反接制动控制。 （3）速度继电器的金属外壳应可靠接地

（二）反接制动

反接制动的关键在于电动机电源相序的改变，且当转速下降接近于零时，能自动将电源切除。为此需采用速度继电器来自动检测电动机的速度变化。

图 1-24 为单向反接制动控制电路。图中 KM1 为单向旋转接触器，KM2 为反接制动接触器，KS 为速度继电器。KM2 主触点上串联的 R 为反接制动电阻，用来限制反接制动时电动机的绕组电流，防止因制动电流过大造成电动机过载。

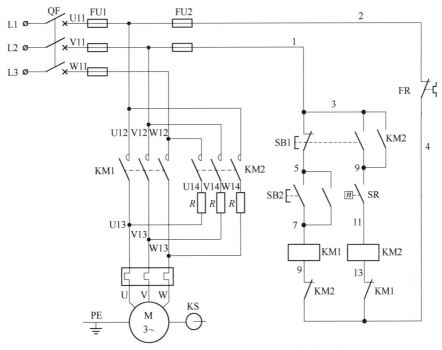

图 1-24　电动机反接制动控制线路电气原理图

工作原理如下，启动时：

— 35 —

制动时：

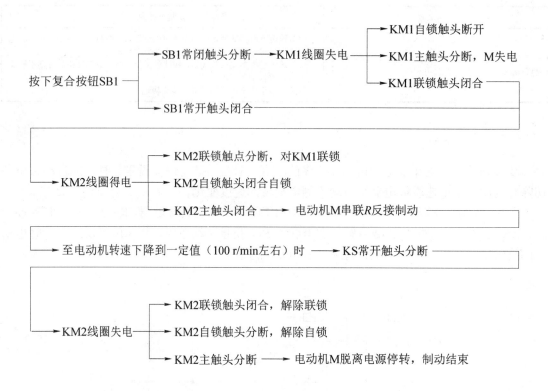

（三）能耗制动

电机在正常运行中，为了迅速停车，不仅断开三相交流电源，还要在定子线圈中接入直流电源，在定子线圈中通入直流电流，形成磁场，转子由于惯性继续旋转切割磁场，而在转子中形成感应电动势和电流，产生的转矩方向与电动机的旋转方向相反，产生制动作用，最终使电机停止。

图 1-25 为单向能耗制动控制线路。KM1 为正常运行接触器。整流器将电流整流得到脉动直流电；KM2 为直流电源接触器，将直流制动电流通入电动机绕组。制动电流通入电动机的时间由启动时间继电器 KT 的延时长短决定。

试一试：将同学分为几个学习小组，每小组根据能耗制动的工作原理，以反接制动为例，分析图 1-25 所示电气原理图的动作过程。

三、任务实施

（一）电气元件的选择及布置

根据图 1-24 所示电动机反接制动控制电路配齐所用电气元件，并进行质量检验。电气元件应完好无损，各项技术指标符合规定要求，否则应予以更换。然后在控制板上安装所有的电气元件。

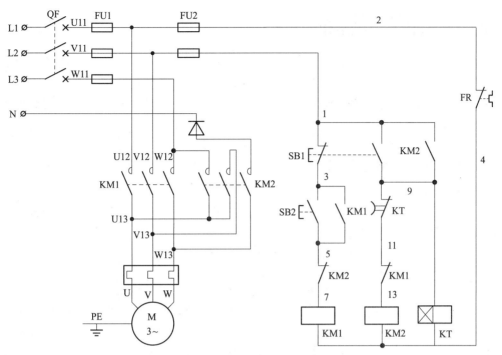

图 1-25 单向能耗制动电气原理图

（二）电路连接

根据电动机反接制动控制线路原理图，进行安装及配线。
注意事项：
（1）在控制板上按图安装线槽和所有电气元件，连接电动机和按钮金属外壳的保护性接地。特别要检查速度继电器与传动装置的紧固情况。用手转动电动机转轴，检查传动机构有无卡阻等不正常情况。
（2）主电路的接线情况与正反转启动线路基本相同。注意 KM1 和 KM2 主触点的相序不可接错。
（3）JY1 型速度继电器有两组触点，每组都有常开、常闭触点，使用公共动触点，应注意防止接错造成线路故障。
（4）控制板外部配线，必须按要求一律装在导线通道内，使导线有适当的机械保护，以防止液体、铁屑和灰尘的侵入。接线端子板与电阻箱之间用护套线。
（5）通电校验必须有指导教师在现场监护，学生应根据电路图的控制要求独立进行校验，若出现故障也应自行排除。
（6）安装训练应在规定定额时间完成。同时要做到安全操作和文明生产。

（三）检查与试车

安装完毕后需进行检查，确认无误后才允许进行通电试车。特别要注意短路故障及电动机的运行情况，观察按下停止按钮后电动机是否立即停止。

四、知识进阶——制动电磁铁

电动机制动分为电气制动和机械制动两种，前面介绍的是电气制动的两种方式。所谓机械制动，就是利用外加的机械作用力使电动机转子迅速停止旋转的一种方法，由于需要外加的机械作用力，所以常采用制动闸紧紧抱住与电动机同轴的制动轮来产生，故机械制动往往俗称为抱闸制动。电磁铁就是机械制动过程中常用的低压电器。它是利用电磁吸力来操纵牵引机械装置，以完成预期的动作，或用于钢铁零件的吸持固定、铁磁物体的起重搬运等，因此它是将电能转化为机械能的一种低压电器。

电磁铁主要由铁芯、衔铁、线圈和工作机构四部分组成。

按线圈中通过电流的种类，电磁铁可分为交流电磁铁和直流电磁铁。

1. 交流电磁铁

线圈中通以交流电的电磁铁称为交流电磁铁。

交流电磁铁在线圈工作电压一定的情况下，铁芯中的磁通幅值基本不变，因而铁芯与衔铁间的电磁吸力也基本不变。但线圈中的电流主要取决于线圈的感抗，在电磁铁吸合的过程中，随着气隙的减小，磁阻减小，线圈的感抗增大，电流减小。实验证明，交流电磁铁在开始吸合时电流最大，一般比衔铁吸合后的工作电流大几倍到十几倍。因此，如果交流电磁铁的衔铁被卡住不能吸合时，线圈会很快因过热而烧坏。同时，交流电磁铁也不允许操作太频繁，以免线圈因不断受到启动电流的冲击而烧坏。

为减小涡流与磁滞损耗，交流电磁铁的铁芯和衔铁用硅钢片叠压铆成，并在铁芯端部装有短路环。

交流电磁铁的种类很多，按电流相数分为单相、二相和三相；按线圈额定电压可分为220 V 和 380 V；按功能可分为牵引电磁铁、制动电磁铁和起重电磁铁。制动电磁铁按衔铁行程又分为长行程（大于 10 mm）和短行程（小于 5 mm）两种。下面只简单分析交流短行程制动电磁铁。

交流短行程制动电磁铁为转动式，制动力转矩小，多为单相或两相结构。常用的有 MZD1 系列，其型号及含义如图 1-26 所示。

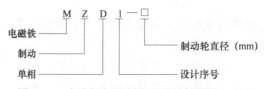

图 1-26 交流短行程制动电磁铁的型号及含义

该系列电磁铁常与 TJ2 型闸瓦制动器配合使用，共同组成电磁抱闸制动器，其结构如图 1-27 所示。

制动电磁铁由铁芯、衔铁和线圈三部分组成。闸瓦制动器包括闸轮、闸瓦、杠杆和弹簧等部分。闸轮装在被制动轴上，当线圈通电后，U 形衔铁绕轴转动吸合，衔铁克服弹簧拉力，迫使制动杠杆带动闸瓦向外移动，使闸瓦离开闸轮，闸轮和被制动轴可以自由转动。而当线圈断电后，衔铁会释放，在弹簧作用下，制动杠杆带动闸瓦向里运动，使闸瓦紧紧抱住闸轮完成制动。

电动机基本电气控制电路的设计与安装 项目一

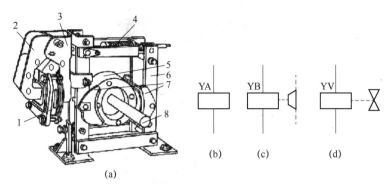

图 1-27 MZD1 型制动电磁铁与制动器
(a) 结构；(b) 电磁铁的一般符号；(c) 电磁制动器符号；(d) 电磁阀符号
1—线圈；2—衔铁；3—铁芯；4—弹簧；5—闸轮；6—杠杆；7—闸瓦；8—轴

2. 直流电磁铁

线圈中通以直流电的电磁铁称为直流电磁铁。

直流电磁铁的线圈电阻为常数，在工作电压不变的情况下，线圈的电流也是常数，在吸合过程中不会随气隙的变化而变化，因此允许的操作频率较高。它在吸合前，气隙较大，磁路的磁阻也较大，磁通较小，因而吸力也较小。吸合后，气隙很小，磁阻也很小，磁通最大，电磁吸力也最大。实验证明：直流电磁铁的电磁吸力与气隙大小的平方成反比。衔铁与铁芯在吸合的过程中电磁吸力是逐渐增大的。

直流长行程制动电磁铁是常见的一种电磁铁，主要用于闸瓦制动器，其工作原理与交流电磁铁相同。常见的直流长行程制动电磁铁有 MZZ2 系列，其型号和含义如图 1-28 所示。

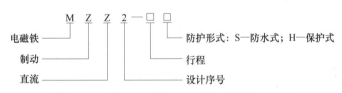

图 1-28 直流长行程制动电磁铁的型号及含义

MZZ2—H 型电磁铁的结构如图 1-29 所示。

该型号为直流并励长行程电磁铁，用于操作负荷动作的闸瓦式制动器，要求安装在空气流通的设备中。其衔铁具有空气缓冲器，它能使电磁铁在接通和断开电源时延长动作的时间，避免发生急剧的冲击。

五、思考与练习

1. 在按速度原则进行反接制动的控制电路中，如图 1-24 所示，如果将速度继电器 KS 的常开触点接在 KM1 的线圈回路中，电路将会出现什么现象？
2. 什么叫能耗制动，什么叫反接制动，各有什么特点及适用场合？

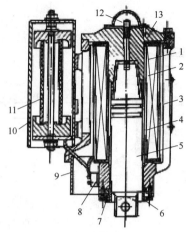

图 1-29 直流长行程制动电磁铁 MZZ2-H 的结构

1—黄铜垫圈；2—线圈；3—外壳；4—导向管；5—衔铁；6—法兰；7—油封；
8—接线板；9—盖子；10—箱体；11—管形电阻；12—缓冲螺钉；13—钢盖

任务五 异步电动机行程控制电路的分析与安装

一、任务描述

工农业生产中有很多机械设备都需要往返运动。例如，机床的工作台等都要求能在一定距离内自动往返运动，它是通过行程开关来检测往返运动的相对位置，进而控制电动机的正反转来实现的。因此，把这种控制称为位置控制或行程控制。

扫一扫，
查看教学课件

二、背景知识

（一）行程开关

行程开关（又称限位开关）是一种常用的小电流主令电器，利用生产机械运动部件的碰撞使其触头动作来实现接通或分断控制电路，达到一定的控制目的。通常这类开关被用来限制机械运动的位置或行程，使运动机械按一定位置或行程自动停止、反向运动、变速运动或自动往返运动等。行程开关的功能及特点如表 1-19 所示。

表 1-19 行程开关的功能及特点

续表

电气符号	动合触点　　动断触点
功能	在实际生产中，将行程开关安装在预先安排的位置，当装于生产机械运动部件上的模块撞击行程开关时，行程开关的触点动作，实现电路的切换。因此，行程开关是一种根据运动部件的行程位置而切换电路的电器，它的作用原理与按钮类似
特点	行程开关广泛用于各类机床和起重机械，用以控制其行程，进行终端限位保护等。在电梯的控制电路中，还利用行程开关来控制开关轿门的速度，自动开关门的限位，轿厢的上、下限位保护。行程开关可以安装在相对静止的物体（如固定架、门框等，简称静物）上或者运动的物体（如行车、门等，简称动物）上。当动物接近静物时，开关的连杆驱动开关的接点引起闭合的接点分断或者断开的接点闭合。由开关接点开、合状态的改变去控制电路和机构的动作

1. 行程开关的型号及其含义

行程开关的型号及其含义如图1-30所示。

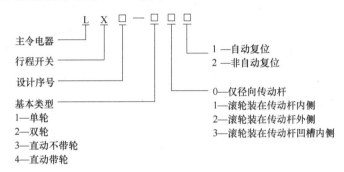

图1-30　行程开关的型号及其含义

2. 行程开关的结构和工作原理

如图1-31所示，为直动式、滚轮式、微动式三种限位开关的结构原理图。以单滚轮式为例，当运动机械的撞铁压到行程开关的滚轮时，动触点向左运动，动合触点闭合，动断触点断开。当运动机械离开滚轮时，在弹簧的作用下，动触点向右运动，动合触点恢复常开，动断触点恢复常闭。

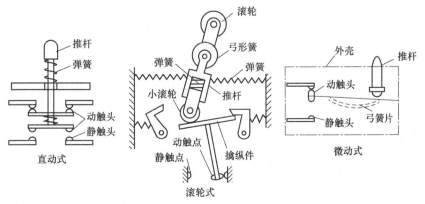

图1-31　限位开关结构原理图

行程开关

（二）电动机行程控制

当工作台在规定的轨道上运行时，限位开关可实现行程控制和限位保护，控制工作台在规定的轨道范围内运行，如图 1-32 所示。

图 1-32　工作台示意图

在设计该控制电路时，应在工作台行程的两个终端各安装一个限位开关，将限位开关的触点接于线路中，当小车碰撞限位开关后，使拖动工作台的电动机停转，达到限位保护的目的。其电气原理图如图 1-33 所示。

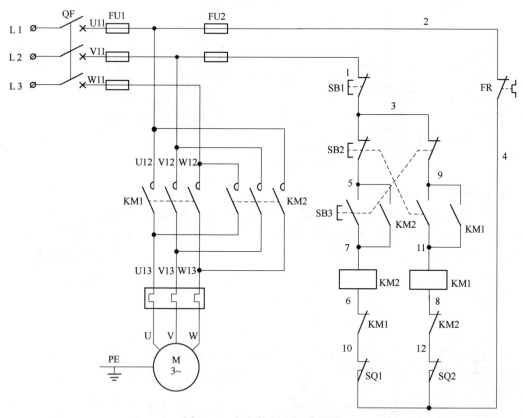

图 1-33　行程控制电气原理图

想一想： 上述电气原理图跟电动机正反转控制的电气原理图有何不同？在工作原理和实现功能上又有何不同？

三、任务实施

（一）电气元件的选择及布置

根据电路配齐所用电气元件，并进行质量检验。电气元件应完好无损，各项技术指标符合规定要求，否则应予以更换。在控制板上安装电气元件。

（二）电路连接

根据行程控制电气原理图，进行安装及配线。

注意事项：

（1）在接主电路时要注意电动机必须进行换相，否则，电动机只能进行单向运转。

（2）控制电路接线时的注意事项与电动机正反转控制电路的类似，请参考。

（3）刀开关、接触器、按钮、热继电器和电动机的检查如前所述，另外还要认真检查行程开关，主要包括检查滚轮和传动部件动作是否灵活，检查触点的通断情况。

（4）在设备规定位置安装限位开关，调整运动部件上挡块与行程开关的相对位置，使挡块在运动中能可靠地操作行程开关上的滚轮并使触点分断。

（5）用保护线套连接行程开关，护套线应固定在不妨碍机械装置运动的位置上。

（6）安装训练应在规定定额时间完成。同时要做到安全操作和文明生产。

四、知识进阶——接近开关

接近开关又称无触点行程开关。它能在一定的距离（几毫米至几十毫米）内检测有无物体靠近。当物体与其接近到设定距离时，就可以发出"动作"信号。

接近开关的核心部分是"感辨头"，它对正在接近的物体有很高的感辨能力。

接近开关的功能及特点如表 1–20 所示。

表 1–20 接近开关的功能及特点

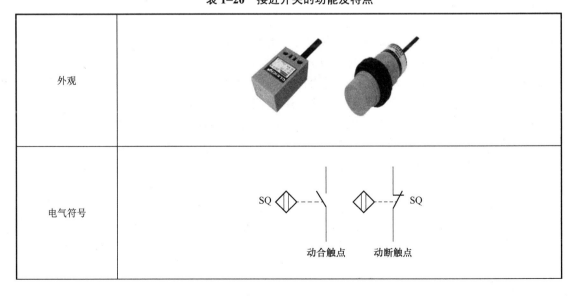

功能	当金属检测体进入接近开关的感应区域时，开关就能无接触、无压力、无火花、迅速发出电气指令，准确反映出运动机构的位置和行程，即使用于一般的行程控制，其定位精度、操作频率、使用寿命、安装调整的方便性和对恶劣环境的适用能力，是一般机械式行程开关所不能相比的。它广泛地应用于机床、冶金、化工、轻纺和印刷等行业。在自动控制系统中可作为限位、计数、定位控制和自动保护环节等
特点	接近开关与被测物不接触，不会产生机械磨损和疲劳损伤，工作寿命长，响应快，无触点，无火花，无噪声，防潮，防尘，防爆性能较好，输出信号负载能力强，体积小，安装、调整方便；缺点是触点容量较小，输出短路时易烧毁

五、技能强化——电动机自动往返循环控制

（一）设计要求

在生产中，有些生产机械（如导轨磨床、龙门刨床等）需要自动往返运动，不断循环，以使工件能连续加工。这就需要电动机的自动往返循环控制。

自动往返循环控制线路里设有两个带有常开、常闭触点的行程开关，分别装置在设备运动部件的两个规定位置上，以发出返回信号，控制电动机换相。为了保证机械设备的安全，在运动部件的极限位置还设有限位保护用的行程开关。顺序控制示意图如图 1-34 所示。

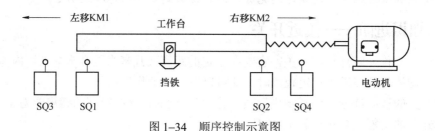

图 1-34 顺序控制示意图

（二）训练过程

（1）绘制电动机自动往返循环控制电路图，分析工作原理。
（2）按照所绘制电路图配齐所用电气元件，并进行质量检验。
（3）绘制电气元件位置图，并按位置图安装电气元件。
（4）按照所绘制的电路图进行板前明线布线和套编码套管。
（5）安装电动机，要求安装牢固平稳，以防止在换相时产生滚动而引起事故。
（6）连接电源、电动机等控制板外部的导线。
（7）安装完毕后，必须经过认真检查后，方可通电。
（8）通电试车。
（9）汇总整理文档，保存工程文件。

（三）考核标准

技能训练考核标准如表 1-21 所示。

表 1–21 技能考核评价表

序号	主要内容	考核内容	评分标准	配分	得分
1	方案设计	根据控制要求，绘制电气原理图，选择电气元件，并进行合理布置	（1）电气原理图绘制错误，每处扣 2 分； （2）选择电气元件错误，每处扣 2 分； （3）选择的电气元件有故障未排查出，每个扣 2 分； （4）电气元件布置不合理，每处扣 2 分	30	
2	安装与接线	按电气原理图进行安装接线，布线整齐、横平竖直、分布均匀、走线合理；套编码套管正确；接点牢靠，电动机安装牢固平稳	（1）接线不紧固、不美观，每根扣 2 分； （2）接点松动、压绝缘层、露线芯过长等，每处扣 1 分； （3）不按接线图接线，每处扣 2 分	30	
3	功能测试	对主电路、控制电路进行检查；按下启动按钮后，限位开关起作用，能实现自动往返运动	（1）未使用万用表对电路进行检查的，扣 10 分； （2）未实现正向运行功能的，扣 10 分； （3）未实现反向运行功能的，扣 10 分； （4）限位开关未起作用的，扣 10 分	30	
4	安全文明生产	遵守纪律，遵守国家相关专业安全文明生产规程	（1）未对主电路、控制电路进行检查直接通电的，扣 10 分； （2）不遵守教学场所规章制度，扣 2 分； （3）出现重大事故或人为损坏设备，扣 10 分	10	
备注			合计		
小组签名					
教师签名					

六、思考与练习

（一）问答题

行程开关和接近开关在使用上有何区别？

（二）设计题

设计一个小车运行的控制电路，小车由异步电动机拖动，控制要求为：小车由原点位置开始前进，到终端限位开关处自动停止；在终端处停留 20 s 后自动返回到原点位置并停止。要求在前进和后退过程中任意位置都能停止或再次启动。

项目二　PLC 基本指令应用

本项目主要介绍了三菱 FX_{3U} 系列 PLC 的组成部分、工作原理、接线方法及编程软件，并通过异步电动机控制的五个具体案例介绍了 FX_{3U} 系列 PLC 的 29 条基本逻辑指令。

知识目标

（1）知道 PLC 的分类方法、硬件结构及运行方式。
（2）学会三菱 FX_{3U} 系列 PLC 电源、输入端子、输出端子的接线方法。
（3）学会三菱 FX_{3U} 系列 PLC 的基本逻辑指令系统。
（4）学会梯形图和指令表程序设计的基本方法及梯形图的编程规则、编程技巧。

能力目标

（1）会操作 GX Developer 编程软件，并会运行软件相关功能对 PLC 程序进行调试。
（2）能根据所列 I/O 分配表，完成 PLC 电气原理图的绘制并进行实际的安装接线。
（3）能应用三菱 FX_{3U} 系列 PLC 基本逻辑指令编写控制系统的梯形图和指令程序。
（4）能使用三菱公司编程软件设计 PLC 控制系统的梯形图和指令程序，并写入 PLC 进行调试运行。

任务一　认识 PLC

一、任务描述

最初的电气自动控制装置，只是一些简单的手动电器（如刀开关、正反转开关等）。这些电器只适合于电机容量小、控制要求简单、动作单一的场合。随着技术的进步，生产机械对电气自动控制提出了越来越高的要求，电气自动控制装置逐步发展成了各种形式的电气自动控制系统。

作为常用电气自动控制系统的一种，人们习惯上把以继电器、接触器、按钮、开关等为主要器件所组成的逻辑控制系统，称为"继电器-接触器控制系统"。

扫一扫，
查看教学课件

"继电器-接触器控制系统"的基本特点是结构简单、生产成本低、抗干扰能力强、故障检修直观方便、运用范围广。它不仅可以实现生产设备、生产过程的自动控制，而且还可以满足大容量、远距离、集中控制的要求。因此，直到今天"继电器-接触器控制系统"仍是工业自动控制领域最基本的控制系统之一。

但是，出于"继电器-接触器控制系统"的控制元件（继电器、接触器）均为独立元件，它决定了系统的"逻辑控制"与"顺序控制"功能只能通过控制元件间的不同连接实现，因此，它不可避免地存在以下不足。

（1）通用性、灵活性差。当生产流程或工艺发生变化、需要更改控制要求时，必须通过更改接线或增减控制器件，才能实现，有时甚至需要重新设计，因此难以满足多品种、小批量生产的要求。

（2）体积大，材料消耗多。"继电器-接触器控制系统"的逻辑控制需要通过控制电器与电器间的连接实现，安装电器需要大量的中间继电器，连接电器需要大量的导线，因此控制系统的体积大，材料消耗多。

（3）运行费用高，噪声大。由于继电器、接触器均为电磁器件，在系统工作时，需要消耗较多的电能，同时，多个继电器、接触器的同时通断，会产生较大的噪声，对工作环境造成不利的影响。

（4）可靠性较低，性用寿命较短。由于"继电器-接触器控制系统"采用的是"触点控制"形式，额定工作频率低，工作电流大，长时间连续使用易损坏触点或产生接触不良等故障，直接影响到系统工作的可靠性。

（5）不具备现代工业控制所要求的数据通信、网络控制等功能。

正因为如此，"继电器-接触器控制系统"难以适应现代复杂多变的生产控制要求与生产过程控制集成化、网络化需要。而 PLC 则较好地解决了"继电器-接触器控制系统"存在的通用性、灵活性差与通信、网络方面欠缺的问题。那么 PLC 是一个什么样的装置，又是如何工作的，这是本次任务学习的重点。

二、背景知识

（一）PLC 的产生、特点及应用

1. PLC 的产生

1968 年美国最大的汽车制造商——通用汽车公司（GM 公司）为了适应汽车市场多品种、小批量的生产要求，解决汽车生产线"继电器-接触器控制系统"中普遍存在的通用性、灵活性差的问题，提出了设计一种新型控制器来取代传统的"继电器-接触器控制系统"。1969 年，美国数字设备公司（DEC 公司）首先研制出了全世界第一台可编程控制器，并称之为"可编程序逻辑控制器"（Programmable Logic Controller，简称 PLC）。试样机在 GM 公司的应用获得了成功。此后，PLC 得到了快速发展，并被广泛用于各种开关量逻辑运算与处理的场合。1971 年，在引进美国技术后，日本研制出了自己的第一台 PLC；1973 年，德国 SIEMENS 公司也研制出了欧洲第一台 PLC；1974 年，法国随之也研制出了 PLC。我国从 1974 年开始研制，1977 年开始进入工业应用。

到了 20 世纪 70 年代中期，PLC 开始采用微处理器。PLC 的功能也由最初的逻辑运算拓展到数据处理功能，并得到了更为广泛的应用。由于当时的 PLC 功能已经不再局限于逻辑处理的范畴，为此，PLC 也随之改称为可编程控制器（Programmable Controller，简称 PC），但是为了与个人计算机（Personal Computer）区分，所以仍将可编程控制器简称为 PLC。

2. PLC 的特点

1978 年国际电工委员会（IEC）将 PLC 定义为：PLC 是一种数字运算操作的电子系统，

专为工业环境下应用而设计，它采用了可编程序的存储器，用来在其内部存储执行逻辑运算、顺序控制、定时、计数、算术运算等操作的指令，并通过数字或模拟式的输入和输出，控制各种类型的机械和生产过程。PLC 及其有关外围设备，都应按易于与工业控制系统连成一个整体，易于扩充其功能的原则设计。它的主要特点如下。

（1）软硬件功能强。

PLC 的功能非常强大，其内部具备很多功能，如定时器、计数器、主控继电器、移位寄存器及中间寄存器等，能够方便地实现延时、锁存、比较、跳转和强制 I/O 等功能。PLC 不仅可进行逻辑运算、算术运算、数据转换以及顺序控制，还可实现模拟运算、显示、监控、打印及报表生成等功能，并具有完善的输入/输出系统。

（2）使用维护方便。

PLC 不需要像用计算机控制那样在输入/输出接口上做大量的工作。PLC 的输入接口和输出接口是已经按不同需求做好的，可直接与控制现场的设备相连接。如输入接口可以与各种开关、传感器连接；输出接口具有较强的驱动能力，可以直接与继电器、接触器、电磁阀等连接。PLC 具有很强的监控功能，利用编程器、监视器或触摸屏等人机界面可对 PLC 的运行状态进行监控。

（3）运行稳定可靠。

由于 PLC 采用了微电子技术，大量的开关动作由无触点的半导体电路来完成，同时还采用了屏蔽、滤波、隔离等抗干扰措施，所以其平均无故障时间在 2 万小时以上。PLC 还采用屏蔽、输入延时滤波等软、硬件措施，有效地防止空间电磁干扰，特别对高频传导干扰信号具有良好的抑制作用。所有这一切措施，都有效地保证了 PLC 在恶劣的工作环境下能正常地运行。

（4）组织灵活。

可编程控制器品种很多，小型 PLC 为整体结构，并外接 I/O 扩展机箱构成 PLC 控制系统。中大型 PLC 采用分体模块式结构，设有各种专有功能模块供选用和组合，由各种模块组成大小和要求不同的控制系统。当受控对象的控制要求改变时，可以在线使用编程器进行修改用户程序来满足新的控制要求，最大限度地缩短工艺更新所需要的时间。

3. PLC 的应用

目前，PLC 已广泛应用于冶金、石油、化工、建材、机械制造、电力、汽车、轻工及环保等各行各业，随着 PLC 性价比的不断提高，应用领域也不断扩大，大致可归纳为以下几个方面。

（1）开关量逻辑控制。

开关量逻辑控制是现今 PLC 应用最广泛的领域，即用 PLC 取代传统的"继电器–接触器控制系统"，实现逻辑控制和顺序控制。如机床电气控制、电动机控制、电梯控制等。既可以用于单机控制，也可以用于多机或联网控制。

（2）模拟量过程控制。

除了数字量之外，PLC 还能控制连续变化的模拟量，例如温度、压力、速度、流量、液位、电压和电流等。若使用专用的智能控制模块，还可以实现对模拟量的闭环过程控制。

（3）运动控制。

大多数 PLC 都有拖动步进电动机或伺服电动机的单轴或多轴位置控制模块。这一功能广泛应用于各种机械设备，如对各种机床、装配机械、机器人等进行运动控制。

（4）现场数据采集处理。

目前 PLC 都具有数据处理指令、数据传送指令、算术与逻辑运算指令和循环移位指令，可以很方便地对生产现场数据进行采集、分析和加工处理。数据处理通常用于如柔性制造系统等大、中型控制系统中。

（5）通信联网、多级控制。

PLC 通过网络通信模块及远程 I/O 控制模块，实现 PLC 与 PLC 之间、PLC 与上位机、PLC 与其他智能设备（如触摸屏、变频器等）之间的通信功能，还能实现 PLC 分散控制、集散控制，建立工厂的自动化网络。

（二）PLC 的分类

由于 PLC 的品种、型号、规格、功能等各不相同，要按照统一的标准对它们进行分类是十分困难的。通常会根据结构形式的不同、I/O 点数的多少进行大致分类。

1. 按 I/O 点数分类

1）小型 PLC

I/O 点数小于 256 点，单 CPU，8 位或 16 位处理器，用户存储器容量 4 KB 以下。例如，日本三菱公司的 FX 系列，日本立石公司（欧姆龙 OMRON）公司的 C20、C40，德国西门子公司的 S7-200 系列，美国通用电气（GE）公司的 GE-I 型等。

2）中型 PLC

I/O 点数小于 256~2 048 点，双 CPU，用户存储器容量为 4~16 KB。例如德国西门子公司的 S7-300 系列、OMRON 公司的 C200H 系列。

3）大型 PLC

I/O 点数大于 2 048 点，多 CPU，16 位或 32 位处理器，用户存储器容量 16 KB 以上，具有极强的自诊断功能。例如，德国西门子公司的 S7-400 系列，OMRON 公司的 C-2000，三菱公司的 K3 等。

2. 按结构形式分类

1）整体式 PLC

整体式 PLC 是将电源、CPU、I/O（输入/输出）接口等部件都集中装在一个机箱内，具有结构紧凑、体积小、价格低的特点，如图 2-1（a）所示。小型 PLC 一般采用这种整体式结构，例如三菱 FX 系列 PLC，西门子 S7-200 PLC。整体式 PLC 一般还配备特殊功能单元，如模拟量单元、位置控制单元等，使其功能得以扩展。

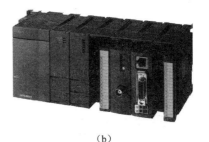

(a)   (b)

图 2-1 整体式 PLC 和模块式 PLC

(a) 整体式 PLC；(b) 模块式 PLC

2）模块式 PLC

模块式 PLC 是将 PLC 各组成部分分别做成若干个单独的模块，如 CPU 模块、I/O 模块、电源模块及各种功能模块。模块式 PLC 由框架或基板和各种模块组成。如图 2-1（b）所示。大、中型 PLC 一般采用这种结构，例如西门子公司的 S7-300、S7-400 系列，三菱 Q 系列。

还有一些 PLC 将整体式和模块式的特点结合起来，构成所谓叠装式 PLC。叠装式 PLC 的 CPU、电源、I/O 接口等也是各自独立的模块，但它们之间是靠电缆进行连接的，并且各模块可以一层层叠装。这样，不但系统可以灵活配置，还可做得体积小巧。

（三）PLC 的基本结构和工作原理

1. PLC 的基本结构

PLC 实质是一种专用于工业控制的计算机，其硬件结构基本上与微型计算机相同，如图 2-2 所示。

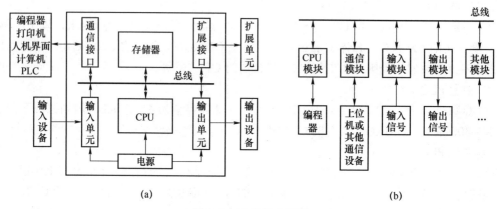

图 2-2　PLC 组成框图

（a）整体式 PLC 组成框图；（b）模块式 PLC 组成框图

整体式 PLC 硬件系统主要由中央处理器（CPU）、存储器、输入单元、输出单元、通信接口、扩展接口、电源等部分组成。其中，CPU 是 PLC 的核心；输入单元与输出单元是连接现场 I/O 设备与 CPU 之间的接口电路；通信接口用于与编程器、上位机等外设连接。模块式 PLC 各部件独立封装成模块，各模块通过总线连接，安装在机架或导轨上。尽管整体式 PLC 与模块式 PLC 的结构不太一样，但各部分的功能是相同的，下面对 PLC 主要组成部分进行简单介绍。

1）中央处理单元（CPU）

中央处理单元（CPU）是 PLC 的控制中枢。小型 PLC 大多采用 8 位通用微处理器和单片微处理器；中型 PLC 大多采用 16 位通用微处理器或单片微处理器；大型 PLC 大多采用高速位片式微处理器。

2）存储器（Memory）

PLC 的存储器 ROM 中固化着系统程序，用户不能直接存取、修改。存储器 RAM 中存放用户程序和工作数据，使用者可对用户程序进行修改。为保证掉电时不会丢失 RAM 存储信息，一般用锂电池作为备用电池供电。近年来，闪存（Flash Memory）作为一种新的半导体存储器件，以其独有的特点得到了迅速的发展与应用。

3）输入/输出单元

PLC 内部输入电路的作用是将 PLC 外部电路（如行程开关、按钮、传感器等）提供的、符合 PLC 输入电路要求的电压信号，通过光耦电路送至 PLC 内部电路。输入电路通常以光电隔离和阻容滤波的方式提高抗干扰能力，输入响应时间一般在 0.1~15 ms 范围内。多数 PLC 的输入接口单元都相同，通常有两种类型，一种是直流输入，另一种是交流输入。

PLC 输出电路用来将 CPU 运算的结果变换成一定形式的功率输出，驱动被控负载（电磁铁、继电器、接触器线圈等）。

根据输入、输出电路的结构形式不同，输入/输出又可以分为开关量输入/输出和模拟量输入/输出两大类。其中模拟量输入/输出要经过 A/D、D/A 转换电路的处理，转换成计算机系统所能识别的数字信号。PLC 输入/输出单元各种不同结构形式能够适应各不同负载的要求。

4）扩展接口

扩展接口用于连接 I/O 扩展单元，可以用来扩充开关量 I/O 点数和增加模拟量的 I/O 端子。I/O 扩展接口电路采用并行接口和串行接口两种电路形式。

根据被控制对象对 PLC 控制系统的技术和要求，确定用户所需的输入/输出设备，据此确定 PLC 的 I/O 点数。

5）通信接口

通信接口用于连接手持编程器或其他图形编程器、文本显示器，并能组成 PLC 的控制网络。PLC 通过 PC/PPI 电缆或使用 MPI 卡通过 RS-485 接口和电缆与计算机连接，可以实现编程、监控、联网等功能。

6）电源

PLC 内部配有一个专用开关式稳压电源，将交流/直流供电电源转化为 PLC 内部电源需要的工作电源。当输入端子为非干接点结构时，为外部输入元件提供 24 V 直流电源（仅供输入点使用）。

2. PLC 的工作原理

1）PLC 的工作方式

采用循环扫描方式。在 PLC 处于运行状态时，从内部处理、通信服务、程序输入、程序执行、程序输出，一直循环扫描工作。循环扫描过程如图 2-3 所示。

注意：由于 PLC 是扫描工作过程，在程序执行阶段即使输入发生了变化，输入状态映像寄存器的内容也不会变化，要等到下一周期的输入处理阶段才能改变。

2）PLC 的工作过程

PLC 的工作过程主要分为内部处理、通信服务、输入处理、程序执行、输出处理几个阶段。

内部处理阶段：在此阶段，PLC 检查 CPU 模块的硬件是否正常，复位监视定时器，以及完成一些其他内部工作。

通信服务阶段：在此阶段，PLC 与一些智能模块通信，响应编程器键入的命令，更新编程器的显示内容等，当 PLC 处于停止状态时，只进行内部处理和通信服务等内容。

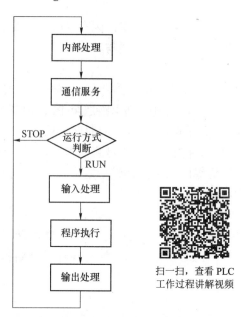

图 2-3 PLC 的循环扫描过程

输入处理：输入处理也叫输入采样。在此阶段顺序读入所有输入端子的通断状态，并将读入的信息存入内存中所对应的映像寄存器。在此输入映像寄存器被刷新，接着进入程序的执行阶段。

程序执行：根据 PLC 梯形图程序扫描原则，按先左后右，先上后下的步序，逐句扫描，执行程序。但遇到程序跳转指令，则根据跳转条件是否满足来决定程序的跳转地址。若用户程序涉及输入/输出状态时，PLC 从输入映像寄存器中读出上一阶段采入的对应输入端子状态，从输出映像寄存器读出对应映像寄存器的当前状态。根据用户程序进行逻辑运算，将运算结果再存入有关器件寄存器中。

输出处理：程序执行完毕后，将输出映像寄存器即元件映像寄存器中的 Y 寄存器的状态，在输出处理阶段转存到输出锁存器，通过隔离电路，驱动功率放大电路，使输出端子向外界输出控制信号，驱动外部负载。

3）PLC 的运行方式

工作模式（RUN）：当处于运行工作模式时，PLC 要进行从内部处理、通信服务、输入处理、程序执行到输出处理，然后按上述过程循环扫描工作。在 RUN 模式下，PLC 通过反复执行反映控制要求的用户程序来实现控制功能，为了使 PLC 的输出及时地响应随时可能变化的输入信号，用户程序不是只执行一次，而是不断地重复执行，直至 PLC 停机或切换到 STOP 工作模式。

停止模式（STOP）：当处于停止工作模式时，PLC 只进行内部处理和通信服务等内容。

三、任务实施——认识 FX_{3U} 系列 PLC

（一）FX_{3U} 系列 PLC 的结构

FX_{3U} 系列三菱 PLC 是第三代微型可编程控制器，内置了 64 K 的 RAM 内存。除了浮点数、字符串处理指令以外，还具备定坐标指令等丰富的指令。输入/输出的扩展设备可以连接 FX_{2N} 系列的输入/输出扩展单元/模块。此外，$FX_{0N}/FX_{2N}/FX_{3U}$ 系列特殊功能单元/模块最多可以连接 8 台。FX_{0N} 系列仅可以连接 FX_{0N}—3 A。

FX_{3U} 系列 PLC 的外观如图 2-4、图 2-5 所示。其中图 2-4 为端盖未打开时的外形图，表 2-1 为图 2-4 上数字所代表的各部分名称；图 2-5 为端盖打开时的外观图，表 2-2 为图 2-5 上数字所代表的各部分名称。

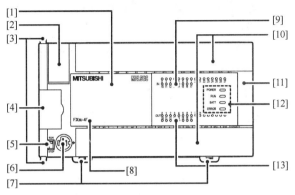

图 2-4 端盖未打开时的外形图

表 2-1 图 2-4 中序号所代表的组成部分名称

序号	名　　称		
[1]	前盖		
[2]	电池盖		
[3]	特殊适配器连接用插口（2处）		
[4]	功能扩展端口部虚拟盖板		
[5]	RUN/STOP 开关		
[6]	外部设备连接用接口		
[7]	DIN 导轨安装用挂钩		
[8]	型号显示（简称）		
[9]	输入显示 LED（红）		
[10]	端子台盖板		
[11]	扩展设备连接用接口盖板		
[12]	动作状态显示 LED	POWER	通电状态时亮灯（绿）
		RUN	运行时亮灯（绿）
		BATT	电池电压过低时亮灯（红）
		ERROR	程序出错时闪烁（红）
			CPU 出错时亮灯（红）
[13]	输出显示 LED（红）		

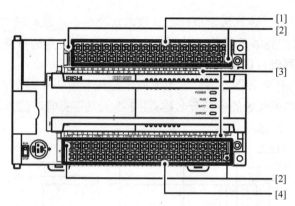

图 2–5　端盖打开时的外形图

表 2–2　图 2–5 中序号所代表的组成部分名称

序号	名　　称
[1]	电源、输入（X）端子
[2]	端子台拆装用螺栓（FX$_{3U}$-16M□ 能拆装）
[3]	端子名称
[4]	输出（Y）端子

（二）FX$_{3U}$ 系列 PLC 的型号含义

FX$_{3U}$ 系列 PLC 型号的含义如图 2–6 所示。

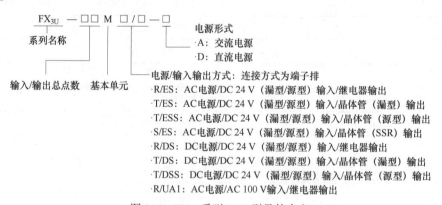

图 2–6　FX$_{3U}$ 系列 PLC 型号的含义

例如 FX$_{3U}$—48MT/ES—A 表示 FX$_{3U}$ 系列，共有 48 个 I/O 点，基本单元，AC 电源/DC 24 V（漏型/源型）输入/晶体管（漏型）输出，供电电源为交流 220 V。

（三）FX$_{3U}$ 系列 PLC 的安装

FX$_{3U}$ 系列 PLC 的安装方式有底板安装和 DIN 导轨安装两种。

1. 底板安装

利用 PLC 机体外壳 4 个角上的安装孔，用螺钉将基本单元及扩展单元固定在地板上。

2. DIN 导轨安装

利用 PLC 底板上的 DIN 导轨安装杆将基本单元及扩展单元安装在 DIN 导轨上。安装时安装单元与安装导轨槽对齐向下推压即可。从 DIN 导轨上卸下时，需用一字槽螺丝刀向下轻拉安装杆。

（四）FX$_{3U}$ 系列 PLC 的接线

1. 电源和输入端子接线

PLC 基本单元的供电有两种情况，一是使用工频交流电，通过交流输入端子连接，电源电压为 AC 100~240 V，允许范围为 AC 85~264 V；另一种是直流电源供电，电源电压为 DC 24 V，电源电压允许范围为 DC 16.8~28.8 V，但是当电源电压为 DC 16.8~19.2 V 时，扩展设备允许连接的台数会减少。电源接线如图 2-7 所示。

注意：AC 电源型和 DC 电源型 PLC 的输入端子的接线是不同的，DC 电源型 PLC 的 24 V、0 V 两个端子上不要接线。

AC电源型：

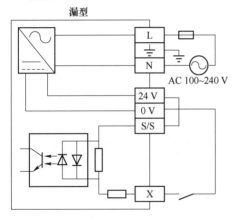
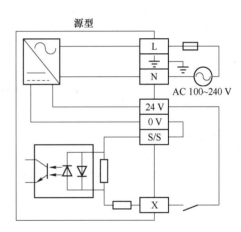

DC电源型：

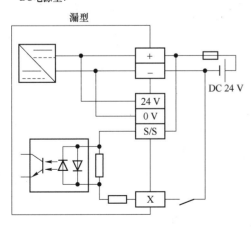
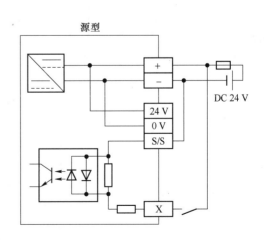

图 2-7 PLC 电源接线

PLC 的输入接口连接输入信号，器件主要有开关、按钮及各种传感器。当漏型输入时，在输入 X 和 0 V 端子之间连接无电压触点或者 NPN 三线传感器输出，导通时，输入 X 为 ON 状态。源型输入时，在输入 X 和 24 V 端子之间连接无电压触点或是 PNP 三线传感器输出，导通时，输入 X 为 ON 状态。PLC 输入端子接线如图 2-8 所示。

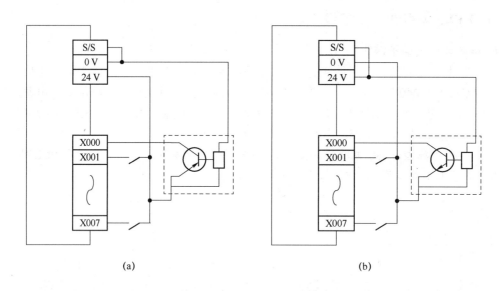

图 2-8　PLC 输入端子接线
（a）源型输入；（b）漏型输入

2. 输出端子接线

PLC 的输出接口上连接的器件主要是继电器、接触器、电磁阀的线圈、指示灯等。为了适应不同的负载，PLC 的输出接口有多种形式。FX_{3U} 系列 PLC 跟其他大部分 PLC 一样，输出方式有继电器输出方式、晶体管输出方式和双向晶闸管输出方式。

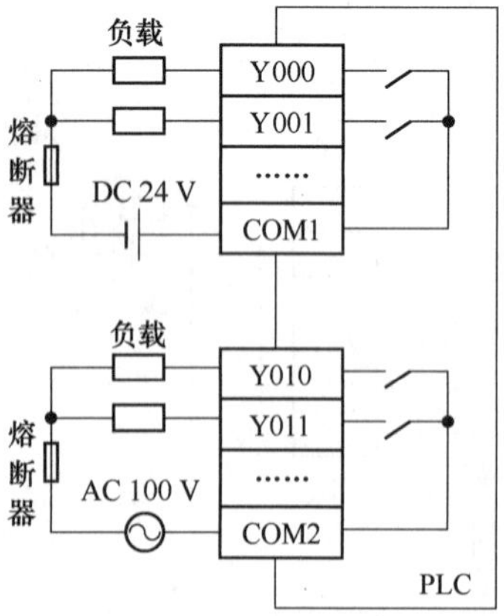

1) 继电器输出方式

继电器输出方式的优点是电压范围宽、导通压降小、价格便宜，既可以控制交流负载，也可以控制直流负载；其缺点是触头寿命短，触头断开时有电弧产生，容易产生干扰，转换效率低，响应时间约为 10 ms。负载用电源为 DC 30 V 以下或是 AC 220 V 以下。其内部结果和端子接线如图 2-9 所示。

2) 晶体管输出方式

晶体管输出方式如图 2-10 所示。其优点是寿命长、无噪声、可靠性高、响应快、I/O 响应时间为 0.2 ms 以下；其缺点是价格高、过载能力差。驱动负载用的电源为 DC 5~30 V 的平滑电源。漏型输出时，负载电流流入输出（Y）端子，COM 端子上连接负载电源的负极。源型输出时，负载电流从输出（Y）端子流出，+V 端子上连接负载电源的正极。

图 2-9　继电器输出

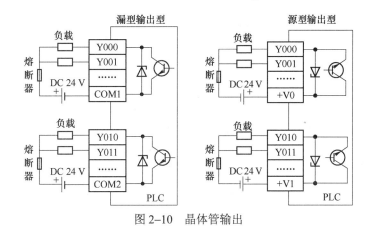

图 2-10 晶体管输出

3）双向晶闸管输出方式

晶闸管输出也是无触头的，双向晶闸管由光耦合器触发，使其截止或导通来控制负载。晶闸管输出的优点是寿命长、无噪声、可靠性高，可驱动交流负载；其缺点是价格高，负载能力较差。如图 2-11 所示。

注意：三菱 FX_{3U} 输入/输出分为源型和漏型两种形式，接线时务必注意。本书所介绍的案例除了特殊说明外均按照漏型处理。

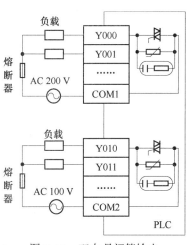

图 2-11 双向晶闸管输出

四、知识进阶——PLC 编程语言

PLC 的用户程序是设计人员根据控制系统的工艺控制要求，通过 PLC 编程语言的编制设计的。根据国际电工委员会制定的工业控制编程语言标准（IEC1131—3），PLC 的编程语言包括以下 5 种：梯形图语言(LD)、指令表语言(IL)、功能模块图语言（FBD）、顺序功能图语言（SFC）及结构化文本语言（ST）。

（一）梯形图语言（LD）

梯形图语言是 PLC 程序设计中最常用的编程语言。它是与继电器线路类似的一种编程语言。由于电气设计人员对继电器控制较为熟悉，因此，梯形图编程语言得到了广泛的欢迎和应用。梯形图编程语言的特点是：与电气操作原理图相对应，具有直观性和对应性；与原有继电器控制相一致，电气设计人员易于掌握，对应关系如图 2-12 所示。

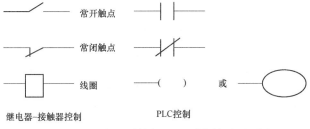

图 2-12 继电器系统与 PLC 系统符号对照图

梯形图编程语言与原有的继电器控制的不同点是，梯形图中的能流不是实际意义的电流，内部的继电器也不是实际存在的继电器，应用时，需要与原有继电器控制的概念区别对待。图 2-13 是采用 PLC 控制的程序梯形图。

（二）指令表语言（IL）

指令表编程语言是与汇编语言类似的一种助记符编程语言，和汇编语言一样由操作码和操作数组成。在无计算机的情况下，适合采用 PLC 手持编程器对用户程序进行编制。同时，指令表编程语言与梯形图编程语言图一一对应，在 PLC 编程软件下可以相互转换。图 2-14 就是与图 2-13 PLC 梯形图对应的指令表。

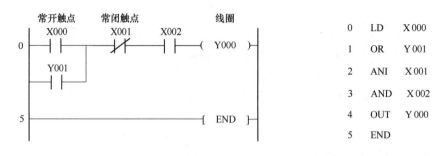

图 2-13　PLC 梯形图　　　　　图 2-14　指令表

指令表编程语言的特点是：采用助记符来表示操作功能，具有容易记忆，便于掌握；在手持编程器的键盘上采用助记符表示，便于操作，可在无计算机的场合进行编程设计；与梯形图有一一对应关系。其特点与梯形图语言基本一致。

（三）顺序功能图语言（SFC）

顺序功能图语言是为了满足顺序逻辑控制而设计的编程语言。编程时将顺序流程动作的过程分成步和转移条件，根据转移条件对控制系统的功能流程顺序进行分配，一步一步地按照顺序动作。

顺序功能图编程语言的特点：以功能为主线，按照功能流程的顺序分配，条理清楚，便于对用户程序的理解；避免梯形图或其他语言不能顺序动作的缺陷，同时也避免了用梯形图语言对顺序动作编程时，由于机械互锁造成用户程序结构复杂、难以理解的缺陷；用户程序扫描时间也大大缩短。在项目三中将会详细介绍这种编程语言。

（四）结构化文本语言（ST）

结构化文本语言是用结构化的描述文本来描述程序的一种编程语言。它是类似于高级语言的一种编程语言，采用计算机的描述方式来描述系统中各种变量之间的各种运算关系，完成所需的功能或操作。大多数PLC制造商采用的结构化文本编程语言与BASIC语言、PASCAL语言或C语言等高级语言相类似，但为了应用方便，在语句的表达方法及语句的种类等方面都进行了简化。

结构化文本编程语言的特点：采用高级语言进行编程，可以完成较复杂的控制运算；需要有一定的计算机高级语言的知识和编程技巧，对工程设计人员要求较高。直观性和操作性较差。

五、思考与练习

1. PLC 主要应用在哪些领域？
2. 简述 PLC 的基本结构和工作原理。
3. PLC 的输出形式有哪几种？各有什么特点？
4. FX_{3U}—32MR PLC 型号的含义是什么？
5. 查找相关资料，简述 PLC 的发展趋势。

任务二　电动机自锁电路 PLC 控制

一、任务描述

电动机自锁常用于只需要单方向运转的小功率电动机的控制，如小型通风机、水泵及皮带运输机等机械设备。电动机自锁控制的继电器–接触器控制电路如图 2-15 所示。当按下启动按钮 SB1 时，电动机启动运行，当按下停止按钮 SB2 或热继电器 FR 动作时，电动机停止运行。本次任务就是将电动机自锁电路由原来的继电器–接触器控制改为 PLC 控制。

扫一扫，
查看教学课件

用 PLC 实现电动机的自锁控制仍然需要启动按钮、停止按钮、热继电器、交流接触器，只是图 2-15 控制电路中各电气元件接线的逻辑关系需由 PLC 的软件编程来实现。因此，PLC 外围电路和程序如何设计是本次任务的重点。

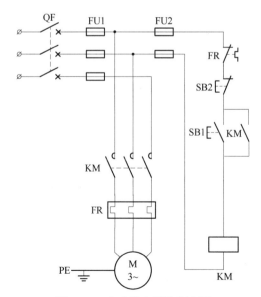

图 2-15　电动机自锁控制电路

二、背景知识

（一）输入继电器 X 和输出继电器 Y

输入输出器件与 PLC 的连接、PLC 程序的编写都离不开输入继电器 X 和输出继电器 Y。它们并不是物理意义上的实物继电器，而是由电子电路和存储器所组成的虚拟器件，称为"软继电器"。"软继电器"实际上是 PLC 内部存储器某一位的状态，状态为"1"时，"继电器"线圈接通，状态为"0"时，"继电器"线圈断开。"软继电器"的线圈和触点主要在程序中使用，例如，输入继电器、输出继电器、辅助继电器、定时器、计数器等。"软继电器"和物理继电器最大的区别在于"软继电器"的触点在编程过程中可以无限次地使用。

扫一扫，查看输入继电器和输出继电器讲解视频

1. 输入继电器

输入继电器 X 与 PLC 输入端子相连接，专门用来接收 PLC 外部开关量信号。PLC 通过输入接口将外部输入信号的状态（外部电路接通时为"1"，断开时为"0"）读入并存储在输入映像寄存器中。

输入继电器必须由外部信号驱动，不能用程序驱动，所以输入继电器的线圈不可能在程序中出现。由于输入继电器反映输入映像寄存器的状态，所以其触点的使用次数不限。

FX 系列 PLC 的输入继电器采用 X 和八进制数字共同组成编号，例如 X000~X007，X010~X017。FX_{3U} 型 PLC 基本单元的输入继电器编号范围为 X000~X077，共 64 点。

2. 输出继电器

输出继电器 Y 是用来将 PLC 内部信号输出送给外部负载（用户输出设备）的元件。输出继电器线圈是由 PLC 内部程序的指令驱动，其线圈状态传送给输出单元，再由输出单元对应的硬触点来驱动外部负载。

每个输出继电器在输出单元中都对应唯一的一个常开硬触点，但在程序中供编程使用的输出继电器，不管是常开触点还是常闭触点，都是软触点，可以使用无限次。FX 系列 PLC 的输出继电器采用 Y 和八进制共同组成编号，例如 Y000~Y007，Y010~Y017。FX_{3U} 型 PLC 基本单元的输出继电器编号范围为 Y000~Y077，共 64 点。

注意：基本单元输入继电器、输出继电器的编号是固定的，扩展单元和扩展模块是从与基本单元最靠近的编号开始，顺序进行编号。例如，基本单元 FX_{3U}—48M 的输入继电器编号为 X0~X27，如果接有扩展单元或者扩展模块，则扩展的输入继电器从 X30 开始编号。

在实际使用中，输入、输出继电器的数量，要视系统的具体配置情况而定。

（二）逻辑取及线圈驱动指令

三菱 FX_{3U} 系列 PLC 共有 29 条基本指令，可以完成基本的逻辑控制、顺序控制等程序的编写，同时也是编写复杂程序的基础指令，下面分别结合具体的任务要求说明相关指令的含义和编程方法。

1. 指令功能

（1）LD（Load）：取指令。用于常开触点与左母线相连接。操作元件为 X、Y、M、S、T、C。

（2）LDI（Load Inverse）：取反指令。用于常闭触点与左母线相连接。操作元件为 X、Y、M、S、T、C。

（3）OUT：输出指令。用于线圈驱动，将逻辑运算的结果驱动一个指定的线圈。操作元件为 Y、M、S、T、C。

2. 注意事项

（1）LD、LDI 指令既可以用于输入左母线相连的触点，也可与 ANB、ORB 指令配合实现块逻辑运算。

（2）OUT 指令可以连续使用若干次，相当于线圈并联，对于定时器和计数器，在 OUT 指令之后应设置常数 K 或数据寄存器。

（3）OUT 指令不能用于输入继电器（X）。

3. 指令应用

图 2-16 所示程序的逻辑功能是：当输入继电器 X000 的常开触点接通时，输出继电器 Y000 的线圈得电。

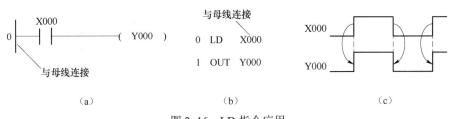

图 2-16 LD 指令应用
(a) 梯形图程序；(b) 指令表程序；(c) 时序图

图 2-17 所示程序的逻辑功能是：当输入继电器 X000 断电时，其常闭触点接通，输出继电器 Y000 的线圈得电。

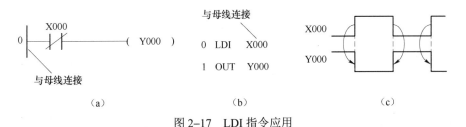

图 2-17 LDI 指令应用
(a) 梯形图程序；(b) 指令表程序；(c) 时序图

图 2-18 所示程序的逻辑功能是：当输入继电器 X000 得电时，其常开触点接通，输出继电器 Y000 得电；当输入继电器 X001 断电时，其常闭触点接通，输出继电器 Y001、Y002 得电。

（三）触点串并联指令

1. 指令功能

（1）AND（And）：与指令。用于单个常开触点同另一个触点的串联。

（2）ANI（And Inverse）：与非指令。用于单个常闭触点同另一个触点的串联。

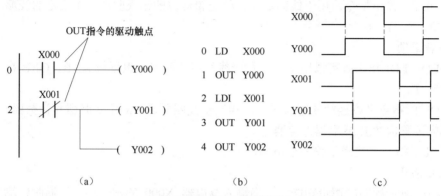

图 2–18 OUT 指令应用

(a) 梯形图程序；(b) 指令表程序；(c) 时序图

（3）OR（Or）：或指令。用于单个常开触点同另一个触点的并联。

（4）ORI（Or Inverse）：或非指令。用于单个常闭触点同另一个触点的并联。

2. 注意事项

（1）AND、ANI、OR、ORI 指令的操作元件为 X、Y、M、S、T、C。

（2）AND 和 ANI 指令可以用于单个触点与其梯形图左边的触点或触点组成的电路的串联连接。AND 和 ANI 指令能够连续使用，且串联触点的个数没有限制。

（3）OR 和 ORI 指令可以用于单个触点与其梯形图上方的触点或触点组成的电路的并联连接。OR 和 ORI 指令能够连续使用，且并联触点的个数没有限制。

（4）在执行 OUT 指令后，通过触点对其他线圈执行 OUT 指令，称为纵接输出或连续输出，如图 2–19 所示。只要电路设计顺序正确，该输出方式可多次使用。

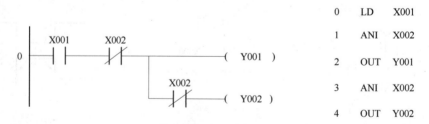

图 2–19 纵接输出梯形图及指令表程序

3. 指令应用

图 2–20 所示程序的逻辑功能为：当 X000 常开触点闭合且 X001 的常开触点闭合时，Y001 得电；当 X000 常开触点闭合且 X002 的常闭触点不动作时，Y002 得电。

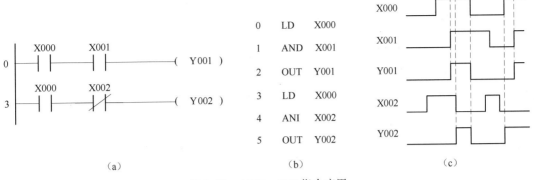

图 2-20 AND、ANI 指令应用
（a）梯形图程序；（b）指令表程序；（c）时序图

图 2-21 所示程序的逻辑功能为：当 X000 常开触点闭合或 X001 的常开触点闭合时，Y001 得电；当 X000 常开触点闭合或 X002 的常闭触点不动作时，Y002 得电。

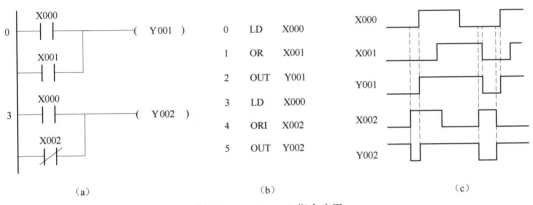

图 2-21 OR、ORI 指令应用
（a）梯形图程序；（b）指令表程序；（c）时序图

（四）程序结束指令

END：程序结束指令。若在程序中写入 END 指令，则 END 指令以后的程序就不再执行，将强制结束当前的扫描执行过程，直接进行输出处理；若用户程序中没有 END 指令，则将从用户程序存储器的第一步执行到最后一步。将 END 指令放在用户程序结束处，则只执行第一条指令至 END 指令之间的程序。如图 2-22 所示。

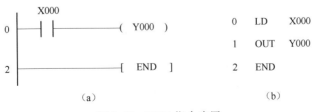

图 2-22 END 指令应用
（a）梯形图程序；（b）指令表程序

（五）GX Developer 编程软件的使用

GX Developer 编程软件适用于三菱 Q 系列、QnA 系列、A 系列以及 FX 系列的所有 PLC。GX Developer 编程软件可以编写梯形图程序和状态转移图程序，它支持在线和离线编程功能，并具有软元件注释、声明、注解及程序监视、测试、故障诊断、程序检查等功能。此外，具有突出的运行写入功能，而不需要频繁操作 STOP/RUN 开关，方便程序调试。

GX Developer 编程软件简单易学，具有丰富的工具箱和直观形象的视窗界面。此外，GX Developer 编程软件可直接设定 CC-link 及其他三菱网络的参数，能方便地实现监控、故障诊断、程序的传送及程序的复制、删除和打印等功能，下面介绍 GX Developer 编程软件的使用方法。

1. 基本界面

启动 GX Developer 后，出现该软件的窗口界面。执行"工程"菜单中的"创建新工程"命令，弹出如图 2-23 所示对话框。在对话框"PLC 系列""PLC 类型"设置栏中，选择工程用的 PLC 系列、类型，在"程序类型"栏中选择程序类型等，如"PLC 系列"选择"FXCPU"，"PLC 类型"选择"FX3U（C）"，"程序类型"选择"梯形图"。然后单击"确定"按钮，或者按回车键即可。单击"取消"按钮则不建新工程。设置完成后弹出图 2-24 所示窗口。

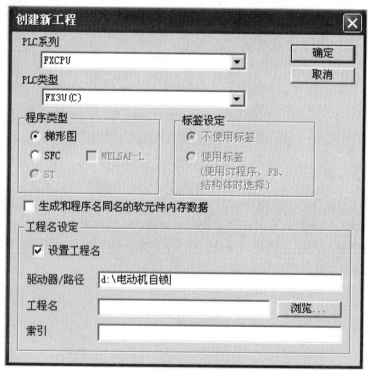

图 2-23 新工程创建画面

图 2-24 所示为 GX Developer 编程软件的操作界面，该操作界面大致由下拉菜单、工具条、编程区、工程数据列表、状态条等部分组成。

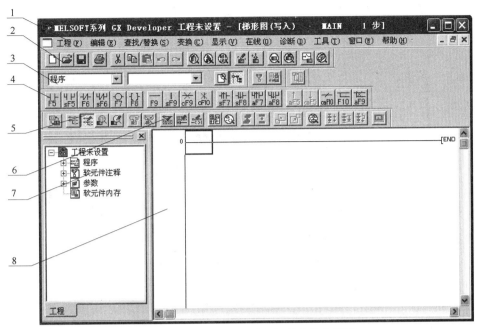

图 2-24 GX Developer 编程软件的操作界面

图 2-24 中引出线所示的名称、内容说明如表 2-3 所示。

表 2-3 GX Developer 编程软件的操作界面

序号	名称	内容
1	下拉菜单	包含工程、编辑、查找/替换、变换、显示、在线、诊断、工具、窗口、帮助,共10个菜单
2	标准工具条	由工程菜单、编辑菜单、查找/替换菜单、在线菜单、工具菜单中常用的功能按钮组成
3	数据切换工具条	可在程序菜单、参数、注释、编程元件内存这4个项目中切换
4	梯形图标记工具条	包含梯形图编辑所需使用的常开触点、常闭触点、应用指令等内容
5	程序工具条	可进行梯形图模式、指令表模式的转换;进行读出模式、写入模式、监视模式、监视写入模式的转换
6	注释工具条	可进行注释范围设置或对公共/各程序的注释进行设置
7	工程数据列表	以树状结构显示工程的各项内容,如程序、软元件注释、参数等
8	操作编辑区	完成程序的编辑、修改、监控等的区域

2. 梯形图程序的编辑

以图 2-19 所示梯形图为例说明如何用 GX Developer 软件编写程序。

(1) 单击如图 2-25 所示中①写入模式按钮,开始梯形图编辑。

(2) 在梯形图标记工具条中选择所需要的按钮,弹出梯形图输入对话框,在②和③中输入所对应的软元件编号,输入完成后单击"确定"按钮或回车键即可,输入完成后如图 2-26 所示。

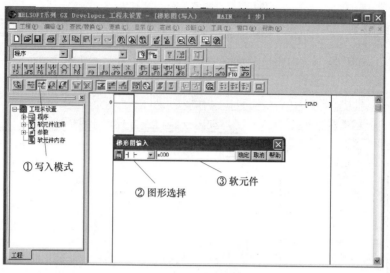

图 2-25 梯形图编辑界面

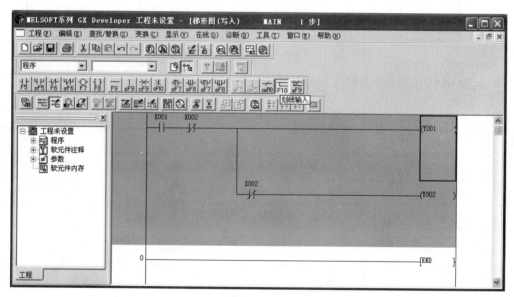

图 2-26 未变换的梯形图

（3）梯形图编辑完成后，必须进行变换，单击鼠标右键选择"变换"命令或在"变换"菜单下执行"变换"命令，此时梯形图编辑区域由灰色变为白色，如图 2-27 所示。这时才可以进行保存或下载。

想一想：如果要对已编好的梯形图进行增减，对元件进行剪切、复制、粘贴等，应该如何进行操作？

3. 程序传送

要将在计算机上用 GX Developer 编好的程序写入到 PLC 中的 CPU，或将 PLC 中 CPU 的程序读到计算机中，一般需要以下几步。

（1）PLC 与计算机的连接。

正确连接计算机和 PLC 的编程电缆，特别是 PLC 接口方位不要弄错，否则容易造成损坏。

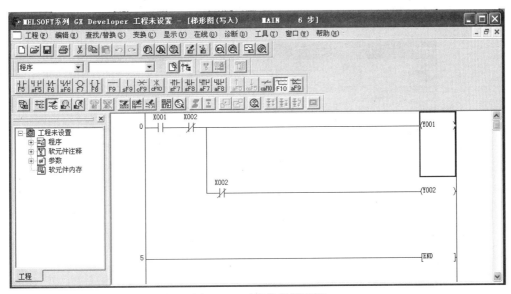

图 2-27 已变换的梯形图

（2）进行通信设置。

程序编制完后，单击"在线"菜单中的"传输设置"命令后，出现如图 2-28 所示的窗口，设置好 PC I/F 的各项设置，单击"确定"按钮。

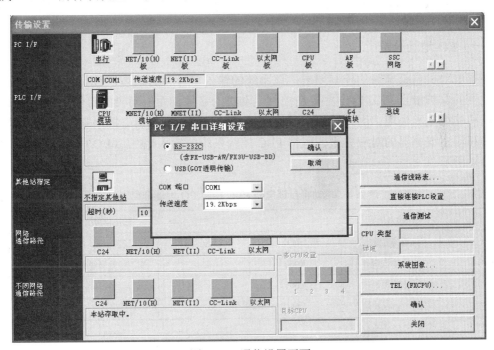

图 2-28 通信设置画面

（3）程序写入、读出。

若要将计算机中编制好的程序写入到 PLC，单击"在线"菜单中的"PLC 写入"命令，则出现如图 2-29 所示窗口，根据出现的对话框进行操作，再单击"执行"按钮即可。若要将

PLC 中的程序读出到计算机中，其操作与程序写入操作类似。

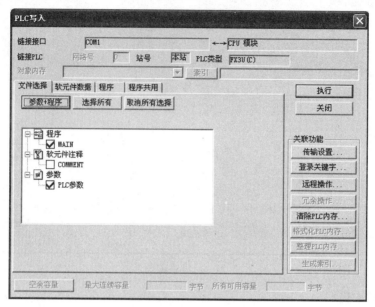

图 2-29　程序写入画面

三、任务实施

（一）I/O 地址分配

根据电动机自锁电路的控制要求，该系统的输入信号有启动按钮 SB1、停止按钮 SB2、热继电器的保护触点 FR；输出主要是控制电动机的启停，而电动机的启停依靠的是交流接触器线圈的得电和失电，因此输出信号为交流接触器的线圈 KM。根据它们与 PLC 中输入继电器和输出继电器的对应关系，可得 PLC 控制系统的输入/输出（I/O）端口地址分配表，如表 2-4 所示。

表 2-4　电动机自锁电路 PLC 控制 I/O 地址分配表

输入信号			输出信号		
输入元件	设备名称	输入继电器	输出元件	设备名称	输出继电器
SB1	启动按钮	X000	KM	交流接触器线圈	Y000
SB2	停止按钮	X001			
FR	热继电器保护触点	X002			

（二）电气原理图绘制

由系统控制要求可知，要进行电动机自锁电路的 PLC 系统改造，主电路不变，控制电路由原来的继电器−接触器控制改为 PLC 控制。按照表 2-4 电动机自锁电路 PLC 控制 I/O 地址分配表，画出该系统 PLC 的外部接线图，如图 2-30 所示。

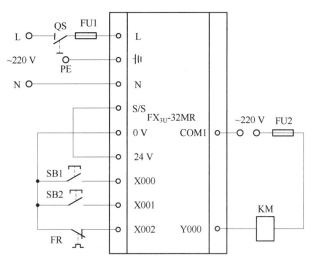

图 2-30 电动机自锁电路 PLC 控制外部接线图

（三）程序设计

根据控制要求，所设计梯形图如图 2-31 所示。

启动：需要启动时，按下启动按钮 SB1，启动信号 X000 外电路接通，X000 常开触点闭合，如果此时停止信号 X001 外电路断开，热继电器保护信号 X002 外电路闭合，则触点 X001、X002 闭合，线圈 Y000 得电，Y000 的常开触点同时接通。

保持：松开启动按钮 SB1，X000 外电路断开，X000 常开触点断开，但是此时 Y000 的常开触点是接通的，X001、X002 的触点仍然闭合，因此 Y000 线圈仍然得电。

停止：按下停止按钮 SB2，X001 的外电路接通，X001 的常闭触点断开，Y000 线圈失电。

当电动机过载时，FR 的常闭触点断开，X002 的外电路断开，X002 的常开触点断开，Y000 线圈也失电，从而启动过载保护的作用。

注意：软继电器线圈的"得电"与"失电"，并不是说有真正的电流流过，梯形图两端的母线也并非是实际电源的两端，而是"概念"电流，"概念"电流在梯形图中只能从左到右流动。

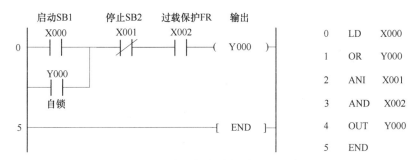

图 2-31 电动机自锁控制 PLC 程序

（四）安装与调试

（1）完成主电路的连接，按照图 2-30 完成 PLC 控制电路的连接。

接线时应注意：

① 要核对 PLC 的电源规格。三菱 PLC 的电源电压为 AC 100～240 V，电压允许范围为 AC 85～264 V，定格频率为 50/60 Hz。

② 从安全方面考虑，配线长度应控制在 20 m 以内。并且 PLC 的输入/输出线与其他动力线分开 30～50 mm 以上进行配线。

（2）在断电情况下，连接好 PC/PPI 电缆。

（3）接通电源，PLC 电源指示灯点亮，说明 PLC 已通电。将运行模式选择开关拨到 STOP 位置，此时 PLC 处于停止状态，可以进行程序编写。

（4）在计算机上运行 GX Developer 编程软件，编写程序并下载到 PLC 中。

（5）调试运行。将运行模式选择开关拨到 RUN 位置，按下启动按钮 SB1，输入继电器 X000 得电，Y000 线圈得电，PLC 的输出指示灯 Y000 点亮，交流接触器 KM 线圈得电，主触点闭合，电动机转动。当按下停止按钮 SB2，输入继电器 X001 得电，X001 常闭触点断开，Y000 线圈失电，交流接触器 KM 失电，电动机停止转动。

（6）记录程序调试过程及结果。

四、知识进阶

（一）停止按钮的处理

在本次任务的实施过程中，停止按钮使用的是常开触点。但是在继电器-接触器控制电路中停止按钮一般采用常闭触点，如果在 PLC 系统设计时停止按钮采用常闭触点，梯形图程序应如何处理呢？

图 2-32 所示为停止按钮接常闭触点时的接线图和梯形图。正常运行时，SB2 没有按下，X001 的外电路接通，X001 的线圈得电，其常开触点为闭合状态。当按下 SB2 时，X001 的外电路断开，X001 的线圈失电，其常开触点复位，Y000 失电，电动机停转。

通过分析图 2-30、图 2-32 可知，PLC 外接停止按钮既可以接常开触点也可以接常闭触点。若输入为常闭触点，则在程序中触点要采用常开触点；若输入为常开触点，则在程序中触点要采用常闭触点。

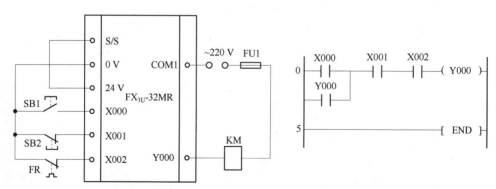

图 2-32　停止按钮接常闭触点时的接线图和梯形图

（二）热继电器保护触点的处理

为了节省成本，应尽量少占用 PLC 的 I/O 点数，因此有时也将热继电器的常闭触点串联在其他常闭触点或 PLC 负载输出回路上。如图 2-33（a）中所示，将热继电器的常闭触点与停止按钮的常闭触点串联后接在 X001 上；如图 2-33（b）所示，将热继电器的常闭触点与输出端交流接触器的线圈相串联，这两种接法都可以节省一个输入点。

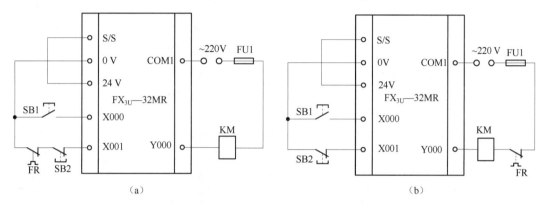

图 2-33 热继电器保护触点接线图
(a) 热继电器常闭触点与停止按钮串联；(b) 热继电器常闭触点与线圈串联

如果热继电器属于自动复位型，即热继电器动作后电动机停转，串联在主电路中的热继电器的热元件冷却，热继电器的触点自动恢复原状。如果按照图 2-33（b）的接法，这种继电器的常闭触点仍然接在 PLC 的输出电路，电动机停转后一段时间内因热继电器的触点恢复原状而自动重新运转，可能会造成设备和人身事故。因此，有自动复位功能的热继电器的常闭触点不能接在 PLC 的输出电路，必须将它的触点接在 PLC 的输入端，借助于梯形图程序来实现过载保护。

五、技能强化——电动机两地控制 PLC 程序设计

（一）设计要求

能在两地或多地控制同一台电动机的控制方式叫作电动机的多地控制。试设计电动机两地控制程序并进行调试。要求：按下 A 地或 B 地的启动按钮，电动机均可启动，按下 A 地或 B 地的停止按钮，电动机均可停止。

（二）训练过程

(1) 列 I/O 分配表，画出 PLC 硬件接线图。
(2) 根据控制要求，设计梯形图程序。
(3) 输入、调试程序。
(4) 运行控制系统。
(5) 汇总整理文档，保存工程文件。

（三）考核标准

技能训练考核标准如表 2-5 所示。

表 2-5　技能考核评价表

序号	主要内容	考核内容	评分标准	配分	得分
1	方案设计	根据控制要求，列出 I/O 分配表，画出电气原理图，设计梯形图程序	（1）输入/输出地址遗漏或错误，每处扣 1 分； （2）梯形图表达不正确或画法不规范，每处扣 2 分； （3）指令有错误，每处扣 2 分	30	
2	安装与接线	按电气原理图进行安装接线，接线要正确、紧固、美观	（1）接线不紧固、不美观，每根扣 2 分； （2）接点松动，每处扣 1 分； （3）不按 I/O 接线图接线，每处扣 2 分	30	
3	程序输入与调试	熟练操作计算机，能正确将程序输入 PLC，按动作要求进行调试	（1）不熟练操作计算机，扣 2 分； （2）编程软件使用不熟练，不会对指令进行删除、插入、修改等，每处扣 2 分； （3）第一次试车不成功扣 5 分；第二次试车不成功扣 10 分；第三次试车不成功扣 20 分	30	
4	安全文明生产	遵守纪律，遵守国家相关专业安全文明生产规程	（1）不遵守教学场所规章制度，扣 2 分； （2）出现重大事故或人为损坏设备，扣 10 分	10	
备注			合计		
小组签名					
教师签名					

六、思考与练习

（一）填空题

1. 列出下列指令助记符的中文名称：

LDI：_____；AND：_____；ORI：_____；END：_____。

2. 三菱 FX 系列 PLC 输入继电器采用英文字母_____加_____进制数字进行命名。输入继电器不可用_____指令进行驱动。

3. 在执行 OUT 指令后，通过触点对其他线圈执行 OUT 指令，称为_____。在对其触点书写指令语句表时应采用_____或_____指令。

（二）问答题

1. 继电器–接触器控制系统与 PLC 控制系统相比有何区别？

2. 按照图 2-33（a）所示电气原理图编写 PLC 梯形图程序，并将梯形图程序转化为指令语句表。

任务三 电动机正反转 PLC 控制

一、任务描述

电动机正反转控制的继电器–接触器控制电路如图 2-34 所示。按下正转启动按钮 SB2，交流接触器 KM1 线圈得电，主触点闭合，电动机正转；按下反转启动按钮 SB3，交流接触器 KM2 线圈得电，主触点闭合，电动机反转；按下停止按钮 SB1，电动机停止运行。试将该系统控制电路的部分用 PLC 进行改造。

扫一扫，
查看教学课件

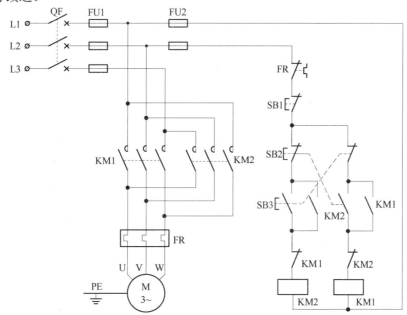

图 2-34 正反转控制电路电气原理图

二、背景知识

（一）电路块串并联指令

1. 指令功能

（1）ORB：回路块或指令。由两个或两个以上的触点串联连接的回路称为串联回路块，该指令用于串联回路块的并联连接。

（2）ANB：回路块与指令。由两个或两个以上的触点并联连接的回路称为并联回路块，该指令用于并联回路块的串联连接。

2. 注意事项

（1）并联连接串联回路块时，分支的起点使用 LD、LDI 指令，分支的结束使用 ORB 指令。ORB 指令与 ANB 指令相同，都是不带软元件编号的独立指令。

（2）当分支回路（并联回路块）与前面的回路串联连接时，使用 ANB 指令。分支的起点使用 LD、LDI 指令，并联回路块结束后，可以使用 ANB 指令和前面的回路串联连接。

（3）有多个回路块并联时，在每个回路块中使用 ORB 指令，从而连接。有多个回路块串联的时候，对每个回路块使用 ANB 指令，从而连接。可以成批使用 ORB、ANB 指令，但是由于 LD、LDI 指令的重复使用次数限制在 8 次以下，因此使用时请注意。

3. 指令应用

图 2-35 为 ANB、ORB 指令的应用举例。

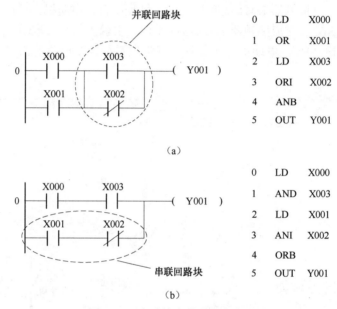

图 2-35　电路块串并联指令应用
（a）ANB 指令应用；（b）ORB 指令应用

（二）梯形图的编程规则

梯形图作为 PLC 程序设计的一种最常用的编程语言，被广泛应用于工业现场的系统设计，下面介绍一些梯形图的编程规则。

（1）梯形图中每一逻辑行都是始于左母线，终于右母线。左边是触点的组合，表示线圈或功能指令驱动的条件，逻辑线圈、功能指令只能接在右母线上，右母线可省略不画。

扫一扫，查看 PLC 编程规则讲解视频

（2）触点可以串联或并联，而线圈只能并联不可以串联。

（3）触点只能画在水平线上，不能画在垂直线上。如图 2-36（a）所示，触点在垂直线上的梯形图，编程软件无法实现。遇到这种情况可根据信号从左到右、从上到下流动的原则对原梯形图重新编排，如图 2-36（b）所示。

（4）梯形图的编写应体现"左重右轻，上重下轻"的原理。如图 2-37 所示，串联支路相并联，应将触点较多的支路放在梯形图的上方；并联支路相串联，应将触点较多的支路放在梯形图的左边。这样可以使编制的程序简洁，减少指令语句和程序步数。

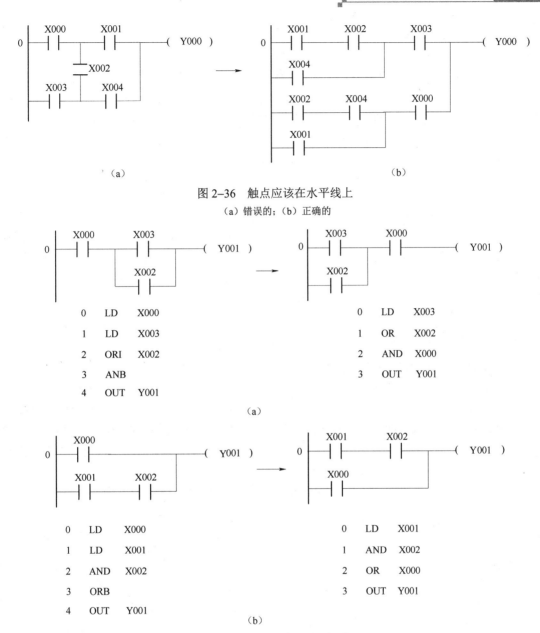

图 2-36 触点应该在水平线上
(a) 错误的；(b) 正确的

图 2-37 左重右轻、上重下轻
(a) 并联触点多的支路放在左边；(b) 串联触点多的支路放在上边

(5) 在同一个梯形图中，如果同一元件的线圈使用两次或多次，这时前面的线圈对外输出无效，只有最后一次的输出线圈有效，所以，程序中一般不出现双线圈输出。

(6) PLC 的运行是按照从上往下、从左到右的顺序执行，这是由 PLC 的扫描方式决定的，因此，在 PLC 的编程中应注意，程序编写的顺序不同，其执行结果也有可能不同。

(三) 继电器电路转化法设计梯形图的一般步骤

通过继电器电路转化法来设计 PLC 的梯形图时，关键是抓住继电器电路和 PLC 梯形图之间的一一对应关系，包括控制功能、逻辑功能的对应及继电器元件和PLC元件的对应。步骤如下：

（1）分析电路和工作原理，熟悉被控设备的工艺过程和机械的动作情况。

（2）确定PLC的输入信号和输出信号，画出PLC的外部接线示意图。按钮、开关和各种传感器信号应接在PLC的输入端，用PLC的输入继电器替代，用来给PLC提供控制命令和反馈信号；交流接触器和电磁阀等执行机构的硬件线圈接在PLC的输出端，用PLC的输出继电器来替代。

（3）确定PLC梯形图中的辅助继电器（M）、定时器（T）、计数器（C）的元件号。继电器电路中的中间继电器、时间继电器和计数器的功能用PLC内部的辅助继电器（M）、定时器（T）、计数器（C）来替代，并确定其对应关系。

（4）根据上述对应关系画出PLC的梯形图。根据已建立的继电器电路中的硬件元件和PLC梯形图中的软元件之间的对应关系，可将继电器电路图转换成对应的PLC梯形图。

（5）根据梯形图编程的基本原理，进一步优化梯形图。

三、任务实施

根据继电器电路转化法来设计电动机正反转PLC控制系统的梯形图。

（1）根据图2-34正反转控制电路电气原理图来分析系统的工作原理。

想一想：电动机正反转的联锁保护体现在哪些方面？

（2）确定PLC的输入信号和输出信号，画出PLC的外部接线示意图。根据控制要求，按下正转按钮，电动机正向启动；按下反转按钮，电动机反向启动；按下停止按钮，电动机停止。因此，输入信号应该包括正向启动按钮、反向启动按钮、停止按钮，另外为防止电动机过热，还需加入电动机的过载保护信号；输出主要是为了控制电动机的正转、反转和停止，因此输出信号为正转交流接触器和反转交流接触器的线圈。I/O分配表如表2-6所示。

表2-6 电动机正反转I/O分配表

输入信号			输出信号		
输入元件	设备名称	输入继电器	输出元件	设备名称	输出继电器
SB1	停止按钮	X000	KM1	正转交流接触器线圈	Y000
SB2	正转启动按钮	X001	KM2	反转交流接触器线圈	Y001
SB3	反转启动按钮	X002			
FR	热继电器保护触点	X003			

系统主电路同图2-34正反转控制电路电气原理图中主电路保持一致。根据输入/输出分配表，画出控制电路的外部接线图，如图2-38所示。

（3）根据控制要求，本案例仅使用了输入继电器（X）和输出继电器（Y），无须使用辅助继电器（M）、定时器（T）、计数器（C）。

（4）根据继电器电路原理图画出PLC梯形图。根据表2-6 I/O分配表，将图2-34中控制电路部分转化为梯形图程序，如图2-39所示。

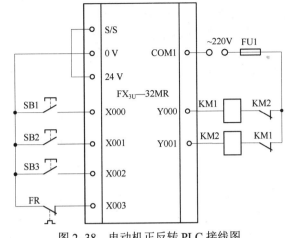

图2-38 电动机正反转PLC接线图

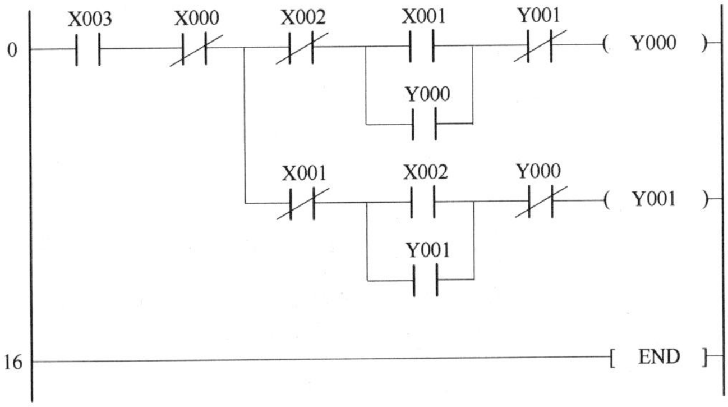

图2-39 继电器电路转换过来的梯形图

因图2-39涉及梯形图的多重输出，所以将其进行优化，如图2-40所示。

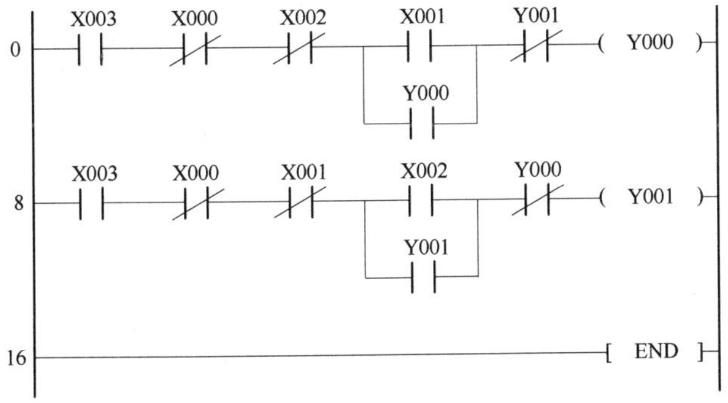

0	LD	X003
1	ANI	X000
2	ANI	X002
3	LD	X001
4	OR	Y000
5	ANB	
6	ANI	Y001
7	OUT	Y000
8	LD	X003
9	ANI	X000
10	ANI	X001
11	LD	X002
12	OR	Y001
13	ANB	
14	ANI	Y000
15	OUT	Y001
16	END	

(a)　　　　　　　　　　　　　(b)

图2-40 将多重输出取消后的梯形图和指令表
(a) 梯形图；(b) 指令表

按照梯形图的编程规则，对图 2-40 中的梯形图再次进行优化，如图 2-41 所示，指令语句更加简洁，因此遵守梯形图的编程规则对于一些大型程序而言是非常有帮助的。

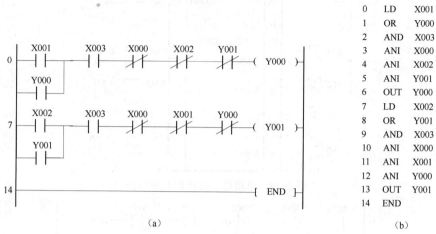

图 2-41 最终优化后的梯形图和指令表
(a) 梯形图；(b) 指令表

（5）安装与调试。

① 完成主电路的连接，按照图 2-38 完成 PLC 控制电路的连接。接线时注意：为了增加系统运行的可靠性，在 PLC 输出端增加了电气联锁。

② 在断电情况下，连接好 PC/PPI 电缆。

③ 接通电源，PLC 电源指示灯点亮，说明 PLC 已通电。可在通电情况下测试输入端子接线是否正确，例如当 X000 外电路接通时，所对应的输入指示灯 X000 点亮，而无须程序运行。

④ 在计算机上运行 GX Developer 编程软件，编写程序并下载到 PLC 中。

⑤ 调试运行。将运行模式选择开关拨到 RUN 位置，按下正转启动按钮 SB2，输入继电器 X001 得电，Y000 线圈得电，PLC 的输出指示灯 Y000 点亮，交流接触器 KM1 线圈得电，主触点闭合，电动机正转。当按下反转启动按钮 SB3 后，输入继电器 X002 得电，Y001 线圈得电，PLC 的输出指示灯 Y001 点亮，交流接触器 KM2 线圈得电，主触点闭合，电动机反转。按下停止按钮 SB1，X000 常开触点闭合，Y000 或 Y001 线圈失电，电动机停止转动。

⑥ 记录程序调试过程及结果。

四、知识进阶

（一）置位指令和复位指令

1. 指令功能

（1）SET：置位指令。SET 指令是对输出继电器（Y）、辅助继电器（M）、状态（S）以及数据寄存器（D）的指定位进行线圈驱动的指令。即使指令输入为 OFF，通过 SET 指令置 ON 的软元件也可以保持 ON 动作。

（2）RST：复位指令。RST 指令是对输出继电器（Y）、辅助继电器（M）、状态（S）、定时器（T）、计数器（C）以及数据寄存器（D）的指定位进行复位的指令。可以对用 SET 指令置 ON 的软元件进行复位（OFF 处理）。

2. 注意事项

（1）用 SET 使软元件置 ON 后，必须要用 RST 指令才能使其进行复位（OFF）。

（2）RST 指令是清除定时器（T）、计数器（C）、数据寄存器（D）、扩展寄存器（R）和变址寄存器（V、Z）的当前值数据的指令。此外，要将数据寄存器（D）和变址寄存器（V、Z）的内容清零时，也可使用 RST 指令。

（3）在同一运算周期内，对输出继电器（Y）执行 SET 和 RST 指令时，会输出距 END 指令（程序的结束）近的那条指令的结果。

3. 指令应用

如图 2-42 所示为 SET、RST 指令的应用举例。当 X000 常开触点闭合时，Y000 变为 ON 并保持该状态，当 X000 断开时，Y000 仍然保持导通状态不变；当 X001 常开触点闭合时，Y000 断开并保持该状态不变。

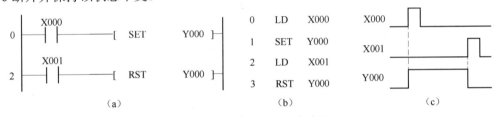

图 2-42 置位与复位指令应用
(a) 梯形图；(b) 指令表；(c) 时序图

（二）用置位复位指令实现电动机的正反转控制

利用 SET 和 RST 指令也可以实现电动机的正反转控制。在程序中也添加了软件互锁，如图 2-43 所示。

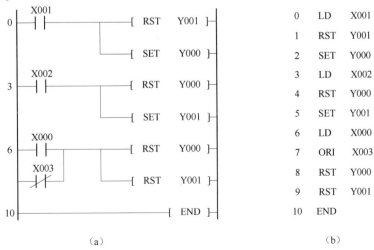

图 2-43 用 SET 和 RST 指令实现电动机正反转
(a) 梯形图；(b) 指令表

想一想：这一程序有无问题？问题出在哪？

五、技能强化——工作台自动往返 PLC 控制

（一）设计要求

某工作台要求在特定区域内自动往返运行，其电气原理图如图 2-44 所示。现用 PLC 对该工作台自动往返运行进行改造，并使用继电器电路转化法设计梯形图程序。

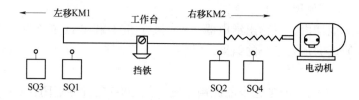

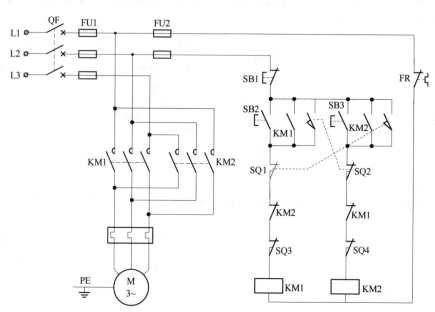

图 2-44 自动往返循环运动控制线路电气原理图

（二）训练过程

（1）列 I/O 分配表，画出 PLC 硬件接线图并进行安装接线。
（2）根据控制要求，利用继电器电路转化法设计梯形图程序。
（3）输入、调试程序。
（4）运行控制系统。
（5）汇总整理文档，保存工程文件。

（三）考核标准

技能训练考核标准如表 2-7 所示。

表 2-7 技能考核评价表

序号	主要内容	考核内容	评分标准	配分	得分
1	方案设计	根据控制要求，列出 I/O 分配表，画出电气原理图，使用继电器电路转化法设计梯形图	（1）输入/输出地址遗漏或错误，每处扣 1 分； （2）不会使用继电器电路转化法设计梯形图，扣 10 分；设计过程中有错误，每处扣 1 分； （3）梯形图表达不正确或画法不规范，每处扣 2 分； （4）指令有错误，每处扣 2 分	30	
2	安装与接线	按电气原理图进行安装接线，接线要正确、紧固、美观	（1）接线不紧固、不美观，每根扣 2 分； （2）没有在 PLC 输出端接硬件互锁，扣 4 分； （3）接点松动，每处扣 1 分； （4）不按 I/O 接线图接线，每处扣 2 分	30	
3	程序输入与调试	熟练操作计算机，能正确将程序输入 PLC，按动作要求进行调试	（1）不熟练操作计算机，扣 2 分； （2）编程软件使用不熟练，不会对指令进行删除、插入、修改等，每处扣 2 分； （3）第一次试车不成功扣 5 分；第二次试车不成功扣 10 分；第三次试车不成功扣 20 分	30	
4	安全文明生产	遵守纪律，遵守国家相关专业安全文明生产规程	（1）不遵守教学场所规章制度，扣 2 分； （2）出现重大事故或人为损坏设备，扣 10 分	10	
备注			合计		
小组签名					
教师签名					

六、思考与练习

（一）将图 2-45 所示梯形图转化为指令语句表

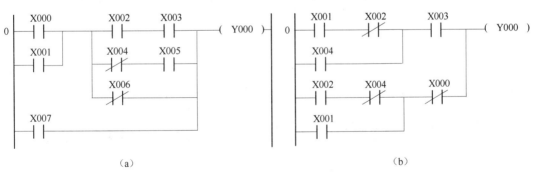

图 2-45 梯形图

（二）填空题

1. SET 是_____指令，RST 是_____指令；图 2-42 中梯形图，若 X000、X001 同时接通，Y000 为_____状态。

2. 由两个或两个以上的触点所组成的回路称为_____。其串联、并联指令分别为_____、_____。

3. 清除定时器（T）、计数器（C）、数据寄存器（D）前值数据的指令为_____。

(三）编程题

1. 用按钮和接触器控制双速电动机的电路如图 2-46 所示。其中 SB1、KM1 控制电动机低速运转；SB2、KM2、KM3 控制电动机高速运转。试将其控制电路部分改为 PLC 控制系统。要求如下：

（1）列出 I/O 分配表；

（2）画出电气原理图；

（3）编写梯形图程序并转化为指令表。

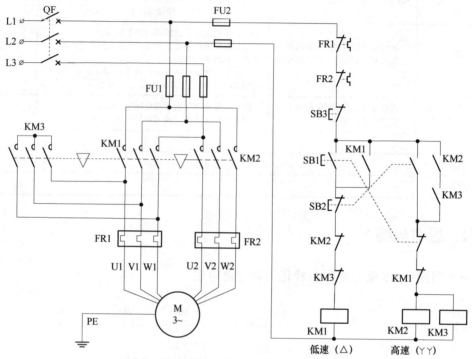

图 2-46　接触器控制双速电动机的线路图

任务四　三相异步电动机 Y-△ 降压启动 PLC 控制

一、任务描述

图 2-47 为 Y-△ 降压启动控制电路原理图，控制过程为：合上电源开关 QF，按下启动按钮 SB1，KM_Y、KM、KT 线圈得电，电动机绕组以 Y 形连接启动，定时器开始计时，当计时时间 5 s 到，KM_Y 断电，KM_△ 得电，电动机呈三角形运行，完成启动过程。当按下停止按钮 SB2 或热继电器 FR 动作时，电动机停止运行。试将该系统控制电路部分由继电器-接触器控制系统改为 PLC 控制系统。

扫一扫，
查看教学课件

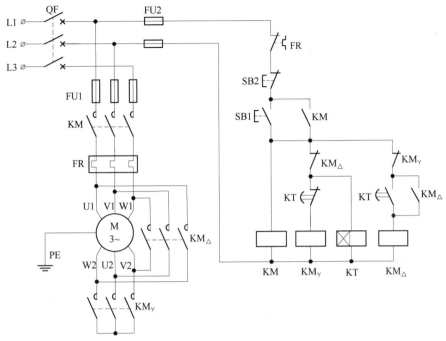

图 2-47 Y-△降压启动控制电路

二、背景知识

（一）辅助继电器 M

辅助继电器在 PLC 系统中与继电器–接触器系统中的中间继电器类似。辅助继电器不能直接驱动外部负载。辅助继电器的常开常闭触点在 PLC 编程时可无限次使用。辅助继电器采用 M 与十进制数共同组成编号。辅助继电器分为以下几种类型，如表 2-8 所示。

扫一扫，查看辅助继电器讲解视频

表 2-8 辅助继电器的分类

项 目		性 能	
辅助继电器	一般用（可变）	M0～M499	500 点	可以通过参数更改保持/不保持的设定
	保持用（可变）	M500～M1023	524 点	
	保持用（固定）	M1024～M7679	6 656 点	
	特殊用	M8000～M8511	512 点	

1. 一般用辅助继电器（M0～M499）

FX$_{3U}$ 系列 PLC 共有 500 点一般用辅助继电器，M0～M499，可以通过参数更改保持/不保持的设定。一般用辅助继电器没有断电保持功能，在 PLC 运行时，如果电源突然断电，则全部线圈均为 OFF；当电源再次接通时，除了因外部输入信号而变为 ON 的以外，其余的仍将保持 OFF 状态。

2. 保持用辅助继电器

FX_{3U} 系列 PLC 共有 7 180 点保持用辅助继电器，M500～M7679，其中 M500～M1023 可以通过参数更改保持/不保持的设定，M1024～M7679 不可更改。保持用辅助继电器具有断电保护功能，即能记忆电源中断瞬时的状态，并在重新通电后再现其状态。在电源中断时，PLC 用锂电池保持 RAM 中寄存器内容。

下面以图 2-48 程序为例说明保持用辅助继电器的应用。该程序为某设备指示灯控制程序，当按下启动按钮 X000 时，指示灯 Y000 点亮，M800 线圈得电并形成自锁。当停电时，指示灯 Y000 熄灭。由于 M800 是保持用辅助继电器，可以保持停电时的状态，因此，当恢复供电时，M800 将保持得电的状态，指示灯 Y000 仍然点亮。

3. 特殊用辅助继电器

特殊用辅助继电器共有 512 点，M8000～M8511。它们都有自己各自的功能，可以用来表示 PLC 的状态、提供时钟脉冲和标志（如进位、借位标志）、设定 PLC 的运行方式，或用于步进顺控、禁止中断、设定计数器等。例如 M8000 为运行监控常开触点、M8001 为运行监控常闭触点，M8002 为初始化脉冲常开触点、M8003 为初始化脉冲常闭触点，工作时序如图 2-49 所示。

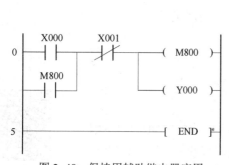

图 2-48　保持用辅助继电器应用

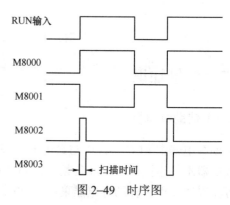

图 2-49　时序图

（二）定时器 T

PLC 中的定时器 T 相当于继电器–接触器控制系统中的通用延时型时间继电器，它可以提供无限对常开常闭触点。它们是通过对一定周期的时钟脉冲计数实现定时的，时钟脉冲的周期有 1 ms、10 ms、100 ms 三种，当所记时间达到规定的设定值时，其常开触点闭合，常闭触点断开。定时器采用 T 与十进制数共同组成编号。三菱 FX_{3U} 系列 PLC 的定时器分为以下几种，如表 2-9 所示。

扫一扫，查看时间继电器讲解视频

表 2-9　时间继电器的分类

项 目		性 能		
定时器 （ON 延迟定时器）	100 ms	T0～T191	192 点	0.1～3 276.7 s
	100 ms（子程序、中断子程序用）	T192～T199	8 点	0.1～3 276.7 s
	10 ms	T200～T245	46 点	0.01～327.67 s

续表

项　目		性　　能		
定时器 （ON 延迟定时器）	1 ms 累积型	T246~T249	4 点	0.001~32.767 s
	100 ms 累积型	T250~T255	6 点	0.1~3 276.7 s
	1 ms	T256~T511	256 点	0.001~32.767 s

定时器由两个数据寄存器（一个为设定值寄存器，另一个是当前值寄存器）、一个线圈以及无数个常开常闭触点组成，定时器的定时值=设定值×时钟。定时器的设定值既可以用十进制常数 K 直接设定，也可以用后面讲到的数据寄存器 D 间接设定。

普通型定时器的工作过程如图 2-50 所示。当定时器线圈 T10 的驱动输入 X000 接通时，T10 开始计时，10 s 后，定时器 T10 的常开触点闭合，Y000 线圈得电。当驱动输入 X000 断开或发生断电时，定时器被复位。

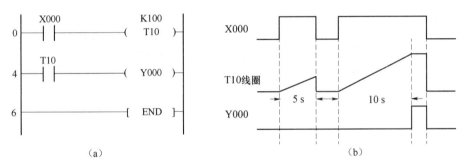

图 2-50　普通型定时器工作过程
（a）程序；（b）时序

累积型定时器的工作过程如图 2-51 所示。定时器线圈 T250 的驱动输入 X000 接通时，T250 开始定时，定时时间 10 s 时间到，定时器的常开触点闭合，Y000 得电。在定时过程中，即使输入 X000 断开或 PLC 停电，它也会把当前值保持下来，当 X000 接通或 PLC 重新上电时，再继续累积，累积时间到，Y000 得电。

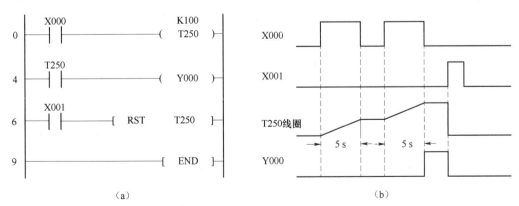

图 2-51　累积型定时器工作过程
（a）程序；（b）时序图

注意：当导通条件断开或 PLC 突然断电，普通型定时器会自动复位（包括线圈和触点），而累积型定时器不会，需要使用复位指令 RST 使其强制复位。

（三）进栈、读栈、出栈指令

三菱 FX$_{3U}$ 系列 PLC 有 11 个存储运算中间结果的存储器，称为堆栈存储器。堆栈采用先进后出的数据存储方式。MPS、MRD、MPP 这组指令的功能是将连接点的结果存储在堆栈存储区中，以方便连接点后面电路的编程，如图 2-52 所示。

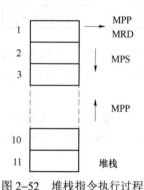

图 2-52 堆栈指令执行过程

1. 指令功能

（1）MPS（Push）：进栈指令。把中间运算结果送入堆栈的第一个堆栈单元（栈顶），同时让堆栈中原有的数据顺序下移一个堆栈单元。

（2）MRD（Read）：读栈指令。将堆栈存储器的第一层数据（最后进栈的数据）读出且该数据继续存在堆栈存储器的第一层，栈内的数据维持原状。

（3）MPP（Pop）：出栈指令。将堆栈存储器的第一层数据（最后进栈的数据）读出且该数据从栈中消失，同时将栈中其他数据依次上移。

2. 注意事项

（1）MPS、MRD、MPP 实际上是用来解决如何对具有分支的梯形图进行编程的一组指令，用于多重输出电路。

（2）当分支点以后有很多支路时，第一个支路前使用 MPS 进栈指令，在用过 MPS 指令后，反复使用 MRD 指令，当使用完毕，最后一条支路必须用 MPP 指令结束该分支处所有支路的编程。MPS 和 MPP 指令的使用必须不多于 11 次，并且要成对出现。

3. 指令应用

如图 2-53 所示，使用 MPS 指令存储运算的中间结果后，驱动输出 Y001。使用 MRD 指令读取该存储内容后，驱动输出 Y002，MRD 指令可以多次编程。在最终输出回路中使用 MPP 指令替代 MRD 指令，从而在读出上述存储内容的同时将其复位。

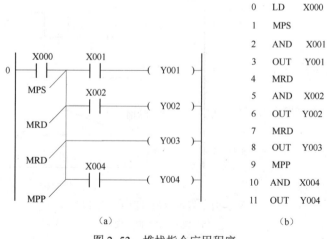

图 2-53 堆栈指令应用程序
(a) 梯形图程序；(b) 指令表

（四）主控与主控复位指令

1. 指令功能

（1）MC（Master Control）：主控指令（或公共触点串联连接指令），用于表示主控区的开始，操作数 N（0～7 层）为嵌套层数，操作元件为 M、Y，不可用于特殊用辅助继电器。

（2）MCR（Master Control Reset）：主控复位指令，用于表示主控区域的结束，该指令的操作元件为主控指令的使用次数 N（N0～N7）。

2. 注意事项

（1）执行 MC 指令后，母线移动到 MC 触点之后。MC 触点后的母线上连接的驱动指令，只在 MC 指令执行时才执行各个动作，不执行 MC 指令时为 OFF（与触点 OFF 时的动作相同）。

（2）在 MC～MCR 指令区内再使用 MC 指令时，称为嵌套，嵌套的层数为 N0～N7，N0 为最高层，N7 为最低层，嵌套层数 N 的编号顺次增大；主控返回时用 MCR 指令，嵌套层数 N 的编号顺次减少。

3. 应用举例

在图 2-54 程序举例中，当输入 X000 为 ON 时，则执行从 MC 到 MCR 的指令，但是当 X000 为 OFF 时，各个驱动软元件的动作如下。

变为 OFF 的软元件：定时器（累积型定时器除外）、用 OUT 指令驱动的软元件；

保持状态的软元件：累积型定时器、计数器、用 SET/RST 指令驱动的软元件。

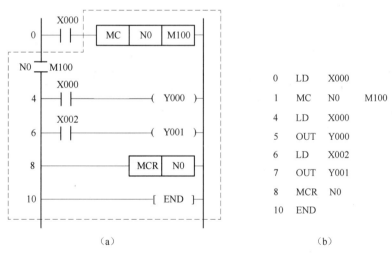

图 2-54 主控指令和主控复位指令应用
（a）梯形图程序；（b）指令表

三、任务实施

（一）I/O 地址分配

根据系统分析可知，该系统的输入信号有启动按钮 SB1、停止按钮 SB2、热继电器的保护触点 FR；输出信号主要是控制电源交流接触器 KM 线圈，电动机定子绕组星形连接交流接触器 KM_Y 线圈、三角形连接交流接触器 $KM_\triangle$ 线圈。根据它们与 PLC 中输入继电器和输出继电器的对应关系，可得 PLC 控制系统的输入/输出（I/O）端口地址分配表，如表 2-10 所示。

表 2-10　三相异步电动机 $Y-\triangle$ 降压启动 I/O 地址分配表

输入信号			输出信号		
输入元件	设备名称	输入继电器	输出元件	设备名称	输出继电器
SB1	启动按钮	X000	KM	电源交流接触器线圈	Y000
SB2	停止按钮	X001	KM_Y	星形连接交流接触器线圈	Y001
FR	热继电器保护触点	X002	$KM_\triangle$	三角形连接交流接触器线圈	Y002

（二）电气原理图绘制

由系统控制要求可知，要用 PLC 实现电动机的 $Y-\triangle$ 启动，主电路不变，控制电路由原来的继电器-接触器控制改为 PLC 控制。因为电动机星形和三角形连接不可能同时实现，所以在 PLC 的输出端子 Y001、Y002 上需进行互锁保护。按照表 2-10 电动机 $Y-\triangle$ 降压启动 I/O 地址分配表，画出该系统 PLC 的外部接线图，如图 2-55 所示。

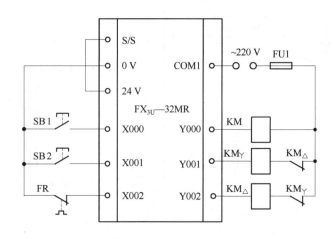

图 2-55　三相异步电动机 $Y-\triangle$ 降压启动 PLC 外部接线图

（三）程序设计

根据原有的继电器-接触器电路，通过继电器电路转化法设计梯形图和指令表，如图 2-56 所示。

由继电器电路转化法得到的梯形图虽然正确，但是并不符合梯形图左重右轻、上重下轻的编程原则，因此用辅助继电器进行优化，梯形图和指令表如图 2-57 所示。

（a）

0	LD	X002	
1	ANI	X001	
2	LD	X000	
3	OR	Y000	
4	ANB		
5	OUT	Y000	
6	MPS		
7	ANI	Y002	
8	MPS		
9	ANI	T0	
10	OUT	Y001	
11	MPP		
12	OUT	T0	K50
15	MPP		
16	ANI	Y001	
17	LD	T0	
18	OR	Y002	
19	ANB		
20	OUT	Y002	
21	END		

（b）

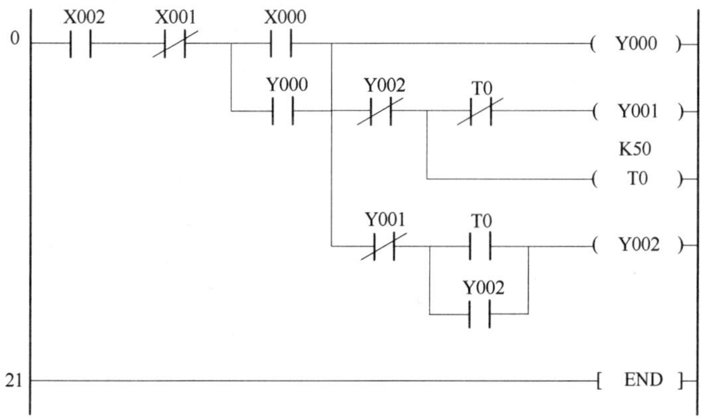

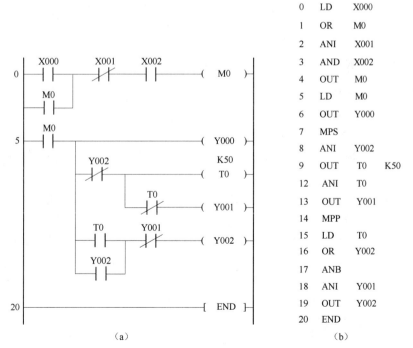

图 2–56　继电器电路转化法得到的梯形图和指令表

（a）梯形图；（b）指令表

（a）

0	LD	X000	
1	OR	M0	
2	ANI	X001	
3	AND	X002	
4	OUT	M0	
5	LD	M0	
6	OUT	Y000	
7	MPS		
8	ANI	Y002	
9	OUT	T0	K50
12	ANI	T0	
13	OUT	Y001	
14	MPP		
15	LD	T0	
16	OR	Y002	
17	ANB		
18	ANI	Y001	
19	OUT	Y002	
20	END		

（b）

图 2–57　利用辅助继电器转化后的梯形图和指令表

（a）梯形图；（b）指令表

如图 2-57 中梯形图所示，多重输出的导通条件均为 M0，因此该梯形图还可以通过主控指令和主控复位指令进行优化，优化后可得图 2-58 所示的梯形图和指令表程序。

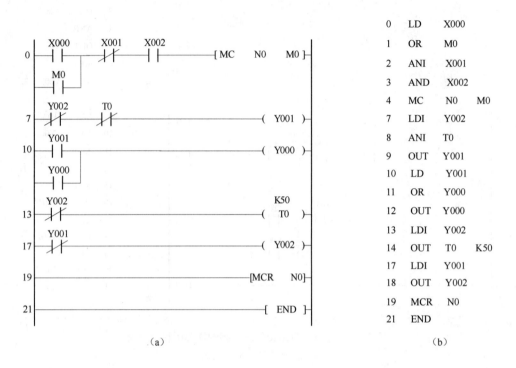

图 2-58 用主控指令和主控复位指令优化后的梯形图和指令表
(a) 梯形图；(b) 指令表

（四）安装与调试

（1）完成主电路的连接，按照图 2-55 完成 PLC 控制电路的连接。接线时注意：为了增加系统运行的可靠性，在 PLC 输出端增加了电气联锁。

（2）在断电情况下，连接好 PC/PPI 电缆。

（3）接通电源，PLC 电源指示灯点亮，说明 PLC 已通电。在各输入信号初始状态下，X002 的信号指示灯应该点亮。

（4）在计算机上运行 GX Developer 编程软件，编写程序并下载到 PLC 中。

（5）调试运行。将运行模式选择开关拨到 RUN 位置，按下启动按钮 SB1，Y000 线圈得电，电源控制交流接触器 KM 得电，Y001 线圈得电，星形连接交流接触器 KM$_Y$ 得电，电动机呈 Y 形启动，同时定时器 T0 开始定时，当定时时间到，T0 线圈得电，T0 常闭触点断开，Y001 线圈失电，KM$_Y$ 线圈失电，T0 常开触点闭合，Y002 线圈得电，KM$_\triangle$ 线圈得电，电动机呈 △ 形运行。按下停止按钮 SB2，所有输出均断电，电动机停止运行。

（6）记录程序调试过程及结果。

四、知识进阶——用定时器实现的指示灯闪烁电路

指示灯闪烁电路可以由 PLC 内部特殊用辅助继电器产生，如 M8011、M8012、M8013、M8014 分别是 10 ms、100 ms、1 s 和 1 min 的时钟脉冲，用户只能使用它们的触点。

除了用特殊用辅助继电器产生时钟脉冲外，还可以通过如图 2-59 所示梯形图来实现时钟脉冲信号，进而实现指示灯的闪烁电路。当按下启动按钮 X000，T0 开始定时，3 s 后定时时间到，常开触点闭合，T1 开始定时，同时 Y001 点亮，2 s 后定时时间到，T1 的常闭触点断开，T0、T1 复位，Y001 熄灭。由于 X000 一直接通，Y001 线圈将周期性的通电和断电，直到 X000 断开。Y001 接通和断开的时间分别等于 T1 和 T0 的设定值。改变它们的设定值就可以改变脉冲信号的占空比。

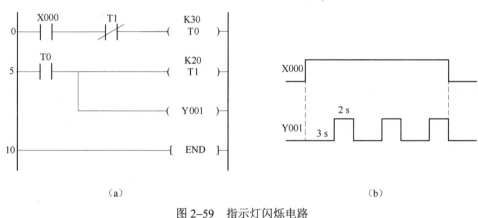

图 2-59 指示灯闪烁电路
(a) 梯形图; (b) 时序图

五、技能强化——三台电动机顺序启动 PLC 程序设计

（一）设计要求

某设备有三台电动机，控制要求如下：按下设备启动按钮，第一台电动机 M1 先启动，运行 3 s 后，第二台电动机 M2 启动，运行 5 s 后，第三台电动机 M3 启动，第一台电动机 M1 停止。按下停止按钮，电动机全部停止。

（二）训练过程

（1）列 I/O 分配表，画出 PLC 硬件接线图并进行安装接线。
（2）根据控制要求，设计梯形图程序。
（3）输入、调试程序。
（4）运行控制系统。
（5）汇总整理文档，保存工程文件。

（三）考核标准

技能训练考核标准如表 2-11 所示。

表 2-11 技能考核评价表

序号	主要内容	考核内容	评分标准	配分	得分
1	方案设计	根据控制要求，列出 I/O 分配表，画出电气原理图，设计梯形图程序	(1) 输入/输出地址遗漏或错误，每处扣 1 分； (2) 梯形图表达不正确或画法不规范，每处扣 2 分； (3) 使用定时器或辅助继电器错误的，每处扣 3 分； (4) 其他指令有错误，每处扣 2 分	30	
2	安装与接线	按电气原理图进行安装接线，接线要正确、紧固、美观	(1) 接线不紧固、不美观，每根扣 2 分； (2) 接点松动，每处扣 1 分； (3) 不按 I/O 接线图接线，每处扣 2 分	30	
3	程序输入与调试	熟练操作计算机，能正确将程序输入 PLC，按动作要求进行调试	(1) 不熟练操作计算机，扣 2 分； (2) 编程软件使用不熟练，不会对指令进行删除、插入、修改等，每处扣 2 分； (3) 第一次试车不成功扣 5 分；第二次试车不成功扣 10 分；第三次试车不成功扣 20 分	30	
4	安全文明生产	遵守纪律，遵守国家相关专业安全文明生产规程	(1) 不遵守教学场所规章制度，扣 2 分； (2) 出现重大事故或人为损坏设备，扣 10 分	10	
备注			合计		
小组签名					
教师签名					

六、思考与练习

（一）填空题

1. 在 FX_{3U} 系列 PLC 中，辅助继电器根据功能的不同，可大致分为＿＿＿＿、＿＿＿＿ 和 ＿＿＿＿三种。

2. PLC 中定时器相当于继电器-接触器控制电路中的＿＿＿＿型定时器。定时器的线圈＿＿＿＿时开始定时，定时时间到，常开触点＿＿＿＿，常闭触点＿＿＿＿。包括＿＿＿＿、＿＿＿＿两种类型。

3. 主控指令与主控复位指令的助记符为＿＿＿＿ 和 ＿＿＿＿，嵌套层数最多为＿＿＿＿。

（二）编程题

1. 用 X000 控制 Y000，要求 X000 变为 ON，再过 5 s 后 Y000 才变为 ON，X000 变为 OFF，再过 7 s 后 Y000 才变为 OFF，试编写梯形图程序。

2. 用 PLC 控制彩灯，共有 L1～L9 九个指示灯，按下启动按钮后，9 个指示灯 L1 每隔 3 s 依次点亮，并不断循环，试编写 PLC 梯形图程序。

任务五 电动机带动传送带的 PLC 控制

一、任务描述

图 2-60 所示为一种典型的传送带控制装置。其工作过程为：按下启动按钮，运货车到位，传送带开始传送工作。数量检测仪在有工件通过时有脉冲信号输出。当数量检测仪检测到 3 个信号时，推板机推动工件到运货车，此时传送带停止传送。当工件推到运货车上后（行程可以由时间控制）推板机返回，计数器复位，准备重新计数。只有当下一辆运货车到位，并且按下启动按钮后，传送带和推板机才能重新开始工作。

扫一扫，
查看教学课件

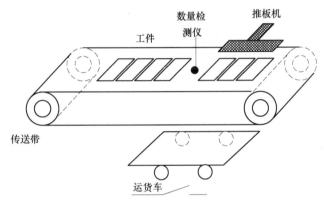

图 2-60 传送带控制装置示意图

试设计一个 PLC 系统实现上述控制功能。分析可知任务设计的重点为工件数量的计算，因此，本任务将重点学习 PLC 计数器的应用。

二、背景知识

（一）常数

在任务四中，指定定时器的设定值用到常数 K。K 是表示十进制整数的符号，主要用来指定定时器或计数器的设定值及功能指令操作数中的数值；H 是表示十六进制数，主要用于表示功能指令的操作数值；E 表示的是实数，可以用小数点或指数形式表示；" "表示字符串，对" "内的字符串进行指定。

（二）计数器 C

PLC 中的计数器 C 用于计数控制。可分为内部计数器和高速计数器两类。内部计数器是在执行扫描操作时对内部信号（如 X、Y、M、S、T 等）进行计数。内部输入信号的接通和断开时间应比 PLC 的扫描时间稍长，最高计数频率为 10 kHz，因此采用低速计数器。高速计数器又称为外部计数器，用于测量通过指定输入点的被测信号频率。三菱 FX_{3U} 系列 PLC 的定时器分为以下几种，如表 2-12 所示。

表 2-12 计数器的分类

项目		性能		
普通计数器	一般用增计数（16 位）	C0～C99	100 点	0～32 767
	保持用增计数（16 位）	C100～C199	100 点	0～32 767
	一般用双向计数（32 位）	C200～C219	20 点	-2 147 483 648～+2 147 483 647
	保持用双向计数（32 位）	C220～C234	15 点	-2 147 483 648～+2 147 483 647
高速计数器	单相单计数的输入双方向（32 位）	C235～C245	11 点	C235～C255 中最多可以使用 8 点［保持用］，通过参数可以更改保持/非保持的设定
	单相双计数的输入双方向（32 位）	C246～C250	5 点	
	双相双计数的输入双方向（32 位）	C251～C255	5 点	

1. 16 位增计数器

图 2-61 为 16 位增计数器的工作过程。当 X001 常开触点闭合时，计数器 C1 被复位，计数当前值被置 0。X000 用来提供计数输入信号，当计数器的复位电路断开，同时检测到计数脉冲的上升沿时，计数器的当前值加 1，检测到 5 个计数脉冲后，C1 的当前值等于设定值 5，C1 的常开触点接通、常闭触点断开，再有计数脉冲输入时，计数器当前值不变。计数器的计数值除通过常数 K 指定外，也可以通过数据寄存器 D 进行指定。保持用增计数器可累积计数，它们在电源断电时可保持其状态信息，重新上电后能立即按断电时的状态恢复工作。

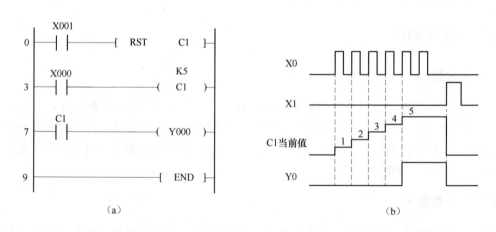

图 2-61 增计数器工作过程
(a) 梯形图；(b) 时序图

2. 32 位双向计数器

32 位双向计数器的加/减计数方式由特殊用辅助继电器 M8200～M8234 进行设定，如图 2-62 所示。当对应的特殊用辅助继电器为 ON 时，为减计数；为 OFF 时，为加计数。计数器的当前值在最大值+2 147 483 647 时加 1 变为最小值-2 147 483 648。类似地，当前值-2 147 483 648 减 1 时将变为最大值+2 147 483 647。

扫一扫，查看 32 位双向加减计数器讲解视频

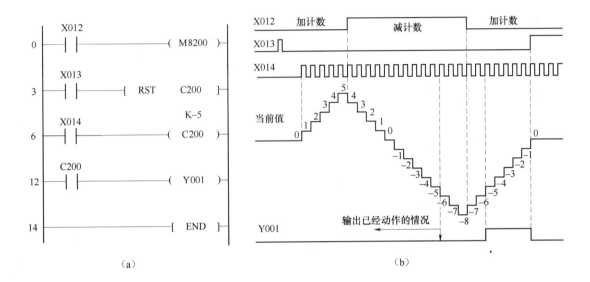

（a）　　　　　　　　　　　　　（b）

图 2-62　双向计数器工作过程
（a）梯形图；（b）时序图

3. 高速计数器

基本单元中，内置了 32 位加减计数的高速计数器（单相单计数、单相双计数以及双相双计数）。在这个高速计数器中，根据计数的方法不同可以分为硬件计数器和软件计数器两种。而且，在高速计数器中，提供了可以选择外部复位输入端子和外部启动输入端子（开始计数）的功能。

硬件计数器：这种计数器就是通过硬件进行计数。但是，根据使用条件，也可以切换成软件计数器。

软件计数器：这种计数器就是通过 CPU 的中断处理进行计数。每个计数器需要在最大响应频率和综合频率的两个限制条件下使用。

对应各个高速计数器的编号，输入 X000～X007 如表 2-13 所示进行分配。使用高速计数器时，对应的基本单元输入编号的滤波器常数会自动变化（X000～X005：5 μs，X006、X007：50 μs）。但是，不作为高速计数器使用的输入端子，可以作为一般的输入使用。单相和双相计数器最高计数频率为 10 kHz，双向计数器的最高计数频率为 5 kHz。高速计数器的输入端子分配表如表 2-13 所示。

表 2-13 高速计数器输入端子分配表

计数器标号		区分	输入端子的分配							
			X000	X001	X002	X003	X004	X005	X006	X007
单相单计数的输入	C235*1	H/W*2	U/D							
	C236*1	H/W*2		U/D						
	C237*1	H/W*2			U/D					
	C238*1	H/W*2				U/D				
	C239*1	H/W*2					U/D			
	C240*1	H/W*2						U/D		
	C241	S/W	U/D	R						
	C242	S/W			U/D	R				
	C243	S/W					U/D	R		
	C244	S/W	U/D	R					S	
	C244（OP）*3	H/W*2							U/D	
	C245	S/W			U/D	R				S
	C245（OP）*3	H/W*2								U/D
单相双计数的输入	C246*1	H/W*2	U	D						
	C247	S/W	U	D	R					
	C248	S/W				U	D	R		
	C248（OP）*3*1	H/W*2				U	D			
	C249	S/W	U	D	R				S	
	C250	S/W				U	D	R		S
双相双计数的输入*4	C251*1	H/W*2	A	B						
	C252	S/W	A	B	R					
	C253*1	H/W*2				A	B	R		
	C253（OP）*3	S/W				A	B			
	C254	S/W	A	B	R				S	
	C255	S/W				A	B	R		S

H/W：硬件计数器　　S/W：软件计数器　　U：加计数输入　　D：减计数输入
A：A 相输入　　B：B 相输入　　R：外部复位输入　　S：外部启动输入

*1. 在这个高速计数器中，接线上有需要注意的事项。
*2. 与高速计数器用的比较置位复位指令（DHSCS、DHSCR、DHSZ、DHSCT）组合使用时，硬件计数器（H/W）变为软件（S/W）计数器。而且，执行外部复位输入的逻辑反转以后，C253 会变成软件计数器。
*3. 通过用程序驱动特殊用辅助继电器可以切换使用的输入端子及功能。
*4. 双相双计数的计数器通常为 1 倍计数。但是，如果和特殊用辅助继电器组合使用时，可以变成 4 倍计数。

三、任务实施

（一）I/O 地址分配

分析控制要求可知，传送带启动条件为启动按钮接通、运货车到位。传送带停止条件为计数器的当前值等于3，推板机的启动条件为计数器的当前值等于3。推板机推板的行程由定时器的定时时间来确定，传送带与推板机之间应该有联锁保护功能。

根据它们与PLC中输入继电器和输出继电器的对应关系，可得PLC控制系统的输入/输出（I/O）端口地址分配表，如表2-14所示。

表2-14　电动机带动传送带的PLC控制I/O地址分配表

输入信号			输出信号		
输入元件	设备名称	输入继电器	输出元件	设备名称	输出继电器
SB1	启动按钮	X000	KM1	传送带控制	Y000
SQ1	数量检测仪	X001	KM2	推板机控制	Y001
SQ2	运货车检测	X002			

（二）电气原理图绘制

因为推板机和传送带不可能同时运行，所以在PLC的输出端子Y000、Y001上应有互锁保护。按照表2-14 I/O地址分配表，画出该系统PLC的外部接线图，如图2-63所示。

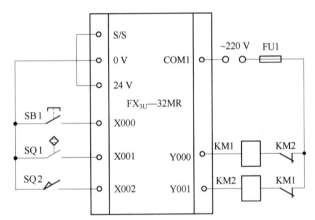

图2-63　三相异步电动机Y-△降压启动PLC外部接线图

（三）程序设计

梯形图程序，如图2-64所示。当按下启动按钮X000，Y000得电，传送带开始运行。当数量检测仪检测到有工件经过时，计时器C0计数加1，达到设定值3时，Y001得电，推板机动作，将工件推至运货车，同时定时器开始定时，定时时间10 s到，推板机返回，计数器复位。

练一练：将图2-64所示梯形图转化为指令语句表。

（四）安装与调试

（1）按照图2-63完成PLC控制电路的连接。接线时注意：PLC输入端数量检测仪和行程开关的接线；PLC输出端增加了电气联锁。

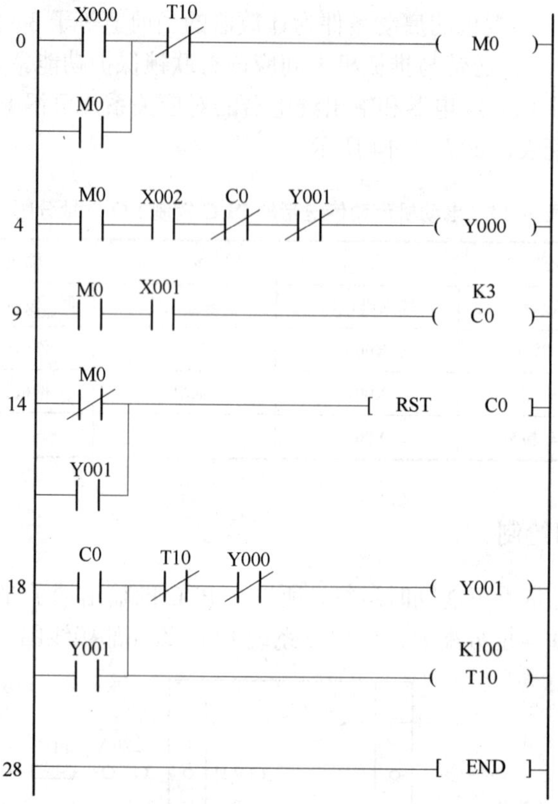

```
       X000    T10
   0 ───┤├────┤/├──────────────────────( M0 )
        │
        M0
       ──┤├──

       M0   X002  C0   Y001
   4 ───┤├───┤├───┤/├──┤/├─────────────( Y000 )

       M0   X001                        K3
   9 ───┤├───┤├──────────────────────[ C0 ]

       M0
  14 ──┤/├─────────────────────────[ RST  C0 ]
        │
       Y001
       ──┤├──

       C0   T10   Y000
  18 ───┤├───┤/├──┤/├─────────────────( Y001 )
        │
       Y001                            K100
       ──┤├──────────────────────────( T10 )

  28                                 [ END ]
```

图 2-64　电动机带动传送带的 PLC 控制梯形图程序

（2）在断电情况下，连接好 PC/PPI 电缆。

（3）接通电源，PLC 电源指示灯点亮，说明 PLC 已通电。

（4）在计算机上运行 GX Developer 编程软件，编写程序并下载到 PLC 中。

（5）调试运行。启动 GX Developer 软件的监视功能，注意观察定时器 C0、定时器 T10 当前值的变化，对照控制要求，验证该程序是否满足。

（6）记录程序调试过程及结果。

四、知识进阶

（一）定时接力电路

如图 2-65 所示，使用了两个定时器，并利用 T0 的常开触点控制 T1 定时器的启动，输出线圈 Y000 的启动时间由两个定时器的设定值所决定，从而实现长时间的延时。当 X001 常开触点闭合时，延时 9 s 后，Y000 才得电。

（二）定时器与计数器构成长时间延时电路

采用计数器配合定时器也可以获得较长时间的延时，如图 2-66 所示。当 X000 常开触点接通时，定时器 T0 线圈的前面接有定时器 T0 的延时断开的常闭触点，它使定时器 T0 每隔 100 s 复位一次。同时，定时器 T0 的延时闭合的常开触点每隔 100 s 接通一个扫描周期，使

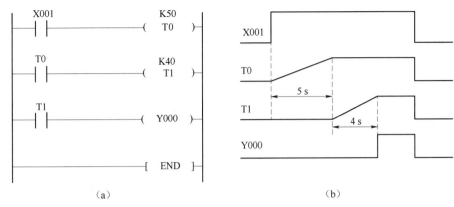

图 2-65 定时器接力电路
(a) 梯形图；(b) 时序图

计数器 C1 计一个数。当 C1 计到设定值 8 时，将被控对象 Y000 接通，其延时为定时器的设定时间乘以计数器的设定值，即 $t=100\text{ s}\times 8=800\text{ s}$。

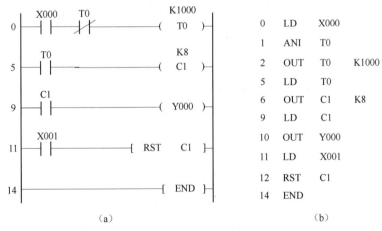

图 2-66 定时器与计数器构成的长时间延时电路
(a) 梯形图；(b) 指令表

五、技能强化——会议大厅入口人数统计报警控制程序设计

（一）设计要求

在会议大厅入口处安装光电检测装置，进入一人发一高电平信号；在会议大厅出口处安装光电检测装置，退出一人发出高电平信号；整个大厅只能容纳 2 000 人。当厅内达到 2 000 人时，发出报警信号，并自动关闭入口（电动机拖动）。有人退出后，不足 2 000 人时，则打开大门（电动机反向拖动）。开门到位、关门到位均有限位开关指示。

（二）训练过程

（1）列 I/O 分配表，画出 PLC 硬件接线图并进行安装接线。
（2）根据控制要求，设计梯形图程序。

（3）输入、调试程序。
（4）运行控制系统。
（5）汇总整理文档，保存工程文件。

（三）考核标准

技能训练考核标准如表 2-15 所示。

表 2-15　技能考核评价表

序号	主要内容	考核内容	评分标准	配分	得分
1	方案设计	根据控制要求，列出 I/O 分配表，画出电气原理图，设计梯形图程序	（1）输入/输出地址遗漏或错误、电气原理图绘制错误，每处扣 1 分（地址分配、电路图绘制同时错误，只扣一处分数）； （2）梯形图表达不正确或画法不规范，每处扣 2 分； （3）其他指令有错误，每处扣 2 分	30	
2	安装与接线	按电气原理图进行安装接线，接线要正确、紧固、美观	（1）接线不紧固、不美观，每根扣 2 分； （2）接点松动，每处扣 1 分； （3）限位开关、光电检测开关接线错误的，每处扣 3 分； （4）不按 I/O 接线图接线，每处扣 2 分	30	
3	程序输入与调试	熟练操作计算机，能正确将程序输入 PLC，按动作要求进行调试	（1）不熟练操作计算机，扣 2 分； （2）编程软件使用不熟练，不会对指令进行删除、插入、修改等，每处扣 2 分； （3）第一次试车不成功的扣 5 分；第二次试车不成功扣 10 分；第三次试车不成功扣 20 分	30	
4	安全文明生产	遵守纪律，遵守国家相关专业安全文明生产规程	（1）不遵守教学场所规章制度，扣 2 分； （2）出现重大事故或人为损坏设备，扣 10 分	10	
备注			合计		
小组签名					
教师签名					

六、思考与练习

（一）填空题

1. 计数器同定时器一样，有一个_____寄存器，一个_____寄存器，一个线圈和无数个_____。设定值可以用_____直接设定，也可以用_____间接设定。

2. 一般用计数器在计数过程中发生断电，则前面所计的数据_____，再次通电后从_____开始计数；保持用计数器在计数过程中发生断电，则所计数值_____，再次通电后从_____开始计数。

3. 计数器 C235 为_____型计数器，其计数方向由特殊用辅助继电器_____设定。当该特殊用辅助继电器为 ON 时，为_____计数，当该特殊用辅助继电器为 OFF 时，为_____计数。

（二）简答题

简述计数器的分类及动作过程。

（三）编程题

1. 在按钮 X000 按下后 Y000 变为 ON 并自保持（如图 2-67 所示），X001 输入 4 个脉冲后（计数器 C1 计数），T10 开始定时，5 s 后 Y000 变为 OFF，同时 C1 被复位，在 PLC 刚开始执行用户程序时，C1 也被复位。请设计出梯形图。

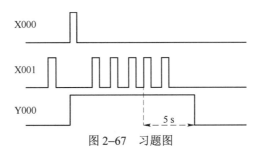

图 2-67　习题图

2. 试设计两台电动机顺序控制 PLC 系统。

控制要求：两台电动机相互协调运转，M1 运转 10 s，停止 5 s，M2 要求与 M1 相反，M1 停止 M2 运行，M1 运行 M2 停止，如此反复动作 4 次，M1 和 M2 均停止。

任务六　电动机单按钮启停 PLC 控制

一、任务描述

在以往的控制方式中，电动机的启停采用启动和停止两个按钮来进行控制，现在设计用一个按钮来控制电动机启停的 PLC 控制系统，即按下该按钮，电动机启动，再按下该按钮，电动机停止。

通过一个按钮来实现电动机的启停，如何实现电动机状态的切换是设计的重点，要想完成本次控制任务，需使用 PLC 的脉冲输入指令。

扫一扫，
查看教学课件

二、背景知识

脉冲触发类指令

1. 指令功能

（1）PLS：上升沿脉冲指令。在输入信号上升沿产生一个扫描周期的脉冲输出，专用于操作元件的短时间脉冲输出。

（2）PLF：下降沿脉冲指令。在输入信号下降沿产生一个扫描周期的脉冲输出。

扫一扫，查看脉冲触发类指令讲解视频

2. 注意事项

（1）PLS、PLF 指令的操作元件是 Y、M，但特殊用辅助继电器除外。

（2）使用 PLS 指令后，仅在驱动输入 ON 以后的 1 个运算周期内，对象软元件动作。使用 PLF 指令后，仅在驱动输入 OFF 以后的 1 个运算周期内，对象软元件动作。

（3）驱动输入保持为 ON 时，可编程控制器从 RUN→STOP→RUN 时，PLS M0 指令动作，但是 PLS M600（断电时电池后备的辅助继电器）在后侧的 RUN 时不动作，这是因为 STOP 过程中 M600 仍然保持了动作状态。

3. 指令应用

如图 2-68 所示，X000 从 OFF 变为 ON 时，只有一个运算周期的 M0 为 ON。如图 2-69 所示，X000 从 ON 变为 OFF 时，只有一个运算周期的 M0 为 ON。

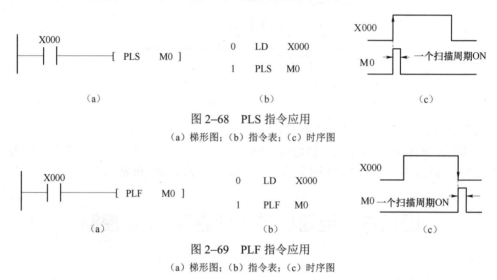

图 2-68 PLS 指令应用
(a) 梯形图；(b) 指令表；(c) 时序图

图 2-69 PLF 指令应用
(a) 梯形图；(b) 指令表；(c) 时序图

三、任务实施

（一）I/O 地址分配

该电路主电路与电动机自锁控制主电路一致，PLC 控制电路部分，为了节省 PLC 的 I/O 点数，将电动机的过载保护接在 PLC 输出电路中。列出 PLC 输入/输出（I/O）端口地址分配表，如表 2-16 所示。

表 2-16 电动机单按钮启停 PLC 控制 I/O 地址分配表

输入信号			输出信号		
输入元件	设备名称	输入继电器	输出元件	设备名称	输出继电器
SB1	启动/停止按钮	X000	KM1	电动机控制	Y000

（二）电气原理图绘制

按照表 2-16 I/O 地址分配表，画出该系统 PLC 的外部接线图，如图 2-70 所示。

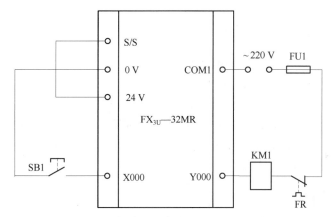

图 2-70　电动机单按钮启停 PLC 控制外部接线图

想一想：将热继电器的保护触点接在 PLC 的输出端子上，应该注意些什么？

（三）程序设计

如图 2-71 所示，当第一次按下按钮 X000 时，M0 闭合一个扫描周期，Y000 通电并自锁，电动机启动；第二次按下按钮 X000 时，M0 再闭合一个扫描周期，此时 M1 线圈通电，M1 的常闭触点断开，Y000 失电，电动机停止。

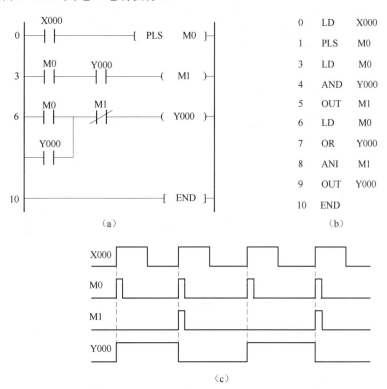

图 2-71　电动机单按钮启停 PLC 控制程序
(a) 梯形图；(b) 指令表；(c) 时序图

（四）安装与调试

（1）按照图 2-70 完成 PLC 控制电路的连接。

（2）在断电情况下，连接好 PC/PPI 电缆。

（3）接通电源，PLC 电源指示灯点亮，说明 PLC 已通电。

（4）在计算机上运行 GX Developer 编程软件，编写程序并下载到 PLC 中。

（5）调试运行。第一次按下按钮 SB1，电动机启动，第二次按下 SB1，电动机停止。

（6）记录程序调试过程及结果。

四、知识进阶

（一）边沿检测触点指令

1. 指令功能

（1）LDP：取脉冲上升沿指令，检测到上升沿时运算开始。

（2）LDF：取脉冲下降沿指令，检测到下降沿时运算开始。

（3）ANDP：与脉冲上升沿指令，检测到上升沿时串联连接。

（4）ANDF：与脉冲下降沿指令，检测到下降沿时串联连接。

（5）ORP：或脉冲上升沿指令，检测到上升沿时并联连接。

（6）ORF：或脉冲下降沿指令，检测到下降沿时并联连接。

2. 注意事项

（1）LDP、ANDP、ORP 指令是检测上升沿的触点指令，仅在指定位软元件的上升沿（从 OFF 改变到 ON 的时候）时，接通 1 个运算周期。

（2）LDF、ANDF、ORF 指令是检测下降沿的触点指令，仅在指定位软元件的下降沿（从 ON 改变到 OFF）时，接通 1 个运算周期。

3. 应用举例

边沿检测触点指令应用如图 2-72、2-73 所示。

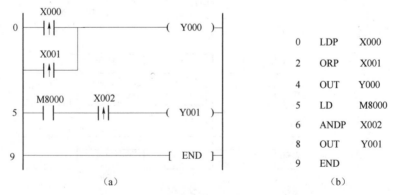

图 2-72　LDP、ORP、ANDP 指令应用
(a) 梯形图；(b) 指令表

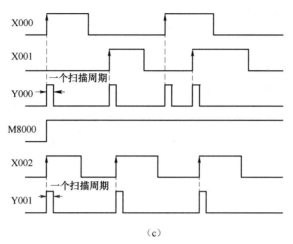

(c)

图 2-72 LDP、ORP、ANDP 指令应用（续）

(c) 时序图

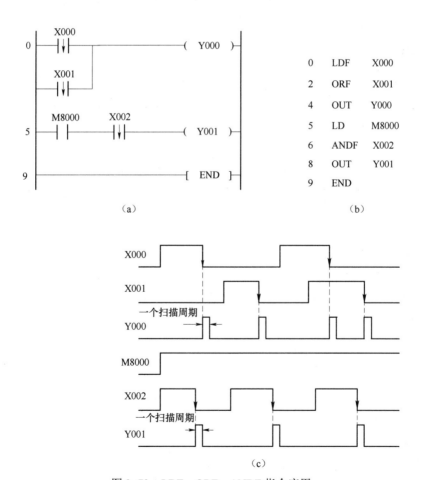

图 2-73 LDF、ORF、ANDF 指令应用

(a) 梯形图；(b) 指令表；(c) 时序图

（二）逻辑运算结果反转指令

1. 指令功能

INV：是将 INV 指令执行前的运算结果反转的指令，无须指定软元件编号。

2. 应用举例

应用如图 2-74 所示，X000 为 OFF 时，Y001 为 ON，如果 X000 为 ON 时，则 Y001 为 OFF。INV 指令可以在与串联触点指令（AND、ANI、ANDP、ANDF 指令）相同的位置处编程。不能像指令表上的 LD、LDI、LDP、LDF 那样与母线连接，也不能像 OR、ORI、ORP、ORF 指令那样独立地与触点指令并联使用。

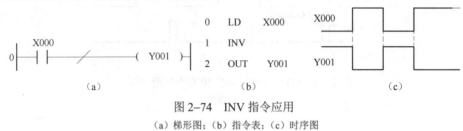

图 2-74　INV 指令应用
(a) 梯形图；(b) 指令表；(c) 时序图

（三）运算结果脉冲化指令

1. 指令功能

（1）MEP：运算结果上升沿脉冲化指令；MEF：运算结果下降沿脉冲化指令。它们不需要指定软元件编号。

（2）在到 MEP 指令前面为止的运算结果，从 OFF→ON 时变为导通状态。如果使用 MEP 指令，那么在串联了多个触点的情况下，非常容易实现脉冲化处理。

（3）在到 MEF 指令前面为止的运算结果，从 ON→OFF 时变为导通状态。如果使用 MEF 指令，那么在串联了多个触点的情况下，非常容易实现脉冲化处理。

2. 注意事项

（1）MEP、MEF 指令是根据到 MEP/MEF 指令前面为止的运算结果而动作的，所以在与 AND 指令相同的位置上使用。

（2）MEP、MEF 指令不能用于 LD、OR 的位置。

3. 应用举例

图 2-75、图 2-76 为 MEP、MEF 指令应用。

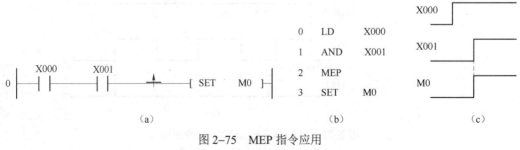

图 2-75　MEP 指令应用
(a) 梯形图；(b) 指令表；(c) 时序图

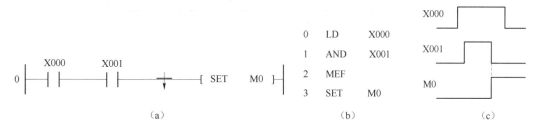

图 2-76 MEF 指令应用
(a) 梯形图；(b) 指令表；(c) 时序图

五、技能强化——洗手间的冲水清洗控制

（一）设计要求

洗手间的冲水清洗设备在有人使用时光电开关使 X000 为 ON，清洗控制系统在使用者使用 3 s 后令冲水阀 Y000 为 ON 并冲水 2 s，使用者离开后，冲水 5 s 后停止。

（二）训练过程

（1）查找资料，选择合适的光电开关并清楚其工作原理。
（2）列 I/O 分配表，画出 PLC 硬件接线图并进行安装接线。
（3）根据控制要求，设计梯形图程序。
（4）输入、调试程序。
（5）运行控制系统。
（6）汇总整理文档，保存工程文件。

（三）考核标准

技能训练考核标准如表 2-17 所示。

表 2-17 技能考核评价表

序号	主要内容	考核内容	评分标准	配分	得分
1	方案设计	根据控制要求，选择合适的光电开关，列出 I/O 分配表，画出电气原理图，设计梯形图程序	（1）光电开关选择不合理、工作原理描述不正确，每处扣 2 分； （2）输入/输出地址遗漏或错误，电气原理图绘制错误，每处扣 1 分（地址分配、电路图绘制同时错误，只扣一处分数）； （3）梯形图表达不正确或画法不规范，每处扣 2 分； （4）光电开关接线错误的，扣 3 分； （5）其他指令有错误，每处扣 2 分	30	
2	安装与接线	按电气原理图进行安装接线，接线要正确、紧固、美观	（1）接线不紧固、不美观，每根扣 2 分； （2）接点松动，每处扣 1 分； （3）不按 I/O 接线图接线，每处扣 2 分	30	

续表

序号	主要内容	考核内容	评分标准	配分	得分
3	程序输入与调试	熟练操作计算机，能正确将程序输入PLC，按动作要求进行调试	（1）不熟练操作计算机，扣2分； （2）编程软件使用不熟练，不会对指令进行删除、插入、修改等，每处扣2分； （3）第一次试车不成功扣5分；第二次试车不成功扣10分；第三次试车不成功扣20分	30	
4	安全文明生产	遵守纪律，遵守国家相关专业安全文明生产规程	（1）不遵守教学场所规章制度，扣2分； （2）出现重大事故或人为损坏设备，扣10分	10	
备注			合计		
小组签名					
教师签名					

六、思考与练习

（一）简答题

1. INV、MEP、MEF指令分别具有什么功能？
2. 试用计数器来设计电动机单按钮启停的PLC控制程序。

（二）编程题

1. 请用边沿检测触点指令设计任务五中的会议大厅入口人数统计报警控制系统。

项目三　PLC 步进梯形图指令编程与应用

本项目主要介绍了三菱 FX_{3U} 系列 PLC 的步进指令及其编程应用，介绍了一种 PLC 常用的编程方法——顺序功能图法。顺序功能图主要包括单分支、选择分支和并行分支等几种结构，通过学习这几种结构的特点、设计步骤和编程方法，学会利用顺序功能图来编写 PLC 程序，并且能熟练使用三菱公司编程软件编写顺序功能图。

知识目标

（1）知道顺序功能图法的编程步骤。
（2）学会步进指令的编程方法，要求能够使用步进指令将顺序功能图转换成梯形图。
（3）学会单分支、选择分支和并行分支结构顺序功能图的编程方法，会将各种分支的顺序功能图转换成梯形图。

能力目标

（1）会使用顺序功能图法编写 PLC 程序，并利用编程软件将程序写入 PLC 进行调试。
（2）能够使用步进指令灵活地实现从状态转移图到步进梯形图的转换。

任务一　凸轮旋转工作台的 PLC 控制

一、任务描述

如图 3-1 所示凸轮旋转工作台用凸轮和限位开关来实现其运动控制。控制要求如下：

（1）旋转工作台的凸轮在 SQ1 位置，电动机不运行。

扫一扫，
查看教学课件

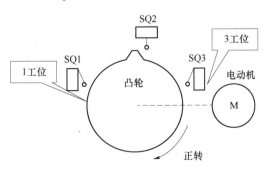

图 3-1　凸轮旋转工作台示意图

（2）当按下启动按钮 SB1 时，电动机 M 通电转动，同时驱动工作台沿顺时针旋转。

（3）当凸轮转到 SQ2 限位传感器所在位置时，暂停 5 s，定时时间到继续正转。

（4）当凸轮转到 SQ3 限位传感器所在位置时，驱动工作台的电动机停止旋转，同时立即反转，即驱动工作台逆时针旋转。

（5）当凸轮回到 SQ1 限位传感器所在位置时工作台停止转动，回到初始位置。

想一想：如何使用以前学过的 PLC 知识编程实现上述控制功能？

本次任务介绍一种新的编程方法——顺序功能图编程法，顺序功能图作为一种编程思路，对动作流程较为复杂的顺控系统的程序编写，具有普遍的意义。

二、背景知识

（一）顺序功能图

顺序功能图（Sequential Function Chart，SFC）是描述控制系统的控制过程、功能和特性的一种图形，是设计 PLC 的顺序控制程序的主要工具。它主要由步、动作、转移条件和有向连线组成。在顺序功能图中，步表示将一个工作周期划分的不同连续阶段，当转移实现时，步便变为活动步，同时该步对应的动作被执行。转移实现的条件是前级步为活动步和转移条件得到满足，两者缺一不可。

注意：顺序功能图中必须有初始步，如没有系统将无法开始和返回；两个相邻步不能直接相连，必须有一个转移条件将他们分开；应根据不同的控制要求，合理选择功能图的单分支、选择分支、并行分支 3 种不同结构；设计的顺序功能图必须由步和有向连线组成闭合回路，使系统能够多次重复执行同一工艺过程，不出现中断的情况。

1. 步

根据控制系统输出状态的变化将系统的一个工作周期分为若干个顺序相连的阶段，这些阶段叫作步（Step），可用编程元件（如辅助继电器 M、状态继电器 S）代表各步。步根据 PLC 输出量的状态变化划分，在每一步内，各输出量的状态（ON 或 OFF）均保持不变，相邻两步输出量的状态不同。只要系统的输出量状态发生变化，系统就从原来的步进入新的步。

（1）初始步：与系统的初始状态相对应的步称为初始步，初始状态一般是系统等待启动命令的相对静止的状态。初始步用双线方框表示，每一个顺序功能图至少要有一个初始步。

（2）活动步：当系统处于步所在阶段时，该步处于活动状态，称该步为活动步。步处于活动状态时，相应的动作被执行；步处于不活动状态时，相应的非存储型命令被停止执行。

2. 动作

"动作"是指某步处于活动状态时，PLC 向被控对象发出的命令，或被控对象应执行的动作。动作用矩形框中的文字或符号表示，该矩形框与相应步的矩形框相连接。

3. 有向连线

步与步之间用有向连线连接，并且用转移将步分开，步的活动状态进展是按有向连线规定的路线进行的。有向连线上无箭头标注时，其进展方向默认为从上到下、从左到右，否则按照有向连线上箭头上注明的方向进行。

4. 转移条件

转移条件是指与该转移相关的逻辑变量，可以用文字语言、布尔代数表达式或图形符号等标注在表示转移的短画线旁边。转移条件的实现必须同时满足两个条件：一是该转移的所有前级步都是活动步；二是相应的转移条件成立。转移完成后所有该转移的后级步均变成活动步，所有的前级步称为不活动步。

示例：如图 3-2 所示，小车处于原位时，压下后限位开关，当按下启动按钮时，小车前进，当运行至压下前限位开关后，打开漏斗门，延时 8 s 后，漏斗门关上，小车向后运行，到后端时压下后限位开关，打开小车底门，延时 6 s 后，底门关上，完成一次动作。将小车的工作过程分解，以流程图形式来表示小车每个工序的动作，从而得到小车的工作流程图，如图 3-3 所示。

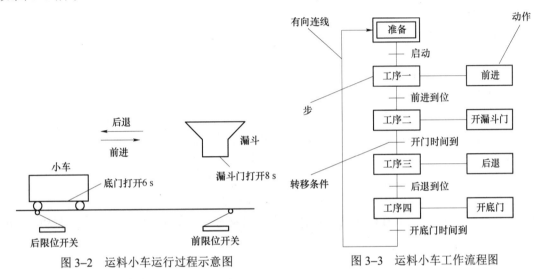

图 3-2 运料小车运行过程示意图　　　　图 3-3 运料小车工作流程图

（二）状态继电器

状态继电器 S 是对工序步进形式的控制进行简易编程所需的重要软元件，需要与步进梯形图指令组合使用。而且在使用顺序功能图的编程方式中也可以使用状态继电器。FX_{3U} 系列 PLC 的状态继电器的分类及性能如表 3-1 所示。

表 3-1　FX_{3U} 系列 PLC 的状态继电器及其分类

项　目			性　能
状态继电器	初始状态用	S0~S9	10 点	非停电保持区域，根据设定的参数，可以更改为停电保持区域
	一般用	S0~S499	500 点	
	停电保持用（电池保持）	S500~S899	400 点	停电保持区域（保持）。根据设定的参数，可以更改为非停电保持区域
	停电保持专用（电池保持）	S1000~S4095	3 096 点	关于停电保持的特性可以通过参数进行变更
	信号报警器用	S900~S999	100 点	停电保持区域（保持）。根据设定的参数，可以更改为非停电保持区域

目标元件 Y、M、S、T、C 和功能指令均可以由状态继电器 S 的触点来驱动，也可由各种触点的组合来驱动。

（三）顺序功能图的设计步骤

顺序功能图设计步骤可分为：任务分解、理解每个状态功能、找出每个状态的转移条件及转移方向和设置初始状态4个阶段。下面以运料小车为例，分4个阶段设计顺序功能图。

1. 任务分解

将小车的整个工作过程按工作步序进行分解，如图3-3所示，每个工序对应一个状态，其状态分别如下：

初始状态	S0
小车前进	S20
开漏斗门	S21
小车后退	S22
开底门	S23

2. 理解每个状态的功能

状态 S0	PLC上电做好准备工作
状态 S20	小车前进（输出Y000，驱动电动机M正转）
状态 S21	打开漏斗（输出Y001，定时器T0开始工作）
状态 S22	小车后退（输出Y002，驱动电动机M反转）
状态 S23	开底门（输出Y003，定时器T1开始工作）

各状态的功能是通过PLC驱动其各种负载来完成的。负载可由状态元件直接驱动，也可由其他软元件触点的逻辑组合驱动。

3. 找出每个状态的转移条件和转移方向

即在什么条件将下一个状态"激活"。顺序功能图就是由状态和状态转移条件及转移方向构成的流程图，弄清转移条件是必要的。

状态 S20	启动	X000
状态 S21	前限位	X001
状态 S22	开漏斗门时间	T0
状态 S23	后限位	X002

状态的转移条件可以是单一的，也可以是多个元件的串并联组合。

4. 设置初始状态

初始状态可由其他状态驱动，但运行开始必须用其他方法预先做好驱动，否则状态流程不可能向下进行。一般用系统的初始条件，若无初始条件，可用特殊用辅助继电器M8002进行驱动。

想一想：特殊用辅助继电器M8002有什么作用？

经过上述4步，可得运料下车自动往返控制的顺序功能图，如图3-4所示。

在状态转移图中，若对应的状态是开启的（即"激活状态"），则状态的负载驱动和转移才有可能。若对应状态是关闭的，则负载驱动和状态转移就不可能发生。因此，除初始状态外，其他所有状态只有在其前一个状态处于激活且转移条件成立时才能开启。同时，下一个状态一旦被"激活"，上一个状态就自动关闭。这样，顺序功能图的分析条理就变得十分清楚，无须考虑状态间的繁杂连锁关系。另外，这也方便程序的阅读理解，使程序的试运行、调试、故障检查与排除变得非常容易,这就是运用状态编程思路解决顺序控制问题的优点。

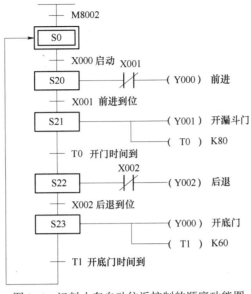

图 3-4 运料小车自动往返控制的顺序功能图

可见,顺序功能图比较形象、直观,且可读性好,清晰地反映了控制的全过程。而且,它将一个复杂的控制过程,分解成若干个状态,起到了化繁为简的作用,也符合结构化程序设计的特点。

(四)步进梯形图指令

1. 指令功能

(1) STL:步进梯形图指令。用于表示步进梯形图的开始,操作元件为 S。

(2) RET:结束指令。用于表示步进梯形图的结束。

2. 注意事项

步进指令

(1) STL 触点是与左侧母线相连的常开触点,某 STL 触点接通,则对应的状态为活动步。

(2) 与 STL 触点相连的触点应用 LD 或 LDI 指令,只有执行完 RET 后才返回左侧母线。

(3) STL 触点可直接驱动或通过别的触点驱动 Y、M、S、T 等元件的线圈。

(4) 由于 PLC 只执行活动步对应的电路块,所以使用 STL 指令时允许双线圈输出(顺控程序在不同的步可多次驱动同一线圈)。

(5) STL 触点驱动的电路块中不能使用 MC 和 MCR 指令,但可以用 CJ 指令。在中断程序和子程序内,不能使用 STL 指令。

(6) RET 指令的功能是返回到原来左母线的位置。RET 指令没有操作元件,仅在最后一步的末行使用一次,否则程序不能运行。

3. 指令应用——单分支顺序功能图编程

单分支顺序功能图是顺序功能图中最基本的结构流程,由按顺序排列、依次有效的状态序列组成,每个状态的后面只跟一个转移条件,每个转移条件后面也只连接一个状态,图 3-5 就是典型的单分支结构。

在图 3-5（a）中,当状态 S21 有效时,若转移条件 T0 接通,状态将从 S21 转移到 S22,一旦转移完成,S21 同样复位。以此类推,直至流程中的最后一个状态。

使用步进梯形图指令 STL 和结束指令 RET 可以将顺序功能图转换为步进梯形图,其对应关系如图 3-5（b）所示。将顺序功能图转换为步进梯形图时,编程顺序为先进行负载的驱动处理,然后进行转移处理。对应于某步的状态继电器 S 在梯形图中用 STL 的触点表示,STL 指令为与主母线连接的常开触点指令,它在梯形图中占一行；接着就可以进行驱动处理,它可以直接驱动各种线圈及应用指令或通过触点驱动线圈。通常用单独触点作为转移条件,但是在实际中,X、Y、M、S、T、C 等各种软元件触点的逻辑组合也可作转移条件；转移目标用 SET 或 OUT 指令实现。最后使用 RET 指令返回原来的主母线。

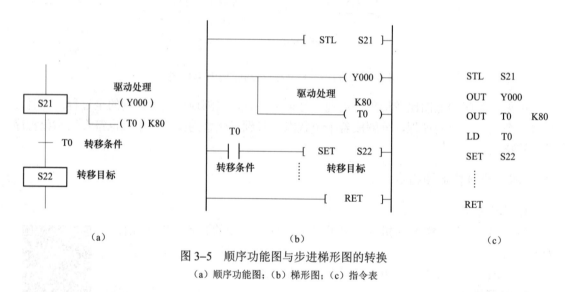

图 3-5 顺序功能图与步进梯形图的转换
(a) 顺序功能图；(b) 梯形图；(c) 指令表

STL 指令驱动的电路块有 3 个功能：一是对负载的驱动处理,即在这一步要做什么；二是指定转移条件,即满足该条件则退出这一步；三是指定转移目标,即下一步状态是什么。顺序功能图和步进梯形图表达的都是同一个程序,顺序功能图的优点是可以让编程者每次只考虑一个状态而不用考虑其他的状态,从而使编程更容易。

练一练：将图 3-4 运料小车自动往返控制的顺序功能图转换成梯形图。

（五）编程软件中单分支顺序功能图的编写方法

单分支结构是顺序控制中最常见的一种流程结构,其结构特点是程序顺着工序步,步步为序地向后执行,中间没有任何分支。运行规则为：从初始步开始执行,当每步的转移条件成立时,就由当前步转为执行下一步,在遇到 END 时结束所有步的运行。

例：在 PLC 上电后,其输出 Y000 和 Y001 各以一秒钟的时间间隔,周期交替闪烁。试用顺序功能图法编写程序。

在 GX Developer 中,一个完整的 SFC 程序由初始状态、有向连线、转移条件等内容组成,而 PLC 编程就是完整地获得这几个组成部分。SFC 程序主要由初始状态、通用状态、返回状态等几种状态来构成,但在编程中,这几个状态的编写方式不一样,因此需要引起注意。SFC 程序从初始状态开始,因而编程的第一步就是给初始状态设置合适的启动条件,本例中,梯形图的第一行就是表示如何启动初始步,在 SFC 程序中,初始步的启动采用梯形图方式。

(1)启动 GX Developer 编程软件,单击"工程"→"创建新工程"菜单命令或单击"新建工程"按钮,在弹出的"创建新工程"对话框中(见图 3-6),要对三菱系列的 CPU 和 PLC 进行选择,以符合对应系列的编程代码,否则容易出错。注意在"程序类型"栏中选择"SFC"。

(2)双击第 0 块或其他块后,会弹出块信息设置对话框,如图 3-7 所示。这里要对块编辑进行类型选择,有两个选择:SFC 块和梯形图块,如图 3-8 所示。SFC 程序由初始状态开始,故初始状态必须激活,而激活的通用方法是利用一段梯形图程序,且这一段梯形图程序必须放在 SFC 程序的开头部分。同理,在以后的 SFC 编程中,初始状态的激活都需要由放在 SFC 程序的第一部分(即第一块)的一段梯形图程序来执行。因此,在这里应选中"梯形图块",在"块标题"栏中,填写该块的说明标题,也可以不填。

图 3-6 程序类型选择

图 3-7 块信息设置对话框

图 3-8 初始步类型设置

(3) 单击"执行"按钮弹出梯形图编辑窗口，在右边梯形图编辑窗口中输入启动初始状态的梯形图。初始状态的激活一般采用辅助继电器 M8002 来完成，也可以采用其他触点方式来完成。本例中采用 PLC 的辅助继电器 M8002 来使初始状态生效。在梯形图编辑窗口中单击第 0 行输入初始化梯形图如图 3-9 所示，输入完成后单击"变换"菜单选择"变换"选项或按 F4 键，完成梯形图的变换。

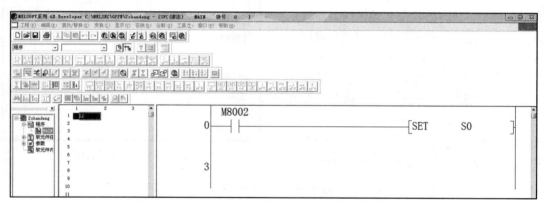

图 3-9 初始步驱动

需注意，在 SFC 程序的编制过程中每一个状态中的梯形图编制完成后必须进行变换，才能进行下一步工作，否则弹出出错信息。

(4) 在完成了程序的第一块（梯形图块）编辑以后，双击"工程数据"列表窗口中的"程序"/"MAIN"项，返回块列表窗口。双击第一块，在弹出的"块信息设置"对话框中"块类型"一栏中选中"SFC 块"，如图 3-10 所示，在"块标题"栏中可以填入相应的标题或什么也不填，单击"执行"按钮，弹出 SFC 程序编辑窗口，如图 3-11 所示。在 SFC 程序编辑窗口中光标变成空心矩形。

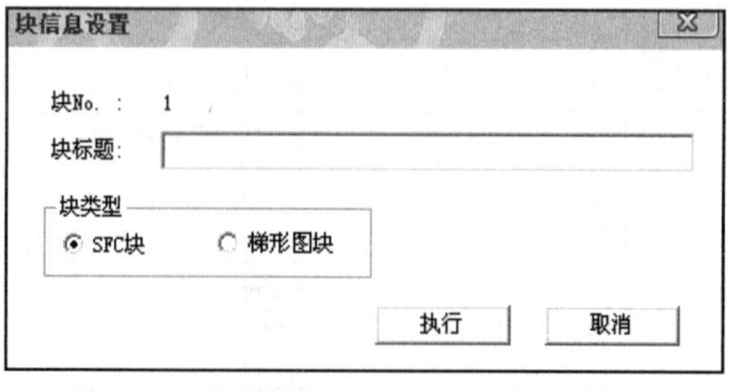

图 3-10 块类型选择

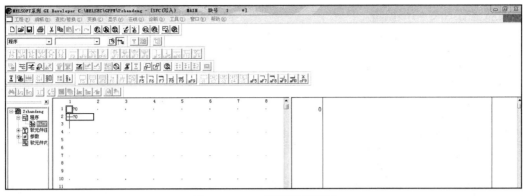

图 3-11　SFC 程序编辑窗口

（5）转移条件的编辑。SFC 程序中的每一个状态或转移条件都是以 SFC 符号的形式出现在程序中，每一种 SFC 符号都对应有图标和图标号，现在输入使状态发生转移的条件。在 SFC 程序编辑窗口将光标移到第一个转移条件符号处并单击，在右侧将出现梯形图编辑窗口，在此中输入使状态转移的梯形图。从图 3-12 中可以看出，X000 触点驱动的不是线圈，而是 TRAN 符号，意思是表示转移（Transfer），这一点提请注意。对转移条件梯形图的编辑，可按 PLC 编程的要求，按上面的叙述自己完成。需注意的是，每编辑完一个条件后应按 F4 快捷键进行转移，转移后梯形图则由原来的灰色变成亮白色，完成转移后会看到 SFC 程序编辑窗口中 0 前面的问号（？）已消失。

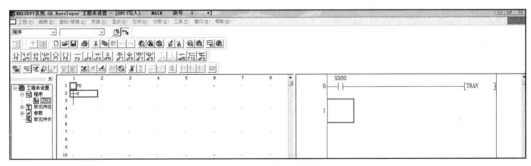

图 3-12　转移条件编辑

（6）通用状态的编辑。在左侧的 SFC 程序编辑窗口中把光标下移到方向线底端，按工具栏中的工具按钮或单击 F5 快捷键弹出步序输入设置对话框，如图 3-13 所示。

输入步序标号后单击"确定"按钮，这时光标将自动向下移动，此时，可看到步序图标号前面有一个问号（？），这是表明此步现在还没进行梯形图编辑，同时右边的梯形图编辑窗口呈现为灰色也表明为不可编辑状态。

下面对通用工序步进行梯形图编程。将光标移到步序号符号处，在步符号上单击后右边的窗口将变成可编辑状态，现在，可在此梯形图编辑窗口中输入梯形图。需注意，此处的梯形图是指程序运行到此工序步时所要驱动哪些输出线圈，在本例中，现在所要获得的通用工序步 20 是驱动输出线圈 Y000 以及 T0 线圈。用相同的方法把控制系统一个周期内所有的通用状态编辑完毕。需说明的是，在这个编辑过程中，每编辑完一个通用步后，不需要再操作"程序"→"MAIN"命令而返回到块列表窗口，再次执行块列表编辑，而是在一个初始状态下,直接进行 SFC 图形编辑。

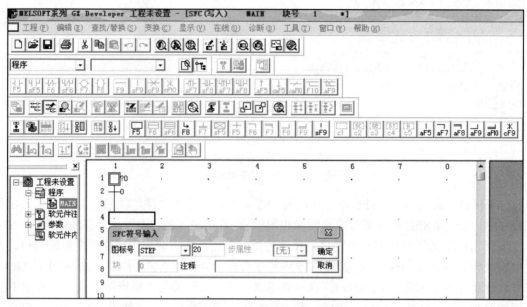

图 3-13 步序输入设置对话框

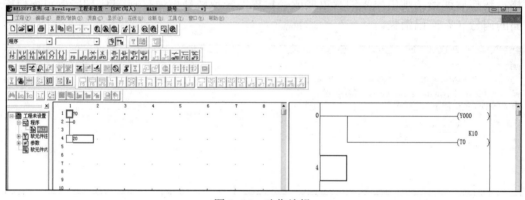

图 3-14 动作编辑

(7) 系统循环或周期性的工作编辑。SFC 程序在执行过程中,无一例外地会出现返回或跳转的编辑问题,这是执行周期性的循环所必需的。要在 SFC 程序中出现跳转符号,需用 JUMP 指令加目标号进行设计。输入方法是:把光标移到方向线的最下端,按 F8 快捷键或者单击跳转按钮,在弹出的对话框中填入要跳转到的目的地步序号,如图 3-15 所示,然后单击"确定"按钮。

当输入完跳转符号后,在 SFC 编辑窗口中我们将会看到,在有跳转返回指向的步序符号方框图中多出一个小黑点,这说明此工序步是跳转返回的目标步,这为我们阅读 SFC 程序提供了方便。

(8) 程序变换。当所有 SFC 程序编辑完后,可单击变换按钮进行 SFC 程序的变换(编译),如果在变换时弹出了块信息设置对话框,可不用理会,直接单击"执行"按钮即可。经过变换后的程序如果成功,就可以进行仿真实验或写入 PLC 进行调试了。如果想观看 SFC 程序所对应的顺序控制梯形图，我们可以这样操作：单击"工程"→"编辑数据"→"改变程序类型"命令，进行数据改变，如图3-16所示。

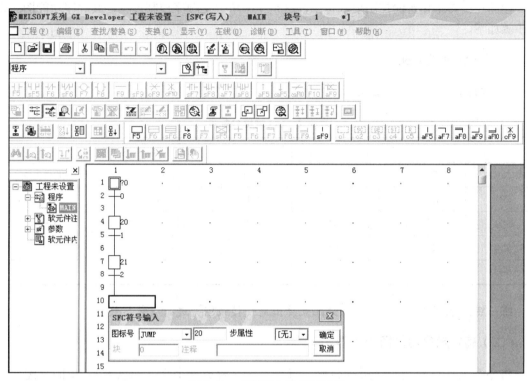

图3-15 跳转输入设置对话框

图3-16 改变程序类型对话框

三、任务实施

由凸轮旋转工作台的控制要求可知,这是一个单分支顺序控制过程,其顺序功能图的设计步骤如下。

(一) I/O 地址分配

I/O 地址分配表如表 3-2 所示。

表 3-2 I/O 地址分配表

输入信号			输出信号		
输入元件	设备名称	输入继电器	输出元件	设备名称	输出继电器
SB1	启动按钮	X000	KM1	正转交流接触器	Y001
SQ1	限位开关	X001	KM2	反转交流接触器	Y002
SQ2	限位开关	X002			
SQ3	限位开关	X003			

练一练:根据所列的 I/O 地址分配表画出电气接线图并进行安装接线。

(二) 确定顺序功能图的步骤

将整个工作过程按工序进行分解,每个工序分解成一个步(即状态),步的分配如下所示。

  初始状态: S0
  正转: S20
  停止: S21
  正转: S22
  反转: S23

从以上工作过程分解可以看出,该控制系统一共有 5 步。

(三) 确定每步的功能、作用

各步的功能是通过 PLC 驱动其各种负载来完成的。负载可由状态元件直接驱动,也可由其他软元件触点的逻辑组合驱动。

  S0:无动作;
  S20:驱动 Y001,工作台开始正转;
  S21:启动定时器 T0,定时 5 s;
  S22:驱动 Y001,工作台继续正转;
  S23:驱动 Y002,工作台开始反转。

（四）找出每一步的转移条件

即在什么条件下将下一步"激活"，由工作过程可知，每一步的转移条件如下。

S0：PLC 上电之初由初始化脉冲 M8002（只闭合一个扫描周期）对其置位为 ON，为以后活动步的转移做准备，工作过程中，由限位开关 SQ1 对其置位为 ON。

S20：旋转工作台在限位开关 SQ1 处并且按下启动按钮 SB1，即 X001·X000；

S21：限位开关 SQ2，即 X002；

S22：定时器 T0 的常开触点；

S23：限位开关 SQ3，即 X003。

（五）绘制顺序功能图

经过上述 4 个步骤，得到的旋转工作台控制系统的顺序功能图如图 3-17 所示。

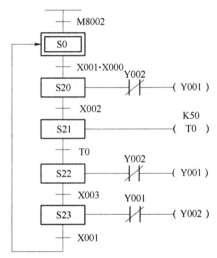

图 3-17　旋转工作台的顺序功能图

（六）将顺序功能图转换成梯形图

将顺序功能图转换成梯形图，如图 3-18 所示。

将图 3-17 转换成梯形图和指令语句表，如图 3-18 所示。对应于顺序功能图中的每一步转换成梯形图时，用步进 STL 指令进行转换，遵循规则，除初始状态之外的一般状态条件必须在其他状态后加入 STL 指令才能驱动，不能脱离状态而用其他方式驱动。要返回原来的母线时，使用 RET 指令。

（七）安装与调试

（1）完成主电路和控制电路的连接。

（2）在断电情况下，连接好 PC/PPI 电缆。

（3）接通电源，PLC 电源指示灯点亮，说明 PLC 已通电。

（4）在计算机上运行 GX Developer 编程软件，绘制顺序功能图，并利用软件将顺序功图转换为梯形图。将程序下载到 PLC 中。

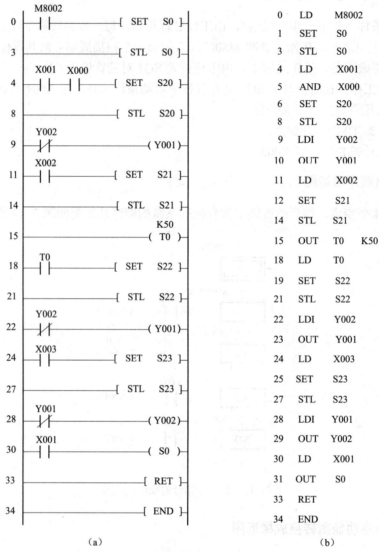

图 3-18 由顺序功能图转换而来的梯形图和指令语句表
(a) 梯形图；(b) 指令语句表

（5）调试运行。调试时请参照图 3-18，首先同时使 X000 和 X001 得电，观察 Y001 是否得电，然后使 X002 得电，观察是否 5 s 后 Y001 得电。以此类推，按照顺序功能图的顺序对程序进行调试，观察程序能否达到控制要求。

（6）记录程序调试过程及结果。

四、知识进阶——复杂转移条件的程序处理

在转移条件回路中，不能使用 ANB、ORB、MPS、MRD、MPP 指令。图 3-19（a）所示复杂转移条件应做相应的处理，如图 3-19（b）所示。

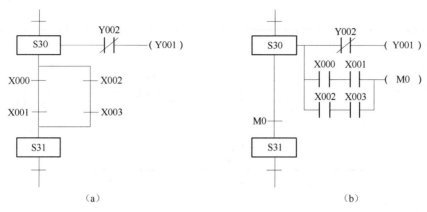

图 3-19 复杂转移条件的程序处理

五、技能强化——流水灯的顺序控制

（一）设计要求

有 4 盏流水灯，每隔 2 s 顺序点亮，试设计流水灯循环往复点亮的顺序功能图和梯形图。

（二）训练过程

（1）列 I/O 分配表，画出 PLC 硬件接线图。
（2）根据控制要求，绘制流水灯顺序点亮的顺序功能图。
（3）在 GX Developer 编程软件上绘制顺序功能图，并完成顺序功能图与梯形图之间的转换。
（4）运行控制系统。
（5）汇总整理文档，保存工程文件。

（三）考核标准

技能训练考核标准如表 3-3 所示。

表 3-3 技能考核评价表

序号	主要内容	考核内容	评分标准	配分	得分
1	方案设计	根据控制要求，列出 I/O 分配表，画出电气原理图，绘制顺序功能图，设计梯形图程序	（1）输入/输出地址遗漏或错误，每处扣 1 分； （2）电气原理图绘制错误，每处扣 2 分； （3）梯形图表达不正确或画法不规范，每处扣 2 分； （4）绘制顺序功能图有错误，每处扣 2 分	30	
2	安装与接线	按电气原理图进行安装接线，接线要正确、紧固、美观	（1）接线不紧固、不美观，每根扣 2 分； （2）接点松动，每处扣 1 分； （3）不按 I/O 接线图接线，每处扣 2 分	30	
3	程序输入与调试	能正确绘制 SFC，并将程序输入 PLC，按动作要求进行调试	（1）不熟练操作计算机，扣 2 分； （2）编程软件使用不熟练，不会对指令进行删除、插入、修改等，每处扣 2 分； （3）不会编辑 SFC 编程的，扣 5 分； （4）第一次试车不成功的扣 5 分；第二次试车不成功扣 10 分；第三次试车不成功扣 20 分	30	

续表

序号	主要内容	考核内容	评分标准	配分	得分
4	安全文明生产	遵守纪律,遵守国家相关专业安全文明生产规程	（1）不遵守教学场所规章制度,扣2分; （2）出现重大事故或人为损坏设备,扣10分	10	
备注			合计		
小组签名					
教师签名					

六、思考与练习

（一）填空题

1. _____是构成顺序功能图的重要软元件,它要与_____、_____指令配合起来使用。

2. _____、_____、_____和_____是顺序功能图的重要组成部分。

3. 步与步之间用_____连接,并且用_____将步分开,步的活动状态开展是按照_____规定的路线进行的。有向连线上无箭头标注时,其进展方向默认为_____或_____,否则按照有向连线上箭头标注的方向进行。

4. 在编写顺序功能图时,会用到一些特殊用辅助继电器,请说明下列特殊用辅助继电器的功能：M8000：_____；M8002：_____；M8040：_____。

（二）编程题

1. 将图3-20所示顺序功能图转化成梯形图和指令语句表。

2. 试设计一个汽车库自动门控制系统,具体控制要求是：汽车到达车库门前,超声波开关接收到来车的信号,门电动机正转,门上升,当门升到顶点碰到上限开关时,停止上升;汽车驶入车库后,光电开关发出信号,门电动机反转,门下降,当下降到下限位开关后,门电动机停止。用顺序功能图法完成以下设计内容：

（1）列出I/O端口地址分配表。

（2）画出PLC的外部接线示意图。

（3）画出顺序功能图。

（4）编写梯形图和指令程序。

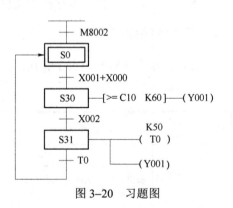

图3-20 习题图

任务二　工件自动分拣系统 PLC 控制

一、任务描述

图 3-21 为传送带大、小工件分拣控制系统的示意图。该系统的主要功能是将大工件放在大工件容器中，小工件放在小工件容器中，控制要求如下：

（1）机械手臂必须在初始位置才能启动运行，若不在初始位置，则通过手动控制使机械手臂到达初始位置。初始位置状态：左移到限位开关 SQ1，上升到上限位开关 SQ3，磁铁在松开状态。

扫一扫，
查看教学课件

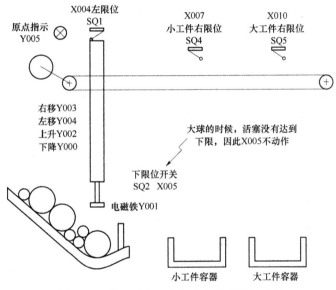

图 3-21　传送带大、小工件分拣系统示意图

（2）动作顺序依次为下降、吸工件、上升、右行、下降、释放工件、上升、左行，由对应的限位开关限定动作范围。

（3）判断为大工件时放入大工件容器中，判断为小工件时放入小工件容器中。

（4）在完成一个工作周期后，机械手臂回到原点并停止。

该控制系统为典型的控制系统，用顺序功能图编程较为简单，但是该系统有大工件分拣和小工件分拣两种情况，与上一任务所介绍的单分支顺序控制有所区别，因此在本次任务中介绍一种新的顺序功能图结构——选择分支顺序功能图。

二、背景知识

（一）顺序功能图的分类

根据生产工艺和系统复杂程度的不同，顺序功能图的基本结构可分为单分支、选择分支和并行分支三种。

（1）单分支。单分支由一系列相继激活的步组成，每个步后面仅有一个转移条件，每个转移后面只有一个步，如图 3-22（a）所示。

（2）选择分支。选择分支的结构如图 3-22（b）所示，图 3-22（b）所示图中共有两个分支，根据分支转移条件 d 或 e 来决定究竟选择哪一个分支。

（3）并行分支。若在某一步执行完后，需要同时启动若干条分支，那么这种结构称为并行分支，如图 3-22（c）所示。分支开始时采用双水平线将各个分支相连，双水平线上方需要一个转移，转移对应的条件称为公共转移条件。若公共转移条件满足，则同时执行下列所有分支，水平线下方一般没有转移条件。

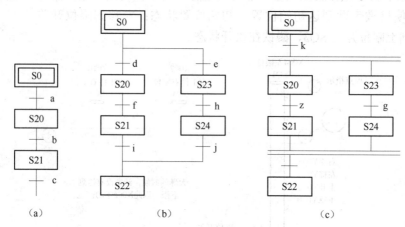

图 3-22 顺序功能图的基本结构
（a）单分支；（b）选择分支；（c）并行分支

如图一个顺序控制的过程被反复执行（用箭头表示回到初始状态），称之为循环状态，单分支、选择分支和并行分支均可以出现循环状态。在本次工作任务中，根据限位开关 SQ2 是否被按下判断是大工件还是小工件，从而执行不同的工作流程，在设计顺序功能图时，需采用选择分支结构。

想一想： 你在实习或实训中观察到的顺序控制过程哪些属于单分支、选择分支和并行分支？

（二）选择分支的编程

在图 3-23 所示的选择分支中，X001 和 X003 在同一时刻最多只能有一个为接通状态。S0 为活动步时，X001 一接通，动作状态就向 S20 转移，S0 就变为 "0" 状态。在此之后，即使 X003 接通，S30 也不会变为活动步。汇合状态 S40 可由 S20 或 S30 任意一个驱动。

该顺序功能图有两个流程顺序，如图 3-24 所示。

如图 3-24 所示，S0 为分支状态，根据不同的条件（X001、X003），选择且只能选择执行其中一个流程，X001 和 X003 不可能同时为 ON。

在进行选择分支的顺序功能图与步进梯形图之间的转换时，应首先进行分支状态元件的处理。处理方法是：先进行分支状态的输出连接，然后

选择分支的编程

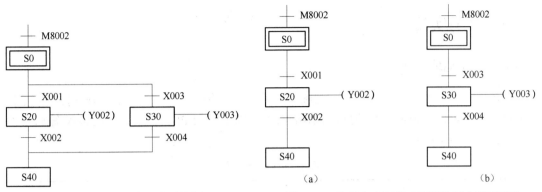

图 3-23 选择分支顺序功能图

图 3-24 选择分支顺序功能图的两个流程顺序
(a) 流程顺序 1；(b) 流程顺序 2

依次按照各个分支的转移条件置位各转移分支的首转移状态元件；其次依顺序进行各分支的连接；最后进行汇合状态的处理。汇合状态的处理方法是：先进行汇合前的驱动连接，然后依顺序进行汇合状态的连接。图 3-23 对应的梯形图和指令表如图 3-25（a）和图 3-25（b）所示。

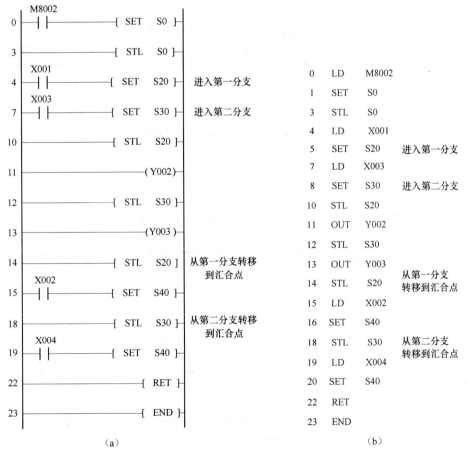

图 3-25 选择分支的梯形图和指令表
(a) 梯形图；(b) 指令表

三、任务实施

（一）I/O 地址分配

该系统的动作主要包括这几个：机械手臂的上升、下降分别由 Y002、Y000 控制，左移、右移分别由 Y003、Y004 控制，原点指示由 Y005 控制。可得 PLC 控制系统的输入/输出（I/O）分配表，如表 3-4 所示。

表 3-4　I/O 分配表

输入信号			输出信号		
输入元件	设备名称	输入继电器	输出元件	设备名称	输出继电器
SB1	启动按钮	X000	YV1	下降电磁阀线圈	Y000
SB2	停止按钮	X001	YA1	电磁铁线圈	Y001
SB3	手动上升按钮	X002	YV2	上升电磁阀线圈	Y002
SB4	手动左移按钮	X003	KM1	右行接触器线圈	Y003
SQ1	左限位	X004	KM2	左行接触器线圈	Y004
SQ2	下限位	X005	HL1	原点指示灯	Y005
SQ3	上限位	X006			
SQ4	小工件右限位	X007			
SQ5	大工件右限位	X010			

（二）电气原理图绘制

根据表 3-4，可绘制 PLC 的外部接线示意图，如图 3-26 所示。

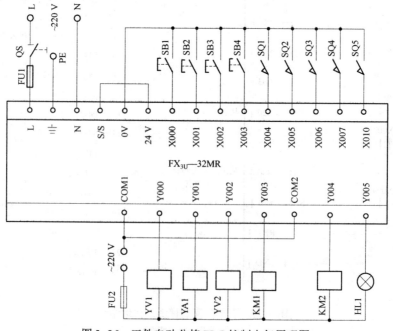

图 3-26　工件自动分拣 PLC 控制电气原理图

（三）程序设计

根据工艺要求，该控制流程可以根据 SQ2 的状态（即对应的大小工件）有两个分支，且属于选择性分支。分支在机械臂下降之后根据 SQ2 的通断，分别将工件吸住、上升、右行到 SQ4 或 SQ5 处下降，然后再释放、上升、左移到原点。在初始状态 S0 处，设置了手动回原点程序。按照任务一所介绍的顺序功能图设计方法，其顺序功能图如图 3-27 所示。

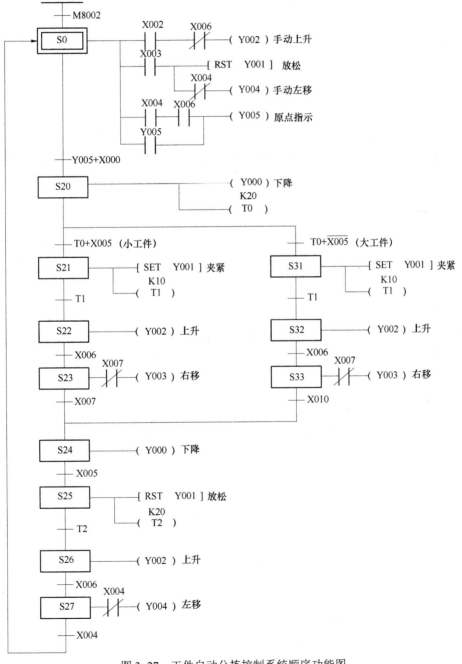

图 3-27 工件自动分拣控制系统顺序功能图

试一试：将图 3-27 所示的顺序功能图转换成梯形图和指令语句表。

（四）安装与调试

（1）按照图 3-26 完成 PLC 控制电路的连接。

（2）在断电情况下，连接好 PC/PPI 电缆。

（3）接通电源，PLC 电源指示灯点亮，说明 PLC 已通电。

（4）在计算机上运行 GX Developer 编程软件，编写程序，将 PLC 的运行开关拨到 STOP 位置，此时 PLC 处于停止状态，可以进行程序下载。

（5）调试运行。先观察机械手臂是否位于原点位置，如果不在原点位置，先对其进行手动回复原点操作，原点指示灯亮，按下启动按钮，观察动作及程序的运行情况，若出现故障，应分别检查硬件电路连线和梯形图是否有误，修改后，应重新调试，直至系统按要求正常工作。

（6）记录程序调试过程及结果。

四、知识进阶——由"启-保-停"电路实现顺序功能图与梯形图之间的转换

在绘制顺序功能图时，步也可以用辅助继电器 M 来代表。某一步为活动步时，对应的辅助继电器为 ON；某一转移条件满足时，该转移的后续步变为活动步，前级步变为不活动步。在实际生产中，很多转移条件都是短信号，也就是它存在的时间比它激活后续步的时间短，因此，应使用有记忆功能（或保持）的电路来控制代表步的辅助继电器。在这里介绍具有记忆功能的"启-保-停"电路。

如图 3-28 所示的步 M1、M2 和 M3 是顺序功能图中顺序相连的 3 步，X001 是步 M1 转向步 M2 的转移条件。使用"启-保-停"电路的关键是要找出它的启动条件和停止条件。转移实现的条件是它的前级步为活动步，并且满足相应的转移条件，所以步 M2 变为活动步的条件是它的前级步 M1 为活动步，并且满足转移条件 X001=1。在"启-保-停"电路中，控制 M2 的启动条件为前级步 M1 和转移条件对应常开触点的串联。当 M2 和 X002 均为 ON 时，步 M3 变为活动步，步 M2 应变为不活动步，因此，可以将 M3=1 作为使辅助继电器变为 OFF 的条件，也就是将后续步 M3 串联在 M2 步，作为"启-保-停"电路的停止控制步。

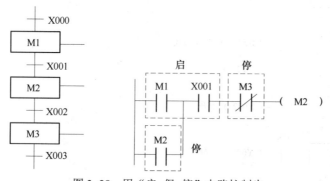

图 3-28 用"启-保-停"电路控制步

五、思考与练习

(一)简答题

1. 用选择分支结构设计电动机正反转的控制程序。
2. 选择分支的顺序功能图在分支和汇合上有什么特点?应该如何编程?

(二)编程题

1. 设计一个给饮料加入 3 种不同量糖的 SFC 程序并转换成梯形图和指令语句表。具体控制要求如下:

(1) 使用一个运行按钮,每按一次,运行一个加糖周期。

(2) 发放 3 种不同量的糖:分别加 1 份、2 份、3 份,用三个按钮进行选择。

(3) 加糖动作由电磁阀完成。当需要加一份糖时,进料电磁阀导通 1 s;当需要加两份糖时,进料电磁阀导通 2 s;当需要加三份糖时,进料电磁阀导通 3 s。

任务三　组合钻床的 PLC 控制

一、任务描述

如图 3-29 所示是组合钻床的示意图,其工作过程为:组合钻床上放好工件后,按下启动按钮 X000,Y000 变为 ON,工件被夹紧,夹紧后压力传感器 X001 为 ON,Y001 和 Y003 使两只钻头同时开始向下进给。大钻头钻到由限位开关 X002 设定的深度时,Y002 使它上升,升到限位开关 X003 设定的起始位置时停止上升。小钻头钻到由限位开关 X004 设定的深度时,Y004 使它上升,升到由限位开关 X005 设定的起始位置时停止上升,同时设定值为 3 的计数器 C0 的当前值加 1。两个都到位后,Y005 使工件旋转 120°,旋转到位时

扫一扫,
查看教学课件

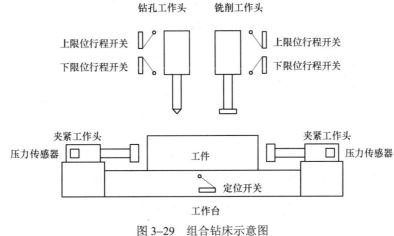

图 3-29　组合钻床示意图

X006 为 ON，旋转结束后又开始钻第二个孔。3 对孔都钻完后，计数器的当前值等于设定值 3，旋转条件 C0 满足。Y006 使工件松开，松开到位时，限位开关 X007 为 ON，系统返回初始状态。

本次任务是要求用 PLC 实现组合钻床的控制。在本次设计中，大钻头和小钻头要同时动作，虽然表面上互不牵扯，但同属于一个工作过程，受整个生产流程控制，因此需采用分支结构中的并行分支来编写顺序功能图。

二、背景知识

（一）步进梯形图编程规则

（1）初始步可由其他步驱动，但运行开始时必须用其他方法先做好驱动，否则状态流程不可能向下进行。一般由各系统的初始条件驱动，若无初始条件，可用 M8002（PLC 从 STOP→RUN 切换时的初始化脉冲）或 M8000 进行驱动。

（2）步进梯形图编程顺序为：先进行驱动处理，后进行转移处理。二者不能颠倒。驱动处理就是该步的输出处理，转移处理就是根据转移方向和转移条件实现下一步的状态转移。

（3）编程时必须使用 STL 指令对应于顺序功能图上的每一步。

（4）各 STL 触点的驱动电路一般放在一起，最后一个 STL 电路结束时，一定要使用步进返回指令 RET 使其返回主母线。

（5）STL 触点可以直接驱动也可以通过别的触点驱动，如 Y、M、S、T、C 等元件的线圈和应用指令。与 STL 触点相连的触点应使用 LD 或 LDI 指令，STL 触点的右边不能使用 MPS 指令。在转移条件对应的电路中，不能使用 ANB、ORB、MPS、MRD、MPP 指令。

（6）驱动负载使用 OUT 指令。当同一负载需要连续多步驱动时可使用多重输出，也可使用 SET 指令将负载置位，等到负载不需要驱动时再用 RST 指令将其复位。

（7）由于 CPU 只执行活动步对应的电路块，因此使用 STL 指令时允许"双线圈"输出，即不同的 STL 触点可以分别驱动同一编程元件的一个线圈，如图 3-30 所示，S20 和 S22 驱动的是同一线圈 Y001。但是同一元件的线圈不能在可能同时为活动步的 STL 内出现，在有并行序列的 SFC 中，应特别注意这一点。另外，相邻步不能重复使用同一个定时器 T 或计数器 C，因为指令会互相影响，使定时器或计数器无法复位。对于分隔的两个状态，如图 3-31 所示中的 S20 和 S22，可以使用同一个定时器 T1。

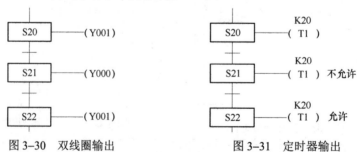

图 3-30 双线圈输出　　　　图 3-31 定时器输出

（8）在步的活动状态的转移过程中，相邻两步的状态器会同时 ON 一个扫描周期，此时可能会引发瞬时的双线圈问题。为了避免不能同时接通的两个输出（如图 3-32 所示中控制电动机正反转的接触器线圈)同时动作,除了在梯形图中设置软件互锁电路外,还应在 PLC 外部设置由常闭触点组成的硬件互锁电路。

(9) SET 指令和 OUT 指令均可以用于步的活动状态的转移,可将原来活动步对应的状态器复位,将后续步置为活动步,此外还有自保持功能。

SET 和 OUT 指令用于将状态器复位为 ON 并保持,以激活对应的步。SET 指令一般用于驱动相邻的状态转移,而 OUT 指令用于顺序功能图中的闭合和跳步转移,如图 3-33 所示。在如图 3-33 所示中,当 S22 变为活动步并满足转移条件时,系统状态就从 S22 跳到 S0,此时用 "OUT S0" 指令实现该步状态的转移。

(10) 并行分支和选择分支中分支处的支路数不能超过 8。

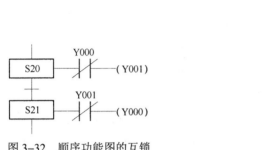

图 3-32 顺序功能图的互锁

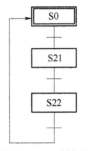

图 3-33 跳转处理

(二) 并行分支的编程

多个流程分支可同时执行的分支流程称为并行分支,如图 3-34 所示。它有 3 个执行顺序,如图 3-35 所示。

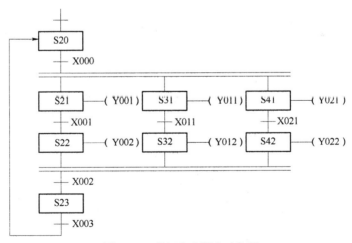

图 3-34 并行分支顺序功能图

在进行并行分支顺序功能图与梯形图的转换时,首先进行分支状态元件的处理,再依顺序进行各分支的连接,最后进行汇合状态的处理。分支状态的处理方法是:首先进行分支状态的输出连接,然后依次按照转移条件置位各

并行分支的特点

并行分支的编程

转移分支的首转移状态元件；汇合状态的处理方法是：先进行汇合前的驱动连接，再依顺序进行汇合状态的连接。

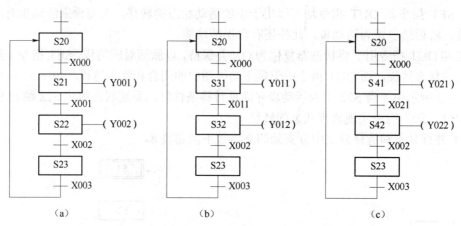

图 3-35 并行分支顺序功能图的执行顺序
(a) 顺序 1；(b) 顺序 2；(c) 顺序 3

在图 3-34 中，S20 为活动步，只要 X000 一闭合，S21、S31、S41 就同时被激活，即其状态均变为 ON，各分支流程也开始运行。待各流程的动作全部结束，即 S22、S32、S42 的状态同时为"1"，且 X003 闭合时，汇合到状态 S23 动作，而 S22、S32、S42 全部变为"0"状态，这种汇合又被称为排队汇合。其梯形图和指令语句表如图 3-36 所示。

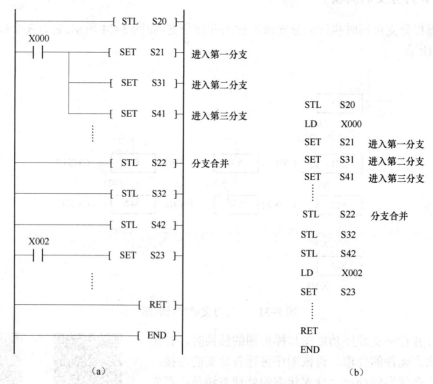

图 3-36 并行分支的梯形图和指令表
(a) 梯形图；(b) 指令表

三、任务实施

（一）I/O 地址分配

根据组合钻床的控制要求，需要输入点 8 个，输出点 7 个，具体分配如表 3-5 所示。

表 3-5 I/O 分配表

输入信号			输出信号		
输入元件	设备名称	输入继电器	输出元件	设备名称	输出继电器
SB	启动按钮	X000	KM0	工件夹紧	Y000
SA	夹紧压力传感器	X001	KM1	大钻下进给	Y001
SQ2	大钻下限位开关	X002	KM2	大钻退回	Y002
SQ3	大钻上限位开关	X003	KM3	小钻下进给	Y003
SQ4	小钻下限位开关	X004	KM4	小钻退回	Y004
SQ5	小钻上限位开关	X005	KM5	工件旋转	Y005
SQ6	工件旋转限位开关	X006	KM6	工件松开	Y006
SQ7	松开到位限位开关	X007			

（二）电气原理图绘制

根据 I/O 点分配，画出 PLC 的接线图如图 3-37 所示。

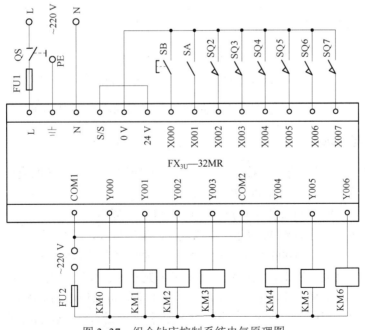

图 3-37 组合钻床控制系统电气原理图

(三)程序设计

组合钻床的顺序功能图如图 3-38 所示,注意:状态 S21 后有一个选择分支,还有一个并行分支。在并行分支中,两个子序列中的第一个状态 S22 和 S25 是同时变为活动状态的,两个子序列中的最后一个状态 S24 和 S27 不是同时变为不活动状态的。当状态 S21 是活动状态,并且转移条件 X001 为 ON 时,状态 S22 和 S25 同时变为活动状态,两个序列开始同时工作。图中并行分支的转移有两个前级状态 S24 和 S27,根据转移实现的基本规则,当它们均为活动状态并且转移条件满足时,将实现并行分支的合并。

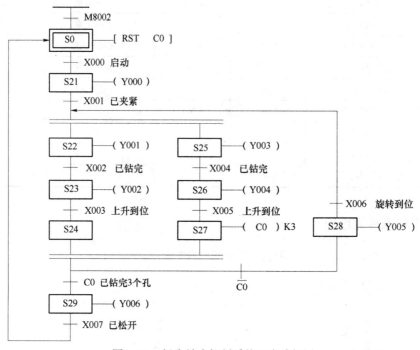

图 3-38　组合钻床控制系统顺序功能图

试一试:将图 3-38 所示的顺序功能图转换成梯形图和指令语句表。

(四)安装与调试

(1)按照图 3-37 完成电路连接,注意 PLC 与对应输入/输出设备的连接情况。

(2)在断电情况下,连接好 PC/PPI 电缆。

(3)接通电源,PLC 电源指示灯点亮,说明 PLC 已通电。

(4)在计算机上运行 GX Developer 编程软件,编写程序,并将程序下载到 PLC 中。

(5)调试运行。先将 X000 按下,S22 和 S25 同时变为活动步,钻孔工作头和铣削工作头同时开始工作,完成一次工作循环后,需用 C0 判断所钻孔数,达到设定值时回到初始状态,未达到设定值时继续钻孔。由于本次程序较为复杂,可以使用 GX Developer 编程软件中的监视功能监控整个程序的运行过程,以方便调试程序。在 GX Developer 软件上,单击"在线"→"监视"→"监视开始"命令,可以监控 PLC 的运行,借助于 GX Developer 软件的监控功能,可以检查哪些线圈和触点该得电时没有得电,从而为进一步修改程序提供帮助。

(6) 记录程序调试过程及结果。

四、知识进阶——组合流程和虚拟状态

对于某些不能直接编程的分支、汇合组合流程，需要经过某些变换才能进行编程，如图 3-39 所示。

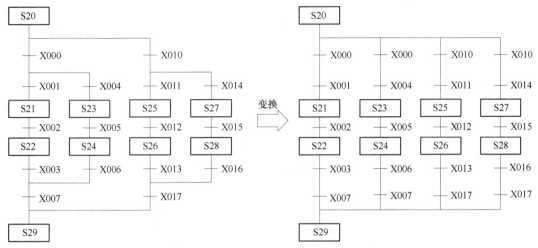

图 3-39 不能直接编程顺序功能图的变换

一些分支、汇合状态的顺序功能图，既不能直接编程，又不能采用变换后编程；就需要在汇合线到分支线之间插入一个状态，称为虚拟状态，以改变直接从汇合线到下一个分支线的状态转移，如图 3-40 所示。

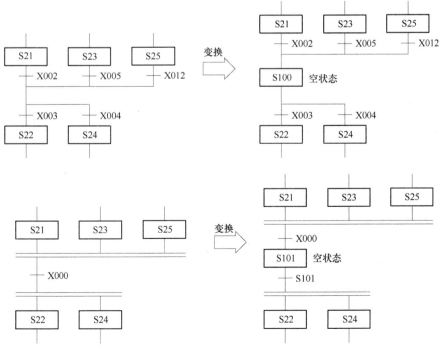

图 3-40 组合流程虚拟状态的设置

五、技能强化——按钮式人行横道交通灯控制程序设计

（一）设计要求

图 3-41 所示为按钮式人行道红、绿灯交通管理系统。正常情况下，汽车通行，即 Y003 绿灯亮、Y005 红灯亮；当行人需要过马路时，则按下按钮 X000（或 X001），30 s 后主干道交通灯的变化为绿→黄→红（其中黄灯亮 10 s），当主干道红灯亮时，人行道从红灯转成绿灯亮，15 s 后人行道绿灯开始闪烁，闪烁 5 次后转入主干道绿灯亮，人行道红灯亮。交通灯的工作时序图如图 3-42 所示。

图 3-41　按钮式人行横道交通灯示意图

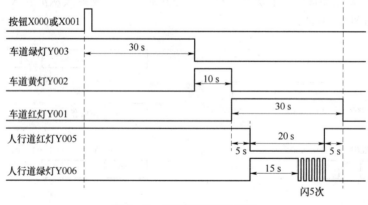

图 3-42　交通灯控制时序图

（二）训练过程

（1）列 I/O 分配表，画出 PLC 硬件接线图。
（2）根据控制要求，绘制顺序功能图。
（3）在 GX 编程软件上绘制 SFC，并完成顺序功能图与梯形图之间的转换。
（4）运行控制系统。
（5）汇总整理文档，保存工程文件。

（三）考核标准

技能训练考核标准如表 3-6 所示。

表 3-6 技能考核评价表

序号	主要内容	考核内容	评分标准	配分	得分
1	方案设计	根据控制要求，列出 I/O 分配表，画出电气原理图，绘制顺序功能图，设计梯形图程序	（1）输入/输出地址遗漏或错误，每处扣 1 分； （2）电气原理图绘制错误，每处扣 2 分； （3）梯形图表达不正确或画法不规范，每处扣 2 分； （4）绘制顺序功能图有错误的，每处扣 2 分	30	
2	安装与接线	按电气原理图进行安装接线，接线要正确、紧固、美观	（1）接线不紧固、不美观，每根扣 2 分； （2）接点松动，每处扣 1 分； （3）不按 I/O 接线图接线，每处扣 2 分	30	
3	程序输入与调试	能正确绘制并行分支 SFC，并将程序输入 PLC，按动作要求进行调试	（1）编程软件使用不熟练，不会对指令进行删除、插入、修改等，每处扣 2 分； （2）不会编辑 SFC 编程的，扣 5 分；并行分支顺序功能图编写出现错误的，每处扣 2 分； （3）第一次试车不成功的扣 5 分；第二次试车不成功扣 10 分；第三次试车不成功扣 20 分	30	
4	安全文明生产	遵守纪律，遵守国家相关专业安全文明生产规程	（1）不遵守教学场所规章制度，扣 2 分； （2）出现重大事故或人为损坏设备，扣 10 分	10	
备注			合计		
小组签名					
教师签名					

六、思考与练习

（一）编程题

1. 有一并行分支的顺序功能图如图 3-43 所示，请将其转化为梯形图和指令语句表。

2. 利用顺序功能图法设计十字路口交通灯 PLC 控制系统。

要求：设置一个启动按钮 SB1、停止按钮 SB2、强制按钮 SB3、循环选择开关 S。当按下启动按钮 SB1 之后，信号灯控制系统开始工作，首先南北红灯亮，东西绿灯亮。按下停止按钮 SB2 后，信号控制系统停止，所有信号灯灭。按下强制按钮 SB3，东西南北黄、绿灯灭，红灯亮。循环选择开关 S 可以用来设定系统单次运行还是连续循环运行。

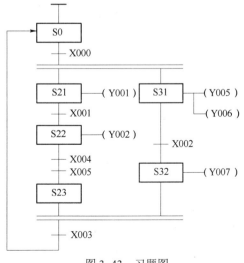

图 3-43 习题图

工艺流程如下：南北红灯亮并保持 25 s，同时东西绿灯亮，保持 20 s，20 s 到了之后，东西绿灯闪亮 3 次（每周期 1 s）后熄灭。继而东西黄灯亮并保持 2 s，到 2 s 后，东西黄灯灭，东西红灯亮并保持 30 s，同时南北红灯灭，南北绿灯亮 25 s，25 s 到了之后，南北绿灯闪亮 3 次（每周期 1 s）后熄灭。继而南北黄灯亮并保持 2 s，到 2 s 后，南北黄灯灭，南北红灯亮，同时东西红灯灭，东西绿灯亮。到此完成一个循环。

项目四　PLC 功能指令编程与应用

本项目主要介绍了三菱 FX_{3U} 系列 PLC 的功能指令及其编程应用。FX_{3U} 系列 PLC 的功能指令多达 100 多条，依据功能不同可以分为程序流程、传送与比较、四则逻辑运算、循环与移位、数据处理、高速处理等。对于具体的控制对象，选择合适的功能指令，会使编程更加方便和快捷。本项目只介绍常用的功能指令，其余指令可以参考编程手册。

☑ 知识目标

（1）知道功能指令的基本规则、表示方法、数据长度、位组件、执行方式等。
（2）学会三菱 FX_{3U} 系列 PLC 部分功能指令及运用功能指令编程的方法。
（3）进一步熟悉编程软件的使用方法，提高编程技巧及解决实际问题的能力。

☑ 能力目标

（1）会运用功能指令设计 PLC 控制系统的梯形图和指令程序，并写入 PLC 进行调试。
（2）能运用 PLC 解决实际工程问题。

任务一　用 PLC 功能指令实现电动机 Y-△ 降压启动

一、任务描述

电动机 Y-△ 降压启动 PLC 控制在项目二中采用了基本指令进行设计，但这种设计方法虽然可以通过编程达到控制目的，但是编程却很烦琐。如果系统需要数据运算和特殊处理，则基本指令是无法完成的。PLC 的一条基本指令只能完成一个特定的动作，而一条功能指令却能完成一系列的操作，所以功能指令的应用更加强大，编程更加精炼。

扫一扫，
查看教学课件

本次任务采用功能指令来编写电动机 Y-△ 降压启动的 PLC 程序，进而比较基本指令和功能指令在应用上的不同之处。

二、背景知识

（一）功能指令的结构和特点

与基本指令不同，功能指令不是表达梯形图符号间的相互关系，而是直接表达指令的功能。使用功能指令时需要注意指令的基本格式及使用要素，如图 4-1 所示。

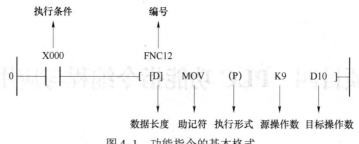

图 4-1 功能指令的基本格式

1. 编号

功能指令用编号 FNC00~FNC294 表示，并给出对应的助记符。例如，FNC12 的助记符是 MOV（传送），FNC45 的助记符是 MEAN（求平均数）。若使用简易编程器时应输入编号，如 FNC12、FNC45 等；若采用编程软件时可输入助记符，如 MOV、MEAN 等。

2. 助记符

指令名称用助记符表示，功能指令的助记符为该指令的英文缩写词。如传送指令 MOVE 简写为 MOV，加法指令 ADDITION 简写为 ADD 等。采用这种方式容易了解指令的功能。

3. 数据长度

功能指令按处理数据的长度分为 16 位指令和 32 位指令。其中 32 位指令在助记符前面加"D"，若助记符前无"D"，则为 16 位指令，如 MOV 是 16 位指令，DMOV 是 32 位指令。

4. 执行形式

功能指令有脉冲执行型和连续执行型两种执行方式。在指令助记符后标有"P"的为脉冲执行型，无"P"的为连续执行型。如 MOV 是连续执行型 16 位指令，MOVP 是脉冲执行型 16 位指令，DMOVP 是脉冲执行型 32 位指令。脉冲执行型指令在执行条件满足时仅执行一个扫描周期，这点对数据处理有重要意义。如一条加法指令，在脉冲执行时，只将加数和被加数进行一次加法运算。而连续型加法运算在执行条件满足时，每个扫描周期都要相加一次。

5. 操作数

操作数是指功能指令涉及或产生的数据。有的功能指令只需要指定功能号，大多数功能指令在指定功能号的同时还需要有 1~4 个操作数。操作数分为源操作数（Source）、目标操作数（Destination）以及其他操作数。源操作数是指指令执行后不改变其内容的操作数，用 [S] 表示。目标操作数是指执行后将改变其内容的操作数，用 [D] 表示。用 m 或 n 表示其他操作数，它们常用来表示常数，或作为源操作数和目标操作数的补充说明。表示常数时，K 为十进制常数，H 为十六进制常数。操作数较多时，可以用 S1、S2、D1、D2 表示。

操作数从根本上来说，是参加运算数据的地址。地址是依元件的类型分布在存储区中的。由于不同指令对参与操作的元件类型有一定限制，因此操作数的取值就有一定的范围。正确地选取操作数类型，对正确使用指令有很重要的意义。

（二）功能指令的数据类型

1. 位元件

只具有接通（ON 或 1）或断开（OFF 或 0）两种状态的元件称为位元件。常用的位元件有输入继电器 X，输出继电器 Y，辅助继电器 M 和状态继电器 S。

2. 字元件

处理数据的元件称为字元件。FX 系列的字元件最少 4 位，最多 32 位。如定时器 T，计数器 C，数据寄存器 D，变址寄存器 V、Z 以及位组件等。

数据寄存器主要用于存储运算数据，可以对数据寄存器进行"读""写"操作。FX 系列 PLC 中每个数据寄存器都是 16 位二进制数（最高位为符号位）或一个字，可以用两个相邻数据寄存器合并起来存储 32 位二进制数（最高位为符号位）或两个字，为了避免出现错误，建议首地址统一用偶数编号。数据寄存器用 D 表示，采用十进制标号，分为如下 4 种类型。

通用数据寄存器 D0~D199，数据寄存器中的数据写入一般采用传送指令，只要不往通用数据寄存器中写入数据，已写入的数据就不会变化。但是，PLC 运行状态由 RUN→STOP 时，全部数据均清零（若特殊用辅助继电器 M8033 为 ON，则 D0~D199 有掉电保持功能）。

掉电保持数据寄存器 D200~D7999，掉电保持数据寄存器有掉电保持功能，只要不改写，其值保持不变。

特殊数据寄存器 D8000~D8255，特殊数据寄存器用来监控 PLC 内部的各种工作状态和元件，如电池电压、扫描时间等。

变址寄存器 V 和 Z，变址寄存器由 V0~V7 及 Z0~Z7 共 16 点 16 位的数据寄存器构成，可以进行数据的读写，当进行 32 位操作时，将 V 和 Z 合并，其中 Z 为低 16 位。变址寄存器（V、Z）常用于修改编程元件的元件号。当 V0=8 时，数据寄存器元件号 D5V0 相当于 D13。

3. 位组件

4 个位元件作为一个基本单元进行组合，称为位组件，代表 4 位 BCD 码，也表示 1 位十进制数。位组件用 KnP 表示，K 为十进制，n 为位元件的组数（n=1~8），P 为位组件的首地址，一般用 0 结尾，通常的表现形式为 KnX、KnY、KnM、KnS。如 K2M0 表示由 M0~M3 和 M4~M7 两组位组件组成一个 8 位数据，其中 M7 为最高位，M0 为最低位。同样，K4M10 表示由 M10~M25 组成的一个 16 位数据，其中 M25 为最高位，M10 为最低位。

注意：字元件与位元件之间的数据传送，由于数据长度的不同，在传送时，当长数据向短数据传送时，只传送相应的低位数据，高位数据溢出；当短数据向长数据传送时，长数据的高位全部为零。

（三）数据传送指令

1. 指令功能

MOV：传送指令。将软元件的内容传送（复制）到其他的软元件中的指令。指令属性如表 4-1 所示。

表 4-1 传送指令基本属性

指令名称	功能号	助记符	操作数	
			源操作数[S]	目标操作数[D]
传送	FNC12	MOV	KnX、KnY、KnM、KnS、T、C、D、V、Z、K、H	KnY、KnM、KnS、T、C、D、V、Z

2. 注意事项

（1）16 位运算（MOV、MOVP）时，将传送源操作数［S］的内容 1 点给目标操作数［D］，如图 4-2（a）所示。

（2）在作 32 位运算（DMOV、DMOVP）时，将传送源［S］+1、［S］的内容 1 点给目标操作数［D］+1、［D］中（字软元件为 2 点的传送），如图 4-2（b）所示。

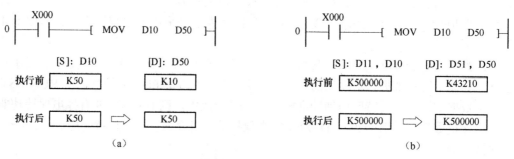

图 4-2 传送指令功能
（a）16 位传送指令；（b）32 位传送指令

3. 指令应用

MOV 指令应用如图 4-3 所示。图 4-3（a）是利用传送指令读出定时器当前值的例子（计数器一样），图 4-3（b）通过开关（X002）的 ON/OFF 可以对定时器（T20）设定 2 个设定值。2 个以上时，需要使用多个开关。X002=ON 时，D10=K100（10 秒定时器），X002=OFF 时，D10=K200（20 秒定时器）。

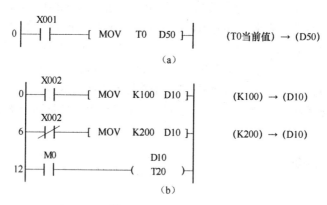

图 4-3 传送指令应用
（a）利用传送指令读取定时器当前值；（b）利用传送指令指定定时器设定值

三、任务实施

（一）I/O 地址分配

练一练：列出三相异步电动机丫-△降压启动 I/O 地址分配表。

（二）电气原理图绘制

练一练：根据所列的I/O地址分配表画出三相异步电动机Y-△降压启动PLC的电气接线图并进行安装接线。

注意：本次任务按照项目二任务四的硬件电路进行PLC程序设计。

（三）程序设计

根据电动机Y-△降压启动的控制要求，按下启动按钮SB1，电动机定子绕组呈Y形启动，交流接触器KM、KM$_Y$得电，5 s后，KM、KM$_△$得电，电动机定子绕组呈三角形运行。每一时刻，PLC输出继电器状态如表4-2所示。

表4-2 传送数据与输出位组件对照表

状态	输出位组件 K1Y0				传送数据
	Y3	Y2	Y1	Y0	
接通电源	0	0	0	1	H1
Y形启动	0	0	1	1	H3
△形运行	0	1	0	1	H5
停止	0	0	0	0	H0

设计梯形图，如图4-4所示。按下启动按钮X000，辅助继电器M0得电，其常开触点闭

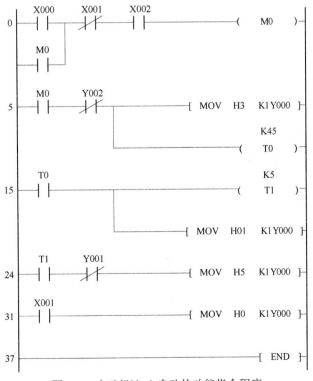

图4-4 电动机Y-△启动的功能指令程序

合，Y000 和 Y001 得电，接触器 KM 和 KMϒ 吸合，其主触点闭合，电动机呈Y形启动；同时定时器 T0 开始定时，定时时间到，其常闭触点闭合，接触器Y形连接，T0 常开触点闭合，接通 T1 延时 0.5 s，Y000 和 Y002 得电，电动机呈△形运行。用 T1 定时器实现Y和△绕组切换时的 0.5 s 延时，以防止 KMϒ 和 KM△ 同时接通，造成主电路短路。

（四）安装与调试

（1）完成主电路和控制电路的连接。
（2）在断电情况下，连接好 PC/PPI 电缆。
（3）接通电源，PLC 电源指示灯点亮，说明 PLC 已通电。
（4）在计算机上运行 GX Developer 编程软件，编写程序并下载到 PLC 中。
（5）调试运行。利用 GX Developer 编程软件的监控功能，观察位组件 K1Y0 中数据变化。
（6）记录程序调试过程及结果。

四、知识进阶

（一）成批传送指令 BMOV

BMOV：成批传送指令，对指定点数的多个数据进行成批传送（复制）。指令属性如表 4-3 所示。

表 4-3 成批传送指令基本属性

指令名称	功能号	助记符	操作数		
			源操作数 [S]	目标操作数 [D]	[n]
成批传送	FNC15	BMOV	KnX、KnY、KnM、KnS、T、C、D	KnY、KnM、KnS、T、C、D	D、K、H

如图 4-5 所示，当指令的执行条件 X000 为 ON 时，成批传送数据，将源操作数 D10、D11、D12 中的数据传送到目标操作数 D20、D21、D22 中去。如果元件号超出允许范围，数据仅传送到允许的范围。对应元件操作时，源操作数和目标操作数指定的位数必须相同。

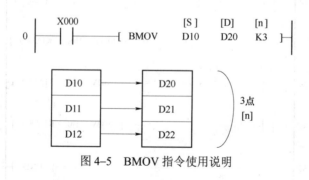

图 4-5 BMOV 指令使用说明

（二）反转传送指令 CML

CML：反转传送指令，即以位为单位反转数据后进行传送（复制）的指令。指令属性如表 4-4 所示。

表 4-4 反转传送指令基本属性

指令名称	功能号	助记符	操作数	
			源操作数 [S]	目标操作数 [D]
反转传送	FNC14	CML	KnX、KnY、KnM、KnS、T、C、D、H、K、V、Z	KnY、KnM、KnS、T、C、D、V、Z

如图 4-6 所示，当指令的执行条件 X000 为 ON 时，将源操作数 D0 中的二进制数每位取反后传送到目标操作数 Y000～Y003 中。

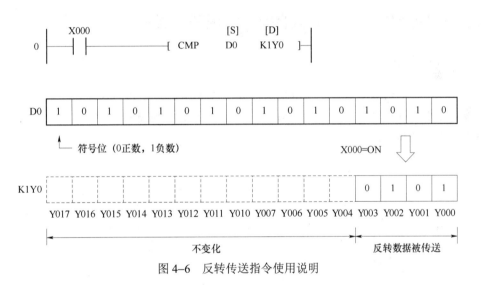

图 4-6 反转传送指令使用说明

（三）多点传送指令 FMOV

FMOV：多点传送指令，即将同一数据传送到指定点数的软元件中。指令属性如表 4-5 所示。

表 4-5 多点传送指令基本属性

指令名称	功能号	助记符	操作数		
			源操作数 [S]	目标操作数 [D]	[n]
多点传送	FNC16	FMOV	KnX、KnY、KnM、KnS、T、C、D、H、K、V、Z	KnY、KnM、KnS、T、C、D	K、H

如图 4-7 所示，将指定数据 K0 写入 D0～D4 中。

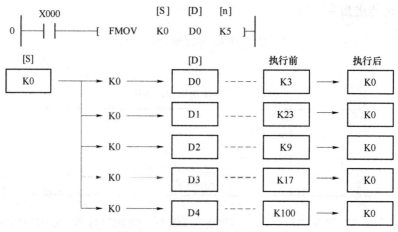

图 4-7 多点传送指令使用说明

五、技能强化——利用功能指令实现喷泉控制

(一) 设计要求

一广场喷泉有 A、B、C、D 四组喷头,如图 4-8 所示:A 和 B 组先喷 5 s;A、B 停止,C、D 喷 4 s;B、D 喷 3 s;A、C 喷 5 s;A、B、C、D 同时喷 3 s,然后重复以上过程,试利用功能指令编写控制程序。

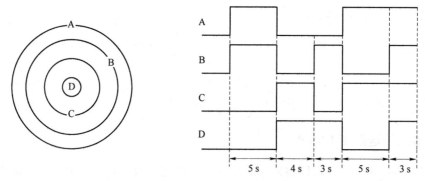

图 4-8 广场喷泉布局及动作时序

(二) 训练过程

(1) 每组喷头用一个 PLC 输出点控制,列 I/O 分配表,画出 PLC 硬件接线图。
(2) 根据控制要求,设计梯形图程序。
(3) 输入、调试程序。
(4) 运行控制系统。
(5) 汇总整理文档,保存工程文件。

（三）考核标准

技能训练考核标准如表 4-6 所示。

表 4-6　技能考核评价表

序号	主要内容	考核内容	评分标准	配分	得分
1	方案设计	根据控制要求，列出 I/O 分配表，画出电气原理图，设计梯形图程序	（1）输入/输出地址遗漏或错误，每处扣 1 分； （2）梯形图表达不正确或画法不规范，每处扣 2 分； （3）功能指令有错误，每处扣 2 分； （4）没有使用功能指令编程，扣 10 分	30	
2	安装与接线	按电气原理图进行安装接线，接线要正确、紧固、美观	（1）接线不紧固、不美观，每根扣 2 分； （2）接点松动，每处扣 1 分； （3）不按 I/O 接线图接线，每处扣 2 分	30	
3	程序输入与调试	熟练操作计算机，能正确将程序输入 PLC，按动作要求进行调试	（1）不熟练操作计算机，扣 2 分； （2）编程软件使用不熟练，不会对指令进行删除、插入、修改等，每处扣 2 分； （3）不会编辑使用功能指令的，扣 5 分； （4）第一次试车不成功的扣 5 分；第二次试车不成功扣 10 分；第三次试车不成功扣 20 分	30	
4	安全文明生产	遵守纪律，遵守国家相关专业安全文明生产规程	（1）不遵守教学场所规章制度，扣 2 分； （2）出现重大事故或人为损坏设备，扣 10 分	10	
备注			合计		
小组签名					
教师签名					

六、思考与练习

（一）简答题

1. 功能指令的组成要素有几个？其执行方式有几种？操作数又分为哪几类？
2. 执行指令语句"DMOV　H23AB7　D10"后，D10 和 D11 中存储的数据各是多少？

（二）编程题

1. 有 3 盏彩灯 HL1、HL2、HL3，按下启动按钮后，HL1 亮，1 s 后 HL1 灭、HL2 亮，1 s 后 HL2 灭、HL3 亮，1 s 后 HL3 灭，1 s 后 HL1、HL2、HL3 全亮，1 s 后 HL1、HL2、HL3 全灭，1 s 后 HL1、HL2、HL3 全亮，1 s 后 HL1、HL2、HL3 全灭，1 s 后 HL1 亮……，如此循环；按下停止按钮系统停止运行。试使用 MOV 指令设计满足上述控制要求的梯形图程序。
2. 利用功能指令设计三台电动机顺序停止的 PLC 控制系统，其控制要求如下：

按下启动按钮后，三台电动机同时启动。按下停止按钮时，电动机 M1 停止；5 s 后电动机 M2 停止；电动机 M2 停止 10 s 后，电动机 M3 停止。

任务二 五站运料小车运行方向 PLC 控制

一、任务描述

某车间有 5 个工作台，小车往返工作台之间运料，每个工作台有一个到位开关（SQ）和一个呼叫开关（SB）。运行要求：

（1）小车初始时应停在 5 个工作台任意一个到位开关位置上。

（2）设小车现在停在 m 号工作台。这时 n 号工作台呼叫。若 $m>n$ 小车左行，直到 n 号工作台限位开关动作到位停车。若 $m<n$ 小车右行，直到 n 号工作台限位开关到位停车。若 $m=n$ 小车原地不动。

（3）具有左行、右行信号灯指示。

分析可知，要判断小车运行方向，需将小车的当前位置和呼叫位置进行比较，因此需用到 PLC 中的比较指令。

二、背景知识

（一）比较指令

1. 指令功能

CMP：比较指令。比较 2 个值，将其结果（大于、等于、小于）输出到位软元件中（3 点）。CMP 指令格式如图 4-9 所示，指令基本属性如表 4-7 所示。

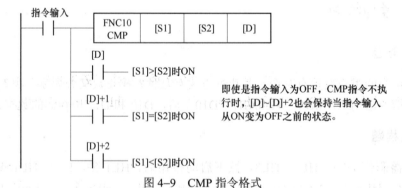

图 4-9　CMP 指令格式

表 4-7　CMP 指令基本属性

指令名称	功能号	助记符	操作数		
			源操作数 [S1]	源操作数 [S2]	目标操作数 [D]
比较	FNC10	CMP	KnX、KnY、KnM、KnS、T、C、D、V、Z、K、H	KnX、KnY、KnM、KnS、T、C、D、V、Z、K、H	Y、M、S

2. 注意事项

（1）16 位运算（CMP、CMPP）时，对比较值［S1］和比较源［S2］的内容进行比较，根据其结果（大于、等于、小于），使［D］、［D］+1、［D］+2 其中一个为 ON。源数据［S1］、［S2］作为 BIN（二进制）的值进行处理，按代数形式进行大小的比较。例如：−10＜2。

（2）32 位运算（DCMP、DCMPP）时，对比较值［S1+1，S1］和比较源［S2+1，S2］的内容进行比较，根据其结果（大于、等于、小于），使［D］、［D］+1、［D］+2 其中一个为 ON。

（3）以［D］中指定的软元件为起始占用 3 点。注意不要与其他控制中使用的软元件重复。

3. 指令应用

比较计数器当前值的程序如图 4-10 所示。

注意：想在不执行指令时清除比较结果，用 RST 或 ZRST 指令。

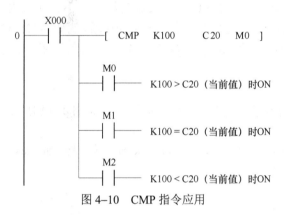

图 4-10 CMP 指令应用

（二）区间比较指令

1. 指令功能

ZCP：区间比较指令。针对 2 个值（区间），将与比较源的值比较得出的结果（小于、等于（区域内）、大于）输出到位软元件（3 点）中。ZCP 指令格式如图 4-11 所示，指令基本属性如表 4-8 所示。

扫一扫，
查看区间比较指令讲解视频

图 4-11 ZCP 指令格式

表 4-8　ZCP 指令基本属性

指令名称	功能号	助记符	操作数			
			源操作数 [S1]	源操作数 [S2]	源操作数 [S]	目标操作数 [D]
比较	FNC11	ZCP	KnX、KnY、KnM、KnS、T、C、D、V、Z、K、H	KnX、KnY、KnM、KnS、T、C、D、V、Z、K、H	KnX、KnY、KnM、KnS、T、C、D、V、Z、K、H	Y、M、S

2. 注意事项

（1）16 位运算（ZCP、ZCPP）时，将比较源 [S] 的内容与下比较值 [S1] 和上比较值 [S2] 进行比较，根据其结果（小、区域内、大），使 [D]、[D] +1、[D] +2 其中一个为 ON。按代数形式进行大小的比较。例如：−10＜2＜10。

（2）32 位运算（DZCP、DZCPP）时，将比较源 [S+1，S] 的内容与下比较值 [S1+1，S1] 和上比较值 [S2+1，S2] 进行比较，根据其结果（小、区域内、大），使 [D]、[D] +1、[D] +2 其中一个为 ON。按代数形式进行大小的比较。例如：−125 400＜22 466＜1 015 444。

（3）以 [D] 中指定的软元件为起始占用 3 点。注意不要与其他控制中使用的软元件重复。

3. 指令应用

下比较值 [S1] 的值需要比上比较值 [S2] 小，如图 4-12 所示。

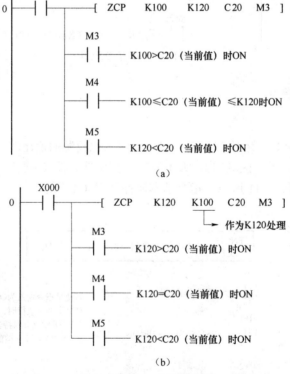

图 4-12　ZCP 指令应用

(a) 下比较值 [S1] ＜上比较值 [S2] 时；(b) 下比较值 [S1] ＞上比较值 [S2] 时

三、任务实施

（一）I/O 地址分配

根据控制要求确定系统有 10 个输入，分别为 5 个工作台的呼叫按钮和到位开关，4 个输出，小车左行、右行控制及信号指示。I/O 分配如表 4-9 所示。

表 4-9 I/O 分配表

输入信号			输出信号		
输入元件	设备名称	输入继电器	输出元件	设备名称	输出继电器
SB1	1 号工作台呼叫按钮	X000	KM1	小车左行控制	Y001
SB2	2 号工作台呼叫按钮	X001	KM2	小车右行控制	Y002
SB3	3 号工作台呼叫按钮	X002	HL1	左行指示	Y004
SB4	4 号工作台呼叫按钮	X003	HL2	右行指示	Y005
SB5	5 号工作台呼叫按钮	X004			
SQ1	1 号工作台到位开关	X010			
SQ2	2 号工作台到位开关	X011			
SQ3	3 号工作台到位开关	X012			
SQ4	4 号工作台到位开关	X013			
SQ5	5 号工作台到位开关	X014			

（二）电气原理图绘制

电气原理图如图 4-13 所示，由于控制系统的输出既有额定电压 AC 220 V 的接触器线圈，又有 DC 24 V 的指示灯，所以输出元件有两个电压组别，分别使用 PLC COM1 和 COM2 两组输出端子。

注意：AC 220 V 和 DC 24 V 两组输出的 COM 端不能连接在一起。

（三）程序设计

图 4-14 为五站运料小车运行方向 PLC 控制梯形图程序，只要有呼叫信号，X000～X004 中有一个就为"1"，小车处于某一位置，即 X010～X014 中有一个为"1"时，将呼叫信息和位置信息分别存入 D0 和 D10 中。

利用比较指令 CMP 比较呼叫信号和位置信号的大小，以此确定小车的运行方向。若 D0>D10，即呼叫号大于位置号，则 M0=1，小车右行；若 D0<D10，即呼叫号小于位置号，则 M2=1，小车左行。

当 D0=D10 时，呼叫号等于位置号，小车不动，并对比较结果进行复位。当 D0=K0 说明没有呼叫信号，则对以前的呼叫信号清零。

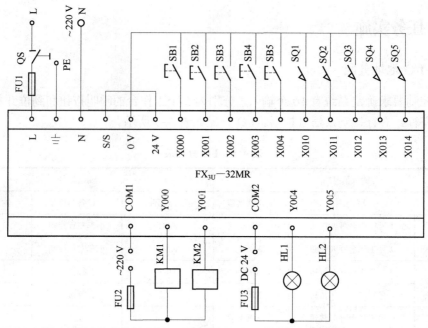

图 4-13 五站运料小车运行方向 PLC 控制电气原理图

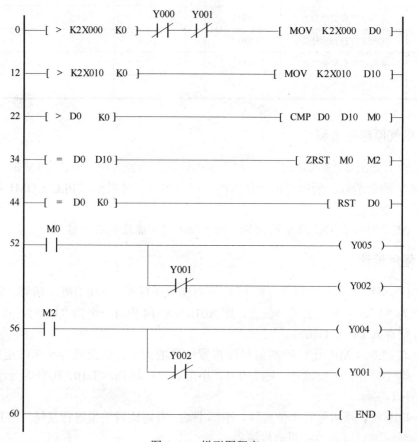

图 4-14 梯形图程序

（四）安装与调试

（1）按照图 4-13 完成 PLC 控制电路的连接。为防止呼叫信号和到位信息出现问题，输入端 X005～X007、X015～X017 应做悬空处理。

（2）在断电情况下，连接好 PC/PPI 电缆。

（3）接通电源，PLC 电源指示灯点亮，说明 PLC 已通电。

想一想：手动操作 X000～X004、X010～X014 中的按钮或开关时，K2X000、K2X010 中的数据应发生变化，找出其中的变化规律。

（4）在计算机上运行 GX Developer 编程软件，编写程序并下载到 PLC 中。

（5）调试运行。若呼叫信号大于位置信号，即 D0＞D10，则右行指示灯 Y005 点亮，Y002 得电，小车向右行走；若呼叫信号小于位置信号，即 D0＜D10，则左行指示灯 Y004 点亮，Y001 得电，小车向左行走。

（6）记录程序调试过程及结果。

四、知识进阶——交换指令

XCH：交换指令，即在 2 个软元件之间进行数据交换。指令基本属性如表 4-10 所示。

表 4-10 交换指令基本属性

指令名称	功能号	助记符	操作数	
			目标操作数 [D1]	目标操作数 [D2]
交换指令	FNC17	XCH	KnY、KnM、KnS、T、C、D、V、Z	KnY、KnM、KnS、T、C、D、V、Z

如图 4-15 所示，在作 16 位运算（XCH、XCHP）时，将 [D1] 和 [D2] 相互之间进行数据交换。32 位运算（DXCH、DXCHP）时，将 [D1+1，D1] 和 [D2+1，D2] 相互之间进行数据交换。

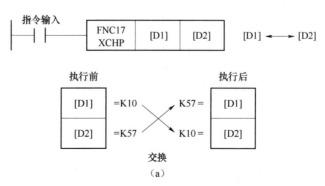

图 4-15 交换指令使用说明

（a）16 位运算

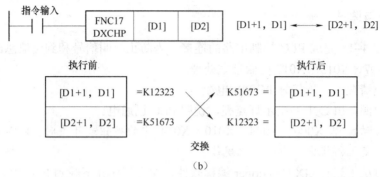

图 4-15 交换指令使用说明（续）
(b) 32 位运算

五、技能强化——传送带工件数量统计 PLC 程序设计

（一）设计要求

用一个传送带输送工件，数量为 30 个。连接 X000 端子的光电传感器对工件进行计数。当工件数量小于 20 时，指示灯常亮；计件数量等于或大于 20 时，指示灯以 1 Hz 的频率闪烁；当工件数量为 30 时，5 s 后传送带停机，指示灯熄灭。

（二）训练过程

（1）列 I/O 分配表，画出 PLC 硬件接线图（思考：光电传感器为 NPN 或 PNP 型时，接线图是否一样，如何绘制？）。
（2）根据控制要求，设计梯形图程序。
（3）输入、调试程序。
（4）运行控制系统。
（5）汇总整理文档，保存工程文件。

（三）考核标准

技能训练考核标准如表 4-11 所示。

表 4-11 技能考核评价表

序号	主要内容	考核内容	评分标准	配分	得分
1	方案设计	根据控制要求，列出 I/O 分配表，画出电气原理图，设计梯形图程序	（1）输入/输出地址遗漏或错误，每处扣 1 分； （2）梯形图表达不正确或画法不规范，每处扣 2 分； （3）功能指令有错误，每处扣 2 分； （4）没有使用功能指令编程，扣 10 分	30	
2	安装与接线	按电气原理图进行安装接线，接线要正确、紧固、美观	（1）接线不紧固、不美观，每根扣 2 分； （2）接点松动，每处扣 1 分； （3）不按 I/O 接线图接线，每处扣 2 分； （4）光电传感器接线错误的，扣 5 分；未区分 PNP 还是 NPN 型的，扣 3 分	30	

续表

序号	主要内容	考核内容	评分标准	配分	得分
3	程序输入与调试	熟练操作计算机，能正确将程序输入 PLC，按动作要求进行调试	（1）不熟练操作 PLC 编程软件的，扣 2 分； （2）编程软件使用不熟练，不会对指令进行删除、插入、修改等，每处扣 2 分； （3）不会编辑使用功能指令的，扣 5 分； （4）第一次试车不成功的扣 5 分；第二次试车不成功扣 10 分；第三次试车不成功扣 20 分	30	
4	安全文明生产	遵守纪律，遵守国家相关专业安全文明生产规程	（1）不遵守教学场所规章制度，扣 2 分； （2）出现重大事故或人为损坏设备，扣 10 分	10	
备注			合计		
小组签名					
教师签名					

六、思考与练习

（一）简答题

1. CMP 指令、ZCP 指令、XCH 指令在应用上有何区别？

（二）编程题

1. 用 CMP 指令实现下面功能：X000 为脉冲输入，当脉冲数大于 10 时，Y001 为 ON；等于 10 时，Y002 亮 3 s 后熄灭；小于 10 时，Y003 为 ON。

2. 试编写加热炉温度控制的程序。数据寄存器 D0 中存放的是炉内温度的当前值。当温度低于 88 ℃时，加热标志 M0 被激活，Y000 接通，加热炉开始加热；当温度高于 100 ℃时，排气标志 M1 被激活，Y001 接通，排除受热气体。试用 ZCP 指令对温度进行判断。

任务三　反应釜压力实时报警系统 PLC 控制

一、任务描述

一化学反应釜内安装有一压力传感器，利用该传感器来测量反应釜内的压力，感应范围是 0～5 000 kPa，输出电压是 0～10 V。当测到的压力小于 3 000 kPa 时，PLC 的 Y000 灯亮，表示压力低；当测到的压力在 3 000～4 500 kPa 的范围时，PLC 的 Y001 灯亮，表示压力正常；当测到的压力大于 4 500 kPa 时，PLC 的 Y002 灯亮，表示压力高。压力低或高时需采取相应措施调节压力在正常范围之内。

扫一扫，
查看教学课件

在设计该任务时,需要将压力这一模拟量信号转化为数字量输送到 PLC 中,再利用 PLC 的区间比较指令 ZCP 对数据进行判断,从而控制输出指示灯的状态。压力传感器的输入/输出特性曲线如图 4-16 所示。

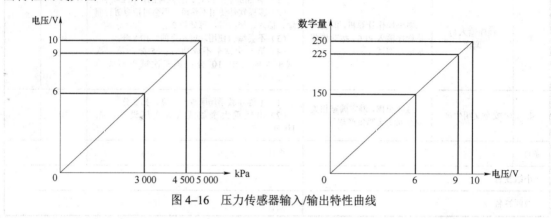

图 4-16 压力传感器输入/输出特性曲线

如何将模拟量转化为数字量输送给 PLC,PLC 又是如何将数据进行处理的,这是本次任务的学习重点。

二、背景知识

(一)模拟量输入/输出模块

在使用 PLC 组成的控制系统中,通常会处理一些特殊信号,如流量、压力、温度等,这就要用到特殊功能模块。FX 系列 PLC 的特殊功能模块有模拟量输入/输出模块、数据通信模块、高速计算模块、位置控制模块及人机界面等。

模拟量输入模块(A/D 模块)是将现场仪表输出的标准信号 0~10 mA、1~5 V DC 等模拟信号转换成适合 PLC 内部处理的数字信号,如图 4-17 所示。

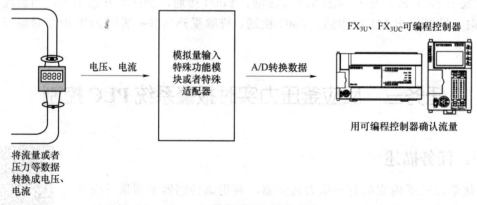

图 4-17 模拟量输入模块应用

模拟量输出信号(D/A 模块)是将 PLC 处理后的数字信号转化为现场仪表可以接收的标准信号(4~20 mA、0~5 V 等模拟信号)输出,以满足生产过程连续控制信号的需求,如图 4-18 所示。

图 4-18 模拟量输出模块应用

FX_{3U} 可编程控制器对应的模拟量输入/输出模块产品如表 4-12 所示。

表 4-12 模拟量输入输出模块产品

型号	通道数	范围	分辨率	功能
电压、电流输入				
FX_{3U}—4AD	4 通道	电压：DC -10～+10 V	0.32 mV（带符号 16 位）	可混合使用电压、电流输入，可进行偏置/增益调整，内置采样功能
		电流：DC -20～+20 mA	1.25 μA（带符号 15 位）	
FX_{2N}—8AD	8 通道	电压：DC -10～+10 V	0.63 mV（带符号 15 位）	可混合使用电压、电流、热电偶，可进行偏置/增益调整，内置采样功能
		电流：DC -20～+20 mA	2.5 μA（带符号 14 位）	
FX_{2N}—2AD	2 通道	电压：DC 0～+10 V	2.5 mV（12 位）	不可混合使用电压、电流输入，可进行偏置/增益调整（输入 2 通道通用）
		电流：DC 4～+20 mA	4 μA（12 位）	
电压、电流输出				
FX_{3U}—4DA	4 通道	电压：DC -10～+10 V	0.32 mV（带符号 16 位）	可混合使用电压、电流输出，可进行偏置/增益调整
		电流：DC 0～+20 mA	0.63 μA（带符号 15 位）	
FX_{2N}—4DA	4 通道	电压：DC -10～+10 V	5 mV（带符号 12 位）	可混合使用电压、电流输出，可进行偏置/增益调整
		电流：DC 0～+20 mA	20 μA（带符号 10 位）	
FX_{2N}—2DA	2 通道	电压：DC 0～+10 V	2.5 mV（12 位）	可混合使用电压、电流输出，可进行偏置/增益调整
		电流：DC +4～+20 mA	4 μA（12 位）	
电压、电流输入/输出混合				
FX_{2N}—5A	输入 4 通道	电压：DC -10～+10 V	0.32 mV（带符号 16 位）	可混合使用电压、电流输入，可进行偏置/增益调整，内置比例功能
		电流：DC -20～+20 mA	1.25 μA（带符号 15 位）	
	输出 1 通道	电压：DC -10～+10 V	5 mV（带符号 12 位）	
		电流：DC 0～+20 mA	20 μA（带符号 12 位）	
FX_{0N}—3A	输入 2 通道	电压：DC 0～+10 V	40 mV（8 位）	输入 2 通道通用，可进行偏置/增益调整（输入 2 通道通用）
		电流：DC 4～+20 mA	64 μA（8 位）	
	输出 1 通道	电压：DC 0～+10 V	40 mV（8 位）	
		电流：DC +4～+20 mA	64 μA（8 位）	

下面简要介绍电压、电流输入/输出混合模块 FX_{0N}—3A，如图 4-19 所示。

FX_{0N}—3A 模拟特殊功能模块有两个输入通道和一个输出通道。输入通道接收模拟信号并将模拟信号转换成数字值，输出通道采用数字值并输出等量模拟信号。

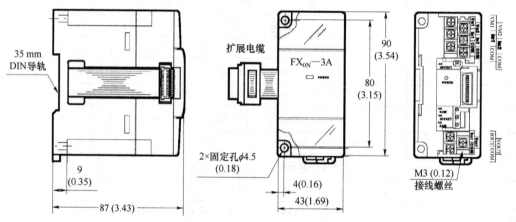

图 4-19 FX_{0N}—3A 模拟特殊功能模块

1. 接线基本参数

电路接线如图 4-20 所示。当使用电流输入时，确保标记为 VIN1 和 IIN1 的端子已经连接。当使用电流输出时，不要连接 VOUT 和 IOUT 端子。

基本属性如表 4-13、表 4-14 所示。

注意：如果电压输入/输出方面出现任何电压波动或者有很多的电噪声，则要在*2 位置连接一个额定值大约为 25 V、0.1~0.47 μF 的电容器。

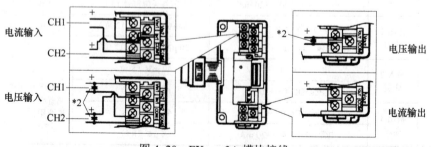

图 4-20 FX_{0N}—3A 模块接线

表 4–13 输入特性

	电压输入	电流输入
模拟输入范围	在出货时，已为 0～10 V DC 输入选择了 0～250 范围。 如果用于电流输入或区分 0～10 V DC 之外的电压输入，则需要重新调整偏置和增益。 模块不允许两个通道有不同的输入特性	
	0～10 V，0～5 V DC，电阻 200 kΩ，输入电压超过 −0.5 V、+15 V 可能损坏该模块	4～20 mA，电阻 250 Ω，输入电流超过 −2 mA、+60 mA 就可能损坏该模块
数字分辨率	8 位	
最小输入信号分辨率	40 mV：0～10 V/0～250（出货时）依据输入特性而变	64 μA：4～20 mA/0～250，依据输入特性而变
总精度	±0.1 V	±0.16 mA
处理时间	TO 指令处理时间×2+FROM 指令处理时间	
输入特点	（图：出厂设置，数字值 1～255，模拟输入电压 0.040～10.2 V）；（图：数字值 1～255，模拟输入电压 0.020～5.1 V）；（图：数字值 1～255，模拟输入电流 4.064～20.32 mA）	
	模块不允许两个通道有不同的输入特性	

表 4–14 输出特性

	电压输出	电流输出
模拟输出范围	在出货时，已为 0～10 V DC 输出选择了 0～250 范围。 如果用于电流输出或区分 0～10 V DC 之外的电压输出，则需要重新调整偏置和增益	
	DC 0～10 V，0～5 V；外部负载：1 kΩ～1 MΩ	4～20 mA，电阻 250 Ω，输出电流超过 −2 mA、+60 mA 就可能损坏该模块
数字分辨率	8 位	
最小输出信号分辨率	40 mV：0～10 V/0～250（出货时）依据输出特性而变	64 μA：4～20 mA/0～250，依据输出特性而变
总精度	±0.1 V	±0.16 mA
处理时间	TO 指令处理时间×3	

续表

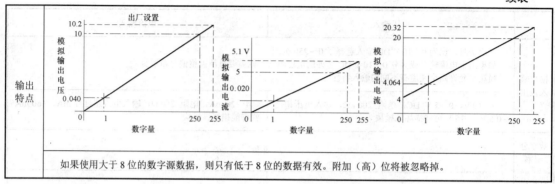

如果使用大于 8 位的数字源数据，则只有低于 8 位的数据有效。附加（高）位将被忽略掉。

2. 缓冲存储器分配

特殊功能模块内部均有数据缓冲存储器 BFM，它是特殊功能模块同 PLC 基本单元进行数据通信的区域，这一缓冲区由 32 个 16 位的寄存器组成，编号为 BFM#0～BFM#31，如表 4–15 所示。

表 4–15　数据缓冲存储器 BFM

缓冲存储器编号	b15～b8	b7	b6	b5	b4	b3	b2	b1	b0
0	保留	通过 BFM#17 的 b0 选择的 A/D 通道的当前值输入数据（以 8 位存储）							
16		通过在 D/A 通道上的当前值输出数据（以 8 位存储）							
17		保留					D/A 启动	A/D 启动	A/D 通道
1～5，18～31	保留								

BFM#17：

b0=0，选择模拟输入通道 1；

b0=1，选择模拟输入通道 2；

b1：0→1，启动 A/D 转换处理；

b2：1→0，启动 D/A 转换处理。

3. 输入/输出特性的更改

在出厂时，已为 0～10 V DC 输入/输出选择了 0～250 范围。如果把 FX_{0N}—3A 用于电流输入/输出或区分 0～10 V DC 之外的电压输入/输出，则需要重新调整偏置和增益。模块不允许两个通道有不同的输入特性。

当更改输入/输出特性时，在下表指定的范围内设置与 0～250 数字量等量的模拟值。输入/输出特性允许的范围如表 4–16 所示。

表 4–16　输入/输出特性允许范围

条　件	电压输入/V	电流输入/mA	电压输出/V	电流输出/mA
当数字量为 0 时的模拟值	0～1	0～4	0	4
当数字值为 250 时的模拟值	5～10	20	5～10	20

分辨率依据更改输入/输出特性时的设置值而变。

例如，在电压输入 0～5 V/0～250 时，分辨率变成（5～0 V）/250=20 mV。整个精度不变（电压输入：±0.1 V；电流输入：±0.16 mA）。

4. 校准 A/D 的方法

两个模拟输入通道都共享相同的"设置"和配置。因此，只需要选择一个通道就可以对两个模拟输入通道进行校准。

1）输入校准程序

输入校准程序如图 4-21 所示。

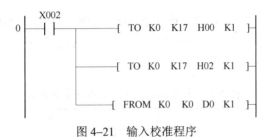

图 4-21　输入校准程序

2）校准偏置

（1）运行调试程序图 4-21，确保 X002 为 ON。

（2）使用选择的发生器或模拟输出生成偏置电压/电流（符合要选择的模拟运行范围，参见表 4-17）。

（3）调整 A/D OFFSET 电位器，直到数字值 1 读入 D0 为止。

表 4-17　模拟输入范围与偏置校准值

模拟输入范围	0～10 V DC	0～5 V DC	4～20 mA DC
偏置校准值	0.040 V	0.020 V	4.064 mA

3）校准增益

（1）运行调试程序，确保 X002 为 ON。

（2）使用选择的发生器或模拟输出生成增益电压/电流（符合要选择的模拟运行范围，参见表 4-18）。

（3）调节 A/D GAIN 电位计，直到数字值 250 读入 D0 为止。

表 4-18　模拟输入范围与增益校准值

模拟输入范围	0～10 V DC	0～5 V DC	4～20 mA DC
增益校准值	10.000 V	5.000 V	20.000 mA

5. 校准 D/A 的方法

使用下列程序和适当的接线配置来校准 FX$_{0N}$—3A 的输出通道。

1）输出校准程序

输出校准程序如图 4-22 所示。

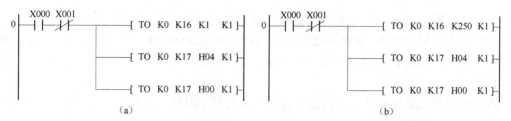

图 4-22 输出校准程序

(a) 偏置校准程序;(b) 增益校准程序

2) 校准偏置

(1) 运行图 4-22 (a) 中的程序,确保 X000 为 ON,X001 为 OFF。

(2) 调节 D/A OFFSET 电位器,直到选择的仪表显示适当的偏置电压/电流(符合选择的模拟运行范围,参见表 4-19)。

表 4-19 模拟输出范围与偏置校准仪表值

模拟输出范围	0~10 V DC	0~5 V DC	4~20 mA DC
偏置校准仪表值	0.040 V	0.020 V	4.064 mA

3) 校准增益

(1) 运行图 4-22 (b) 中的程序,确保 X000 为 OFF,X001 为 ON。

(2) 调节 D/A GAIN 电位计,直到选择的仪表显示适当的增益电压/电流(符合选择的模拟运行范围,参见表 4-20)。

表 4-20 模拟输出范围与增益校准仪表值

模拟输出范围	0~10 V DC	0~5 V DC	4~20 mA DC
增益校准仪表值	10.000 V	5.000 V	20.000 mA

(二)特殊功能模块读写操作指令

1. BFM 读出指令

1) 指令功能

FROM:BFM 读出指令,将特殊功能单元/模块的缓冲存储区 (BFM) 中的内容读入可编程控制器。指令格式如图 4-23 所示,m1:

扫一扫,
查看指令讲解视频

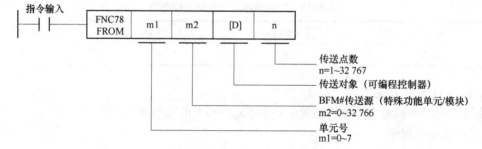

图 4-23 FROM 指令格式

特殊功能单元/模块的单元号（从基本单元的右侧开始依次为 K0～K7）；m2：传送源缓冲存储区（BFM）编号；[D]：传送目标的软元件编号；n：传送点数。指令基本属性如表 4-21 所示。

表 4-21 BFM 读出指令基本属性

指令名称	功能号	助记符	操作数			
			操作数 m1	操作数 m2	目标操作数 [D]	其他操作数 n
BFM 读出指令	FNC78	FROM	D、K、H	D、K、H	KnY、KnM、KnS、T、C、D、V、Z	D、K、H

2）注意事项

(1) 16 位运算（FROM、FROMP）时，将单元号为 m1 的特殊功能单元/模块中的缓冲存储区（BFM）m2 开始的 n 点 16 位数据传送到（读出）可编程控制器内以 [D] 开始的 n 点中。

(2) 32 位运算（DFROM、DFROMP）时，将单元号为 m1 的特殊功能单元/模块中的缓冲存储区（BFM）[m2+1、m2] 开始的 n 点 32 位数据传送到（读出）可编程控制器内以 [D+1、D] 开始的 n 点中。

(3) 关于 [D] 位软元件的位数指定，当为 16 位运算时设置为 K1～K4，32 位运算时设置为 K1～K8。将 D 指定为 32 位指令的 m1、m2、n 时，[m1+1, m1]、[m2+1, m2]、[n+1, n] 的 32 位值便生效。"DFROM D0 D2 D100 D10"时，则 m1=[D1, D0]、m2=[D3, D2]、n=[D11, D10]。

2. BFM 写入指令

1）指令功能

TO：BFM 写入指令，即将数据从可编程控制器中写入到特殊功能单元/模块的缓冲存储区（BFM）中。指令格式如图 4-24 所示。m1：特殊功能单元/模块的单元号（从基本单元的右侧开始依次为 K0～K7）；m2：传送目标缓冲存储区（BFM）编号；[S]：传送源的软元件编号；n：传送点数。指令基本属性如表 4-22 所示。

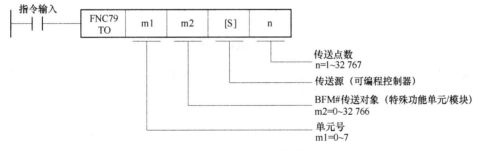

图 4-24 TO 指令格式

表 4-22 BFM 读出指令基本属性

指令名称	功能号	助记符	操作数			
			操作数 m1	操作数 m2	源操作数 [S]	其他操作数 n
BFM 写入指令	FNC79	TO	D、K、H	D、K、H	KnX、KnY、KnM、KnS、T、C、D、V、Z	D、K、H

2）注意事项

（1）16位运算（TO、TOP）时，将可编程控制器中[S]起始的n点16位数据传送到（写入）单元号为m_1的特殊功能单元/模块中的缓冲存储区（BFM））开始的n点中。

（2）32位运算（DTO、DTOP）时，将可编程控制器中以[S，S+1]开始的n点32位数据传送到（写入）单元号为m_1的特殊功能单元/模块中的缓冲存储区（BFM）[m2+1，m2]开始的n点中。

（3）关于[S]位软元件的位数指定，当为16位运算时设置为K1～K4，32位运算时设置为K1～K8。将S指定为32位指令的m1、m2、n时，[m1+1，m1]、[m2+1，m2]、[n+1，n]的32位值便生效。"DTO　D0　D2　D100　D10"时，则m1=[D1，D0]，m2=[D3，D2]，n=[D11，D10]。

3. 指令应用

FX_{0N}—3A的缓冲存储器（BFM）是通过上位机PLC写入或读取的。在如图4-25所示程序中，当M0变成ON时，从FX_{0N}—3A的通道1读取模拟输入，当M1为ON时，读取通道2的模拟输入数据。

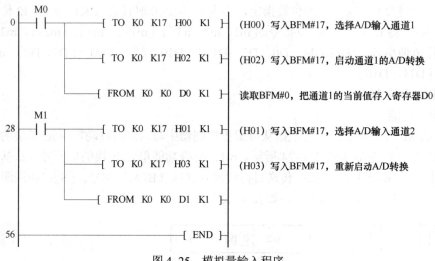

图4-25　模拟量输入程序

在如图4-26所示程序中，当M0变成ON时，执行D/A转换处理，在该程序中，存储的相当于数字值的模拟信号输出至寄存器D2中。

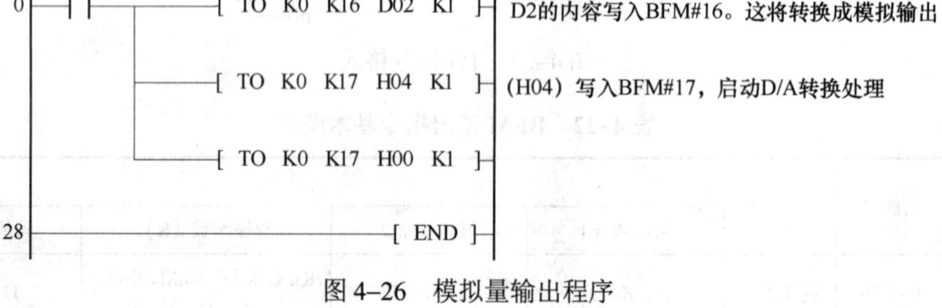

图4-26　模拟量输出程序

（三）算术运算类指令

1. 指令功能

（1）ADD：BIN 加法运算指令，即将 2 个值进行加法运算（A+B=C）后得出结果的指令。指令格式如图 4-27 所示。[S1]、[S2]：加法运算的数据，或是保存数据的字软元件编号；[D]：保存加法运算结果的字软元件编号。指令基本属性如表 4-23 所示。

图 4-27　加法指令格式

表 4-23　加法指令基本属性

指令名称	功能号	助记符	操作数		
			源操作数 [S1]	源操作数 [S2]	目标操作数 [D]
加法	FNC20	ADD	KnX、KnY、KnM、KnS、T、C、D、V、Z、K、H	KnX、KnY、KnM、KnS、T、C、D、V、Z、K、H	KnY、KnM、KnS、T、C、D、V、Z

（2）SUB：BIN 减法运算指令，即将 2 个值进行减法运算（A-B=C）后得出结果的指令。指令格式如图 4-28 所示。[S1]、[S2]：减法运算的数据，或是保存数据的字软元件编号；[D]：保存减法运算结果的字软元件编号。指令基本属性如表 4-24 所示。

图 4-28　减法指令格式

表 4-24　减法指令基本属性

指令名称	功能号	助记符	操作数		
			源操作数 [S1]	源操作数 [S2]	目标操作数 [D]
减法	FNC21	SUB	KnX、KnY、KnM、KnS、T、C、D、V、Z、K、H	KnX、KnY、KnM、KnS、T、C、D、V、Z、K、H	KnY、KnM、KnS、T、C、D、V、Z

（3）MUL：BIN 乘法运算指令，即将 2 个值进行乘法运算（A×B=C）后得出结果的指令。指令格式如图 4-29 所示。[S1]、[S2]：乘法运算的数据，或是保存数据的字软元件编号；[D]：保存乘法运算结果的起始字软元件编号。指令基本属性如表 4-25 所示。

图 4-29　乘法指令格式

表 4-25　乘法指令基本属性

指令名称	功能号	助记符	操作数		
			源操作数 [S1]	源操作数 [S2]	目标操作数 [D]
乘法	FNC22	MUL	KnX、KnY、KnM、KnS、T、C、D、V、Z、K、H	KnX、KnY、KnM、KnS、T、C、D、V、Z、K、H	KnY、KnM、KnS、T、C、D、V、Z

（4）DIV：BIN 除法运算指令，即将 2 个值进行除法运算 [A÷B=C……（余数）] 后得出结果的指令。指令格式如图 4-30 所示。[S1]：除法运算的数据，或是保存数据的字软元件编号（被除数）；[S2]：除法运算的数据，或是保存数据的字软元件编号（除数）；[D]：保存除法运算结果的起始字软元件编号（商、余数）。指令基本属性如表 4-26 所示。

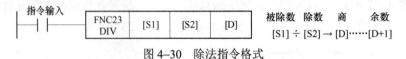

图 4-30 除法指令格式

表 4-26 除法指令基本属性

指令名称	功能号	助记符	操作数		
			源操作数 [S1]	源操作数 [S2]	目标操作数 [D]
除法	FNC23	DIV	KnX、KnY、KnM、KnS、T、C、D、V、Z、K、H	KnX、KnY、KnM、KnS、T、C、D、V、Z、K、H	KnY、KnM、KnS、T、C、D、V、Z

2. 指令应用

在如图 4-31 所示梯形图中，当 X000 由 OFF 变为 ON 时，执行 [D0] + [D2] → [D4]；当 X001 由 OFF 变为 ON 时，执行 [D10] − [D12] → [D14]；当 X002 由 OFF 变为 ON 时，执行 [D20] × [D22] → [D25, D24]。乘积的低 16 位送到 [D24]，高 16 位送到 [D25]；当 X003 由 OFF 变为 ON 时，执行 [D30] ÷ [D32]，商送到 [D34]，余数送到 [D35]。

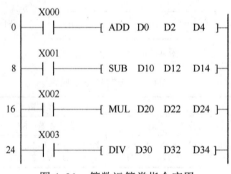

图 4-31 算数运算类指令应用

三、任务实施

（一）I/O 地址分配

系统输入为压力传感器所采集的压力信号，转化为 0~10 V 电压信号后，接入 FX_{0N}—3A 模块的模拟量输入通道 VIN1、COM1；PLC 输出主要是低压信号指示灯 HL1、正常运行指示灯 HL2，高压信号指示灯 HL3，分别接入 PLC 的 Y000、Y001 和 Y002 三个输出端子。

（二）电气原理图绘制

电气原理图如图 4-32 所示，压力传感器采用电压输入，因此将模块 FX_{0N}—3A 中的 IIN1 引脚悬空。

PLC 功能指令编程与应用　项目四

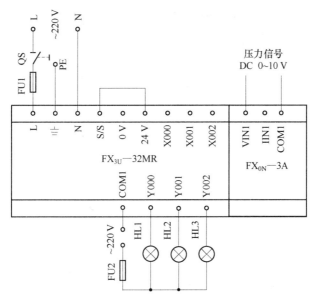

图 4-32　反应釜压力实时报警系统 PLC 控制电气原理图

（三）程序设计

首先模拟量模块 FX_{0N}—3A 将压力信号转化为数字信号，存储于 PLC 的数据寄存器 D0 中，为了便于与压力值进行比较，利用 MUL 乘法将数字量进行转化，并存放于数据寄存器 D10 中，最后利用区间比较指令 ZCP 对数据进行比较。程序如图 4-33 所示。

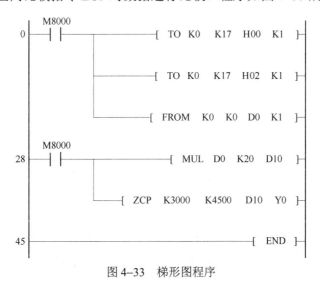

图 4-33　梯形图程序

想一想：D0 为什么要先乘以 20 再进行比较？

（四）安装与调试

（1）按照图 4-32 完成 PLC 控制电路的连接。完成 FX_{0N}—3A 模块与 PLC 的连接，并将压力传感器与模块的输入端子相连接。

（2）在断电情况下，连接好 PC/PPI 电缆。

（3）接通电源，PLC 电源指示灯、FX_{0N}—3A 模块指示灯点亮，说明模块接入正确。对 FX_{0N}—3A 模块的模拟量输入通道进行校准。先校准增益，再校准偏置。

（4）在计算机上运行 GX Developer 编程软件，编写程序并下载到 PLC 中。

（5）调试运行。打开 GX Developer 软件的监视功能，对比指示灯的状态，观察 D0、D10 中的数据变化是否与控制要求相一致。

（6）记录程序调试过程及结果。

四、知识进阶

（一）加 1 指令

INC：BIN 加 1 指令，即指定的软元件数据中加"1"（+1 加法）的指令。其基本属性如表 4-27 所示。

表 4-27　加 1 指令基本属性

指令名称	功能号	助记符	目标操作数 [D]
加 1	FNC24	INC	KnY、KnM、KnS、T、C、D、V、Z

加 1 指令格式如图 4-34 所示，[D] 中保存被加 1 数据的字软元件编号。[D] 的内容加 1 运算后，传送到 [D] 中。

图 4-34　加 1 指令格式

（二）减 1 指令

DEC：BIN 减 1 指令，即指定的软元件数据中减"1"的指令。其基本属性如表 4-28 所示。

表 4-28　减 1 指令基本属性

指令名称	功能号	助记符	目标操作数 [D]
减 1	FNC25	DEC	KnY、KnM、KnS、T、C、D、V、Z

减 1 指令格式如图 4-35 所示，[D] 中保存被减 1 数据的字软元件编号。[D] 的内容减 1 运算后，传送到 [D] 中。

图 4-35　减 1 指令格式

五、技能强化——停车场车位数量 PLC 控制

（一）设计要求

某停车场共有 20 个车位，控制要求如下：
（1）在入口和出口处装设检测传感器，用来检测车辆进入和出去的数目。
（2）有车位时，入口栏杆才可以将门开启，让车辆进入停放，并有绿灯指示尚有车位。
（3）车位已满时，则红灯点亮，显示车位已满，且入口栏杆不能开启让车辆进入。
（4）栏杆采用电动机控制，开启到位时有正转停止传感器检测，关闭时有反转停止传感器检测。

（二）训练过程

（1）列 I/O 分配表，画出 PLC 硬件接线图。
（2）根据控制要求，设计梯形图程序。
（3）输入、调试程序。
（4）运行控制系统。
（5）汇总整理文档，保存工程文件。

（三）考核标准

技能训练考核标准如表 4–29 所示。

表 4–29 技能考核评价表

序号	主要内容	考核内容	评分标准	配分	得分
1	方案设计	根据控制要求，列出 I/O 分配表，画出电气原理图，设计梯形图程序	（1）输入/输出地址遗漏或错误，每处扣 1 分； （2）梯形图表达不正确或画法不规范，每处扣 2 分； （3）功能指令有错误，每处扣 2 分； （4）没有使用功能指令编程，扣 10 分	30	
2	安装与接线	按电气原理图进行安装接线，接线要正确、紧固、美观	（1）接线不紧固、不美观，每根扣 2 分； （2）接点松动，每处扣 1 分； （3）不按 I/O 接线图接线，每处扣 2 分	30	
3	程序输入与调试	熟练操作计算机，能正确将程序输入 PLC，按动作要求进行调试	（1）不熟练操作 PLC 编程软件的，扣 2 分； （2）编程软件使用不熟练，不会对指令进行删除、插入、修改等，每处扣 2 分； （3）不会编辑使用功能指令的，扣 5 分； （4）第一次试车不成功的，扣 5 分；第二次试车不成功的，扣 10 分；第三次试车不成功的，扣 20 分	30	
4	安全文明生产	遵守纪律，遵守国家相关专业安全文明生产规程	（1）不遵守教学场所规章制度，扣 2 分； （2）出现重大事故或人为损坏设备，扣 10 分	10	
备注			合计		
小组签名					
教师签名					

六、思考与练习

（一）填空题

1. 指出下列指令的功能：FROM_____，TO_____。
2. 输入/输出混合模块 FX_{0N}—3A 模拟量输入通道的范围为_____，输出通道的范围为_____。
3. 特殊功能模块内部均有数据缓冲存储器 BFM，这一缓冲区由____个____位的寄存器组成，编号为_____。

（二）简答题

1. 将图 4-32 中的电压输入改为电流输入，电路应如何变化？程序是否也发生变化？如何修改？

（三）编程题

1. 设计一个程序，将 K100 送给 D10，K24 送给 D20，完成下列操作：
（1）将 D10 和 D20 相加，结果送到 D50 中存储；
（2）将 D10 和 D20 相减，结果送到 D60 中存储；
（3）将 D10 和 D20 相乘，结果送到 D70 中存储；
（4）将 D10 和 D20 相除，求商和余数，结果送到 D80、D81 中存储。

任务四　小型轧钢机 PLC 控制

一、任务描述

小型轧钢机是将钢板在两个轧辊之间通过，并在其间产生塑性变形，并且要对板材按照固定长度裁开。该系统由步进电动机拖动放出一定长度的板材，然后用剪切刀剪断。如图 4-36 所示。剪切的长度是 200 mm，步进电动机滚轴的周长是 50 mm。

扫一扫，
查看教学课件

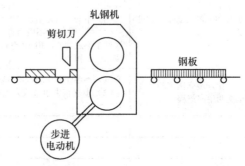

图 4-36　小型轧钢机示意图

若要对本系统进行设计，需先学习步进电动机的驱动方法以及如何用 PLC 来驱动步进电动机。

二、背景知识

（一）步进电动机

步进电动机是一种能够将电脉冲信号转换成角位移或线位移的机电元件，它实际上是一种单相或多相同步电动机。单相步进电动机由单路电脉冲驱动，输出功率一般很小，其用途为微小功率驱动。多相步进电动机由多相方波脉冲驱动，用途很广。使用多相步进电动机时，单路电脉冲信号可先通过脉冲分配器转换为多相脉冲信号，再经功率放大后分别送入步进电动机各相绕组。每输入一个脉冲到脉冲分配器，电动机各相的通电状态就发生变化，转子会转过一定的角度（称为步距角）。

正常情况下，步进电动机转过的总角度和输入的脉冲数成正比；连续输入一定频率的脉冲时，电动机的转速与输入脉冲的频率保持严格的对应关系，不受电压波动和负载变化的影响。由于步进电动机能直接接收数字量的输入，所以特别适合于微机控制。

（二）步进驱动器

常见的步进电动机控制系统由 PLC 控制器、步进驱动器和步进电动机组成。PLC 发出控制信号，步进电动机驱动器在控制信号的作用下输出较大电流驱动步进电动机，按照控制要求对机械装置准确实现位置控制或速度控制。

步进驱动器是一种能使步进电动机运转的功率放大器，能把控制器发出的脉冲信号转化为步进电动机的角位移，电动机的转速与脉冲频率成正比，所以控制脉冲频率可以精确调速，控制脉冲数就可以精确定位。步进电动机驱动器除了给步进电动机提供较大的驱动电流之外，更重要的作用是"细分"，只需在驱动器上设置细分步数，就可以改变步距角的大小，例如，若设置细分数为 10 000 步/转，则步距角只有 0.036°，可以实现高精度的控制。下面以细分步进驱动器 M542（见图 4-37）为例进行介绍。

图 4-37 M542 步进驱动器

1. 驱动器外部端子及接线

P1 弱电接线信号接口描述，如表 4-30 所示。

表 4-30 P1 弱电接线信号

名称	功能
PUL+（+5 V）	脉冲信号：脉冲控制信号，此时脉冲上升沿有效。PUL-高电平时为 4~5 V，低电平时为 0~0.5 V。为了可靠响应，脉冲宽度大于 1.5 μs，如采用+12 V 或+24 V 时需串电阻限流
PUL-（PUL）	

续表

名称	功能
DIR+（+5 V） DIR-（DIR）	方向信号：高/低电平信号，对应电动机正反向。为保证电动机可靠响应，方向信号应先于脉冲信号至少 5 μs 建立，电动机的初始运行方向与电动机的接线有关，互换一相绕组（如 A+、A-交换）可以改变电动机初始运行的方向，DIR-高电平时为 4～5 V，低电平时为 0～0.5 V
ENA+（+5 V） ENA-（ENA）	使能信号：此输入信号用于使能/禁止。高电平时使能，低电平时驱动器不能工作。一般情况下可不接，使之悬空而自动使能

P2 强电接口描述，如表 4-31 所示。

表 4-31　P2 强电接口

名称	功能
GND	直流电源地
+V	直流电源正极，+20～+50 V 间任何值均可，推荐值为+36 V DC 左右
A	电动机 A 相，A+、A-互调可更换一次电动机运转方向
B	电动机 B 相，B+、B-互调可更换一次电动机运转方向

注意：

（1）为了防止驱动受干扰，建议控制信号采用屏蔽电缆线，并且屏蔽层与地线短接，除特殊要求外，控制信号电缆的屏蔽线单端接地：屏蔽线上的上位机一端接地，屏蔽线的驱动器一端悬空。同一机器内只允许在一点接地，如果不是真实接地线，可能干扰严重，此时屏蔽层可不接。

（2）脉冲和方向信号线与电动机线不允许并排包扎在一起，最好分开至少 10 cm 以上，否则电动机噪声容易干扰脉冲方向信号引起电动机定位不准、系统不稳定等故障。

（3）如果一个电源供多台驱动器，应在电源处采取并联连接，不允许先到一台再到另一台链状式连接。

（4）严禁带垫拔插驱动器强电 P2 端子，带电的电动机停止时仍有大电流流过线圈，插拔 P2 端子将导致巨大的瞬间感生电动势烧坏驱动器。

（5）严禁将导线头加锡后接入接线端子，否则可能因接触电阻变大而过热损坏端子。

（6）接线线头不能裸露在端子外，以防意外短路而损坏驱动器。

2. 细分、拨码开关设定

（1）M542 驱动器采用 8 位拨码开关设定细分精度、动态电流和半流/全流，如图 4-38 所示。详细描述如下。

图 4-38　拨码开关设定

(2) 电流设定。

① 工作（动态）电流设定。

用 3 位拨码开关一共可设定 8 个电流级别，参见表 4-32。

表 4-32 动态电流设定

峰值/A	平均值/A	SW1	SW2	SW3
1.00	0.71	ON	ON	ON
1.46	1.04	OFF	ON	ON
1.91	1.36	ON	OFF	ON
2.37	1.69	OFF	OFF	ON
2.84	2.03	ON	ON	OFF
3.31	2.36	OFF	ON	OFF
3.76	2.69	ON	OFF	OFF
4.20	3.00	OFF	OFF	OFF

② 停止（静态）电流设定。

静态电流可用第 4 位开关设定，OFF 表示静态电流设为动态电流的一半左右（实际为 60%），ON 表示静态电流与动态电流相同。一般用途应将 SW4 设为 OFF，使得电动机和驱动器的发热减少，可靠性提高。脉冲串停止后 0.2 s 左右电流自动减至设定值的 60%，发热量理论上减至 36%（发热与电流平方成正比）。

③ 细分设定。

细分精度由 SW5~SW8 四位拨码开关设定，如表 4-33 所示。

表 4-33 细分精度设定

细分倍数	步数/圈（1.8°/整步）	SW5	SW6	SW7	SW8
2	400	OFF	ON	ON	ON
4	800	ON	OFF	ON	ON
8	1 600	OFF	OFF	ON	ON
16	3 200	ON	ON	OFF	ON
32	6 400	OFF	ON	OFF	ON
64	12 800	ON	OFF	OFF	ON
128	25 600	OFF	OFF	OFF	ON
5	1 000	ON	ON	ON	OFF
10	2 000	OFF	ON	ON	OFF
20	4 000	ON	OFF	ON	OFF
25	5 000	OFF	OFF	ON	OFF
40	8 000	ON	ON	OFF	OFF

续表

细分倍数	步数/圈（1.8°/整步）	SW5	SW6	SW7	SW8
50	10 000	OFF	ON	OFF	OFF
100	20 000	ON	OFF	OFF	OFF
125	25 000	OFF	OFF	OFF	OFF

（三）脉冲输出指令

1. 指令功能

PLSY：脉冲输出指令，即用于 PLC 高速脉冲输出端子发出指定数量和频率的脉冲。如图 4-39 所示，[S1] 是指频率数据（Hz）或是保存数据的字软元件编号；[S2] 是指脉冲量数据或是保存数据的字软元件编号；[D] 是指输出脉冲的位软元件（Y）编号。指令属性如表 4-34 所示。

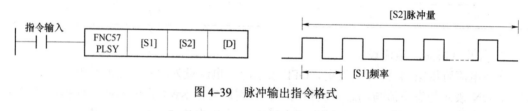

图 4-39 脉冲输出指令格式

表 4-34 脉冲输出指令属性

指令名称	功能号	助记符	操作数		
			源操作数 [S1]	源操作数 [S2]	目标操作数 [D]
脉冲输出指令	FNC57	PLSY	KnX、KnY、KnM、KnS、T、C、D、V、Z、K、H	KnX、KnY、KnM、KnS、T、C、D、V、Z、K、H	Y（基本单元的晶体管输出，或高速输出特殊适配器 Y000、Y001）

2. 注意事项

（1）16 位运算（PLSY）时，从输出 Y [D] 中输出 [S2] 个频率为 [S1] 的脉冲串。[S1] 中指定频率，允许设定范围为 1～32 767 Hz；[S2] 中指定发出的脉冲量，允许设定范围为 1～32 767（PLS）；[D] 中指定有脉冲输出的 Y 编号，允许设定范围为 Y000、Y001。

（2）32 位运算（DPLSY）时，输出 Y [D] 中输出 [S2+1, S2] 个频率为 [S1+1, S1] 的脉冲串。在 [S1+1, S1] 中指定频率，使用高速输出特殊适配器时，允许设定范围为 1～200 000 Hz；在使用 FX_{3U} 可编程控制器基本单元时，允许设定范围为 1～100 000 Hz。在 [S2+1, S2] 中指定发出的脉冲量，允许设定范围为 1～2 147 483 647（PLS）；在 [D] 中指定有脉冲输出的 Y 编号，允许设定范围为 Y000、Y001。

3. 指令应用

指令应用如图 4-40 所示，指令执行结束的标志位，在其他指令中也使用相同的标志位（M8029）。使用了使标志位变化的其他指令和多个 PLSY（FNC 57）指令时，应务必在要监视的指令的正下方使用。

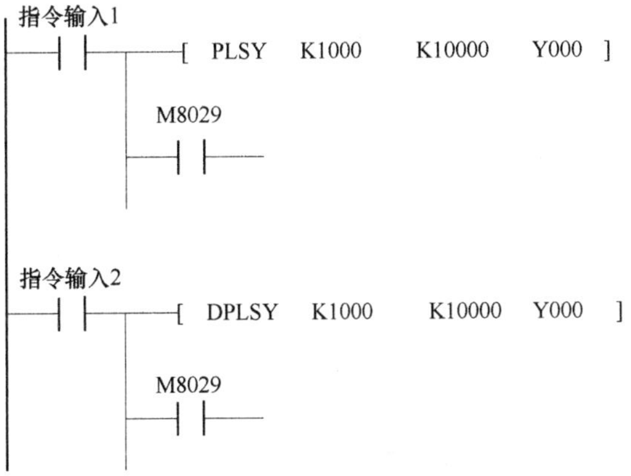

```
        指令输入1
        ──┤├────────[ PLSY   K1000    K10000    Y000 ]
            M8029
          ──┤├──


        指令输入2
        ──┤├────────[ DPLSY  K1000    K10000    Y000 ]
            M8029
          ──┤├──
```

图 4-40 脉冲输入指令应用

从 Y000、Y001 输出的脉冲数会被保存在表 4-35 中的特殊数据寄存器中。

表 4-35 存储脉冲数的特殊数据寄存器

软元件		内容	指令名称
高位	低位		
D8141	D8140	Y000 的输出脉冲数累计	累计使用 PLSY 指令、PLSR 指令从 Y000 输出的脉冲数
D8143	D8142	Y001 的输出脉冲数累计	累计使用 PLSY 指令、PLSR 指令从 Y001 输出的脉冲数
D8137	D8136	Y000、Y001 输出脉冲数的合计累计数	合计累计使用 PLSY 指令、PLSR 指令从 Y000 和 Y001 输出的脉冲数

三、任务实施

（一）I/O 地址分配

根据控制要求，确定系统的输入/输出信号。

小型轧钢机控制系统的 I/O 端口分配如表 4-36 所示。

表 4-36 I/O 端口分配

输入信号		输出信号	
输入继电器	作用	输出继电器	作用
X000	启动按钮	Y000	脉冲输出
X001	停止按钮	Y001	方向控制
		Y004	剪切刀

由于输出端口 Y000 输出高速脉冲信号，所以 PLC 应选择晶体管输出型 FX_{3U}—48MT。

（二）电气原理图绘制

电气原理图如图 4-41 所示。PLC 输出端 Y000 发出脉冲信号送入步进驱动器 PUL+端子，脉冲的数量、频率与步进电动机的圈数和转速成正比。PLC 输出端 Y001 发出方向控制信号送入驱动器 DIR+端子，它的高低电平决定步进电动机的旋转方向。

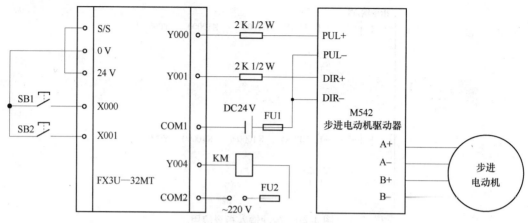

图 4-41 小型轧钢机电气原理图

(三) 步进电动机选择

步进电动机的选择主要考虑电动机的功率和步距角。电动机的功率要求能拖动负载,在本系统中,工作电流越大,功率也越大。本系统选择的是两相步进电动机,步距角是 1.8°,设置为 5 细分,所以电动机旋转一周需要 1 000 个脉冲。步进电动机的滚轴周长是 50 mm,因此每个脉冲行走 0.05 mm。轧制钢材的长度为 200 mm,则步进电动机将钢材拖动所需要长度的脉冲数为:(200/50)×1 000=4 000。

(四) 程序设计

程序如图 4-42 所示,PLC 通过 PLSY 指令产生脉冲,送给步进驱动器,驱动步进电动机将钢材拖到所设定的长度,到达后,电动机停止,M8029 接通,剪切刀动作,将板材剪短,1 s 后步进电动机继续转动进行剪切,按下停止按钮后步进电动机停止。

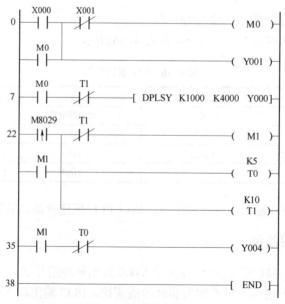

图 4-42 梯形图程序

（五）安装与调试

（1）按照图 4-41 完成 PLC 控制电路的连接。完成 PLC 与步进驱动器的连接、步进驱动器与步进电动机的连接，调节拨码开关完成动态电流、静态电流和细分数的设置。
（2）在断电情况下，连接好 PC/PPI 电缆。
（3）接通电源，PLC 电源指示灯、步进驱动器指示灯点亮。
（4）在计算机上运行 GX Developer 编程软件，编写程序并下载到 PLC 中。
（5）调试运行。

想一想：该系统步进电动机只能单方向运行，如果在运行过程中发现电动机的旋转方向与所需方向相反，应该如何处理，你能想到几种处理方法。

（6）记录程序调试过程及结果。

四、知识进阶

（一）相对定位指令

1. 指令功能

DRVI：相对定位指令，即以相对驱动方式执行单速定位的指令。用带正/负的符号指定从当前位置开始的移动距离的方式，也称为增量（相对）驱动方式。指令格式如图 4-43 所示，[S1] 指定输出脉冲数（相对地址），16 位运算时为 -32 768～+32 767（0 除外），32 位运算时为 -999 999～+999 999（0 除外）；[S2] 指定输出脉冲频率，16 位运算时为 10～32 767 Hz，32 位运算时若为高速输出特殊适配器则为 10～2 000 000 Hz，若为基本单元（晶体管输出）则为 10～1 000 000 Hz；[D1] 指定输出脉冲的输出编号；[D2] 指定旋转方向信号的输出对象编号。

图 4-43 相对定位指令格式

相对定位指令属性如表 4-37 所示。

表 4-37 相对定位指令属性

指令名称	功能号	助记符	操作数			
			源操作数 [S1]	操作数 [S2]	目标操作数 [D1]	目标操作数 [D2]
相对定位	FNC158	DRVI	KnX、KnY、KnM、KnS、T、C、D、V、Z、K、H	KnX、KnY、KnM、KnS、T、C、D、V、Z、K、H	Y、M、S、D	Y、M、S、D

2. 注意事项

脉冲输出端可以指定基本单元的晶体管输出 Y000、Y001、Y002，或是高速输出特殊适配器 Y000、Y001、Y002、Y003。

在执行 DRVI 指令的过程中（脉冲输出过程中），避免执行 RUN 中写入。一旦在脉冲输出过程中，对包含该指令的回路执行了 RUN 中写入，脉冲输出会减速停止。

使用 FX_{3U} 可编程控制器的脉冲输出对象地址中的高速输出特殊适配器时，旋转方向信号使用表 4-38 中的输出。

表 4-38　高速输出适配器的脉冲输出

高速输出特殊适配器的连接位置	脉冲输出	旋转方向输出
第 1 台	[D1]=Y000	[D2]=Y004
	[D1]=Y001	[D2]=Y005
第 2 台	[D1]=Y002	[D2]=Y006
	[D1]=Y003	[D2]=Y007

（二）绝对定位指令

1. 指令功能

DRVA：绝对定位指令，即以绝对驱动方式执行单速定位的指令。用指定从原点（零点）开始的移动距离的方式，也称为绝对驱动方式。指令格式如图 4-44 所示，[S1] 指定输出脉冲数（绝对地址），16 位运算时为 -32 768～+32 767（0 除外），32 位运算时为 -999 999～+999 999（0 除外）；[S2] 指定输出脉冲频率，16 位运算时为 10～32 767 Hz，32 位运算时若为高速输出特殊适配器则为 10～2 000 000 Hz，若为基本单元（晶体管输出）则为 10～1 000 000 Hz；[D1] 指定输出脉冲的输出编号；[D2] 指定旋转方向信号的输出对象编号。

图 4-44　绝对定位指令格式

绝对定位指令属性如表 4-39 所示。

表 4-39　绝对定位指令属性

指令名称	功能号	助记符	操作数			
			源操作数 [S1]	源操作数 [S2]	目标操作数 [D1]	目标操作数 [D2]
绝对定位	FNC159	DRVA	KnX、KnY、KnM、KnS、T、C、D、V、Z、K、H	KnX、KnY、KnM、KnS、T、C、D、V、Z、K、H	Y、M、S、D	Y、M、S、D

2. 注意事项

注意事项与 DRVI 指令类似。

五、思考与练习

（一）简答题

1. 在本次任务设计过程中，如果使用定位指令，应如何修改程序。
2. 查找资料，找出步进电动机和伺服电动机的驱动有何异同点，参数的设置是否相同。

任务五　机械手传送工件的 PLC 控制

一、任务描述

如图 4-45 所示是一台将工件从左工作台搬运至右工作台的机械手，运动形式为垂直和水平两个方向。机械手在水平方向可以做左右移动，在垂直方向可以做上下移动。其左移/右移和上移/下移的执行机构采用双线圈双位电磁阀推动气缸来完成。当某一线圈失电，机械手所处位置一直保持到相反方向的电磁阀得电为止。加紧/放松用单线圈双位电磁阀推动气缸完成，线圈得电时执行夹紧动作，线圈失电时执行放松动作。

扫一扫，
查看教学课件

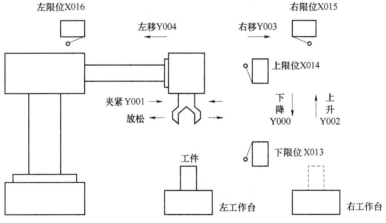

图 4-45　机械手动作示意图

动作过程如下：

（1）机械手在原点位置时，上限位 SQ2（X014）、左限位 SQ4（X016）闭合，同时不夹紧工件，原点指示灯 Y005 点亮，按下启动按钮 SB0 后，原点指示灯 Y005 灭，机械手下降电磁阀 Y000 得电，机械手开始下降。

（2）机械手下降到位后，压动下限位开关 SQ1（X013），Y000 失电，夹紧电磁阀 Y001 得电，机械手夹紧工件。

（3）完全夹紧后，上升电磁阀 Y002 得电，机械手上升。

（4）上升到上限位 SQ2（X014）后，机械手右移电磁阀 Y003 得电，机械手右移。

（5）右移到右限位 SQ3（X015）后，机械手下降电磁阀 Y000 得电，机械手下降。

（6）下降到下限位 SQ1（X013）后，机械手夹紧电磁阀 Y001 复位，机械手将工件松开。

（7）完全松开后，上升电磁阀 Y002 得电，机械手上升。

（8）上升到位后，压动上限位开关 SQ2（X014），机械手左移电磁阀 Y004 得电，机械手左移。左移到位后，压下左限位开关 SQ4（X016），机械手回到原点，至此一个周期的动作结束。

要求系统有手动、自动和回原点三种动作模式，因此在操作面板上应具有一个工作模式选择开关，可以选择机械手的三种动作方式。在程序的实现上可以设计三套子程序，通过跳转或子程序调用的方式来执行相应的操作。

二、背景知识

（一）条件跳转指令

CJ：条件跳转指令。即使 CJ、CJP 指令开始到指针（P）为止的顺控程序不执行的指令。可以缩短循环时间（运算周期）和执行使用双线圈的程序。如图 4-46 所示，当指令输入为 ON 时，执行指定标记（指针编号）的程序。

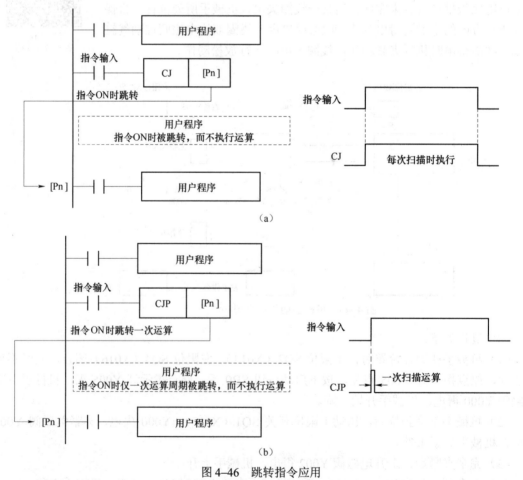

图 4-46 跳转指令应用

(a) CJ 指令；(b) CJP 指令

(二)位移指令

1. 位右移指令

SFTR:位右移指令,即使指定位长度的位软元件每次右移指定的位长度的指令。移动后,从最高位开始传送 n2 点长度的[S]位软元件,其格式如图 4-47 所示,[S]为右移后在移位数据中保存的起始软元件编号;[D]为右移的起始软元件编号;n1 为移位数据的位数据长度,n2≤n1≤1 024,n2 为右移的位点数,n2≤n1≤1 024。

扫一扫,
查看位移指令讲解视频

图 4-47 位右移指令格式

对于以[D]起始的 n1 位(移位寄存器的长度)数据,右移 n2 位(下记的①、②)。移位后,将[S]开始的 n2 位数据传送(下记的③)到从[D]+n1-n2 开始的 n2 位中。如图 4-48 所示为位右移指令动作过程。

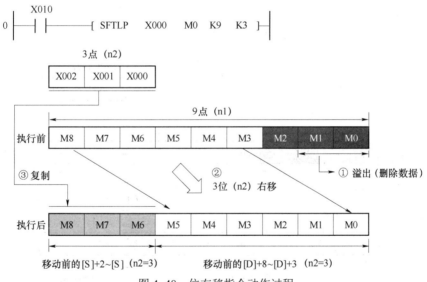

图 4-48 位右移指令动作过程

注意:

(1) SFTRP 指令中,每次当指令输入从 OFF 变为 ON 时,执行 n2 位移位,但是请注意 SFTR 指令中,每个扫描周期(运算周期)都执行移位。

(2) FX_{3U}、FX_{3UC} 可编程控制器的情况下,传送源[S]和移位软元件[D]重复时,发生运算错误,错误代码为 K6710。在 FX_{3G} 可编程控制器中,不会出现运算错误。

2. 位左移指令

SFTL:位左移指令,即使指定位长度的位软元件每次左移指定的位长度的指令。移动后,从最低位开始传送 n2 点长度的[S]位软元件,格式如图 4-49 所示,[S]为左移后在移位数据中保存的起始软元件编号;[D]为左移的起始软元件编号;n1 为移位数据的位数据长度,

$n_2 \leq n_1 \leq 1\,024$；n_2 为左移的位点数，$n_2 \leq n_1 \leq 1\,024$。位左移指令基本属性如表 4-40 所示。

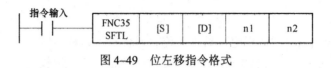

图 4-49 位左移指令格式

表 4-40 位左移指令基本属性

指令名称	功能号	助记符	操作数			
			源操作数 [S]	目标操作数 [D]	操作数 [n1]	操作数 [n2]
位左移指令	FNC35	SFTL	X、Y、M、S	Y、M、S	K、H	D、K、H

对于以 [D] 起始的 n1 位（移位寄存器的长度）数据左移 n2 位（下记的①、②），移位后，将 [S] 开始的 n2 位数据传送（下记的③）到从 [D] 开始的 n2 位中。如图 4-50 所示为左移指令动作过程。

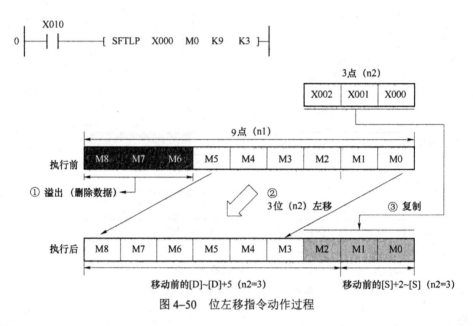

图 4-50 位左移指令动作过程

注意：

（1）SFTLP 指令中，每次当指令输入从 OFF 变为 ON 时，执行 n2 位移位，但是请注意 SFTL 指令中，每个扫描周期（运算周期）都执行移位。

（2）FX_{3U}、FX_{3UC} 可编程控制器的情况下，传送源 [S] 和移位软元件 [D] 重复时，发生运算错误，错误代码为 K6710。在 FX_{3G} 可编程控制器中，不会出现运算错误。

（三）使用位移指令编写顺序功能图

利用移位指令 SFTL 的特点可以将顺序功能图转换成梯形图，如图 4-51 所示。

1. 移位指令中位数的确定

移位指令的位数［n1］至少要与顺序功能图中的步数或状态数一样多，即用移位指令中的每位代表顺序功能图中每步的状态。当该位为逻辑"1"时，表示该步得电，为逻辑"0"时，表示该步不得电。如图 4–51 所示，确定移位指令的位数为 4，所以［n1］=4，使用 M100～M103 共 4 个辅助继电器来表示每步。

由于单顺序控制中，每时刻只能有一个步为活动步并且按顺序执行，所以每次只能移动一位。

2. 移位指令中源操作数的确定

必须采用一个逻辑表达式，使得在系统的初始状态时，移位指令的源操作数为"1"，而在其他时刻为逻辑"0"。这是因为在单顺序控制中，系统中每时刻只有一个状态动作，而对移位指令来说，整个目标操作数的所有位中只有一位为逻辑"1"。

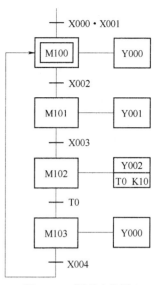

图 4–51　顺序功能图

对单顺序控制系统，这一逻辑网络可由表示系统初始位置的逻辑条件"与"顺序功能图中除了最后一步之外所有状态（步）的"非"来表示。图中初始位置的逻辑条件为 X000·$\overline{X001}$，则置"1"的逻辑表达式为：

$$M100 = X000 \cdot \overline{X001} \cdot \overline{M101} \cdot \overline{M102} \cdot \overline{M103}$$

初始位置时 M100=1。当系统运行到其他状态时，M100～M103 中总有一个为"1"，则 M100=0，这就保证在整个顺序程序运行的过程中，有且只有一步为"1"，并且这个逻辑"1"，一位一位地在顺序功能图中移动，每移动一位表明开启下一个状态，关闭当前状态。

3. 移位指令中移位条件的确定

移位条件由移位信号控制，一般是由顺序功能图中的转移条件提供。同时，为了形成固定顺序，防止意外故障，并考虑到转移条件可能重复使用，每个转移条件必须有约束条件。在移动指令中，一般采用上一步的状态（M1、M2、…）"与"当前要进入下一步的转移条件（X001、X002、…）来作为移位信号，因而 M103 移位条件为：

$$SFT = M100 \cdot X002 + M101 \cdot X003 + M102 \cdot T0$$

4. 顺序控制中循环运行的实现

当顺序功能图中的一个工作周期完成后，需要继续下一周期运行，通常用顺序功能图中最后一个步（或状态）对应的辅助继电器"与"转移条件来做下一次循环运行的启动信号。另外，也可根据控制要求的实际情况，采用手动复位。

如图 4–51 所示顺序功能图中的最后一步 M103"与"转移条件 X004 作为对除了初始步 M100 以外的所有步的复位信号，以便开始下一周期的循环运行。

5. 顺序功能图中动作输出方程的确定

一般情况下，动作对应的输出元件的逻辑等于对应状态的辅助继电器。当一个输出元件对应多个状态时，等于多个状态的辅助继电器相"或"，则图 4–51 所示的动作输出方程的逻辑表达式为：

Y000=M100+M103

Y001=M101

Y002=M102

T0=M102

6. 将逻辑表达式转换成梯形图

将上述的逻辑表达式转换成梯形图，如图4-52所示。

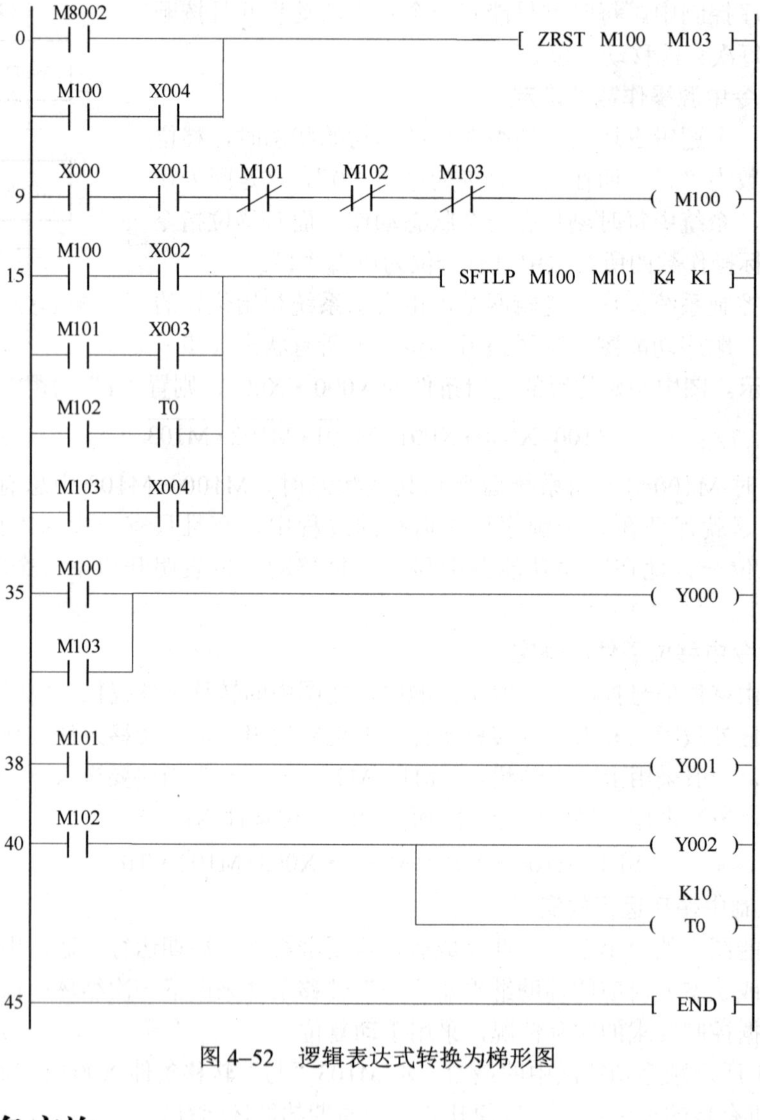

```
          M8002
    0 ─────┤├──────────────────────────[ ZRST  M100  M103 ]
           │
           │  M100    X004
           └──┤├──────┤├──┐
                         │
          X000  X001  M101  M102  M103
    9 ────┤├────┤├────┤/├──┤/├────┤/├──────────────( M100 )

          M100   X002
   15 ────┤├─────┤├──┬──────────────[ SFTLP  M100  M101  K4  K1 ]
                    │
          M101   X003│
          ─┤├─────┤├─┤
                    │
          M102   T0 │
          ─┤├─────┤├─┤
                    │
          M103   X004│
          ─┤├─────┤├─┘

          M100
   35 ────┤├──┬───────────────────────────────────( Y000 )
             │
          M103│
          ─┤├─┘

          M101
   38 ────┤├──────────────────────────────────────( Y001 )

          M102
   40 ────┤├──┬───────────────────────────────────( Y002 )
             │                                      K10
             └──────────────────────────────────( T0 )

   45 ────────────────────────────────────────────[ END ]
```

图4-52 逻辑表达式转换为梯形图

三、任务实施

（一）I/O 地址分配

机械手控制系统的 I/O 端口分配如表 4-42 所示。其中，SA 为机械手手动作方式选择开关，可以选择手动、自动和回原点3种模式。SB3～SB8 为机械手手动操作按钮。

表 4–41 I/O 分配表

输入信号			输出信号		
输入元件	设备名称	输入继电器	输出元件	设备名称	输出继电器
SA	选择开关—手动	X000	YV1	下降电磁阀线圈	Y000
	选择开关—自动	X001	YV2	紧/松电磁阀线圈	Y001
	选择开关—回原点	X002	YV3	上升电磁阀线圈	Y002
SB1	启动按钮	X003	YV4	右移电磁阀线圈	Y003
SB2	停止按钮	X004	YV5	左移电磁阀线圈	Y004
SB3	夹紧按钮	X005	HL	原点指示	Y005
SB4	放松按钮	X006			
SB5	上升按钮	X007			
SB6	下降按钮	X010			
SB7	右行按钮	X011			
SB8	左行按钮	X012			
SQ1	下限位开关	X013			
SQ2	上限位开关	X014			
SQ3	右限位开关	X015			
SQ4	左限位开关	X016			

（二）电气原理图绘制

电气原理图如图 4–53 所示。

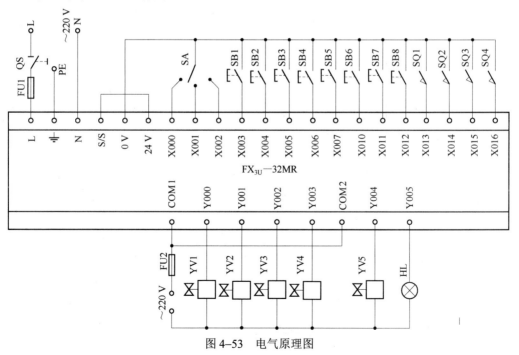

图 4–53 电气原理图

（三）程序设计

机械手的 PLC 控制程序，包括手动、自动和回原点 3 种工作方式。

1. 自动控制

根据控制要求得知，自动运行的机械手在一个周期内有连续的 8 个动作，加上系统在运行前的准备状态，一共是 9 个状态，分别是：原点指示、下降、夹紧、上升、右移、下降、放松、上升、左移。

练一练：画出机械手自动运行的顺序功能图，并用移位指令完成程序的编写。

2. 手动控制

手动操作时，用 X005、X006、X007、X010、X011、X012 对应的 6 个按钮控制机械手的夹紧、放松、上升、下降、右行和左行。手动控制均为点动控制，梯形图程序如图 4-54 所示。为了保证系统的安全运行，在手动程序中设置了一些必要的联锁，例如上升与下降之间、右行与左行之间的联锁，以防止功能相反的两个输出继电器同时为 ON；上下左右的限位开关的常闭触点要与控制机械手移动的线圈串联，以防止机械手运行超程出现故障。

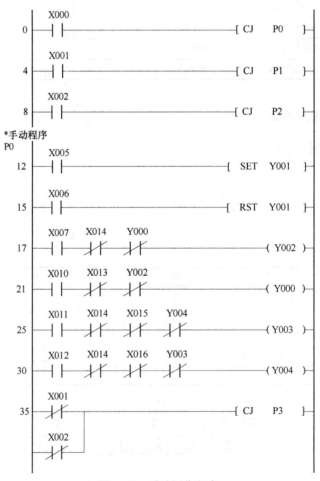

图 4-54 手动操作程序

3. 回原点

当自动返回原点的开关闭合后，机械手先停止下降，同时上升；上升到限位开关 SQ2 位置时，停止右行，同时左行；左行到限位开关 SQ4 时，开始放松，完全放松后，原点指示灯点亮，表示回原点操作完成。梯形图程序如图 4-55 所示。

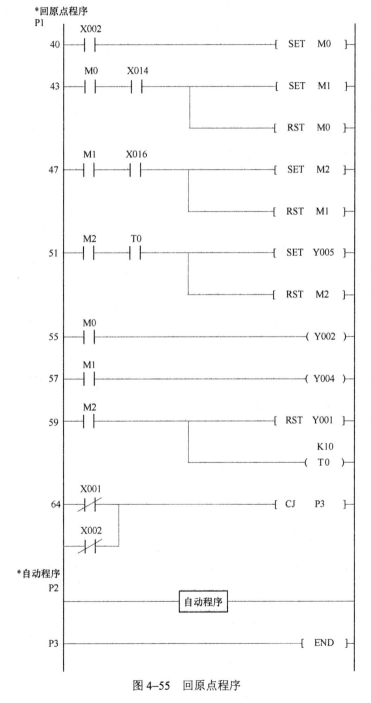

图 4-55 回原点程序

（四）安装与调试

（1）按照图完成 PLC 控制电路的连接。

（2）在断电情况下，连接好 PC/PPI 电缆。

（3）接通电源，PLC 电源指示灯点亮。

（4）在计算机上运行 GX Developer 编程软件，编写程序并下载到 PLC 中，编写过程中注意子程序的编写。

（5）调试运行。当转换开关打到"回原点"挡位时，机械手执行回原点操作，完成标志为：机械手位于上限位、左限位位置，手抓处于放松状态，原点指示灯亮。当转换开关打到"手动"挡时，当按下 SB3～SB8 六个按钮时，机械手分别执行夹紧、放松、上升、下降、右行和左行等操作。当转换开关打到"自动"挡时，按下启动按钮后，机械手按生产工艺执行相应动作。

（6）记录程序调试过程及结果。

四、知识进阶

（一）子程序调用和子程序返回指令

CALL：FNC01，子程序调用指令，即在顺控程序中对想要共同处理的程序进行调用的指令。它可以减少程序的步数，更加有效地设计程序。此外，编写子程序时，还需要使用"FEND（FNC06）"指令和"SRET（FNC02）"指令。程序格式如图 4-56 所示。

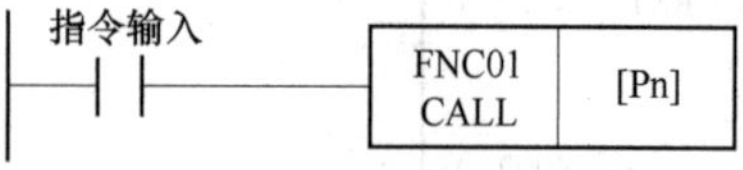

图 4-56 子程序调用指令格式

其中 [Pn] 为跳转目标标记的指针编号。子程序调用的指针 [Pn] 是 FX_{3U} 可编程控制器时可指定 P0～P62、P64～P4095 的编号。此外，由于 P63 为"CJ（FNC 00）"专用（END 跳转），所以不可以作为"CALL（FNC01）"指令的指针使用。其应用如图 4-57 所示。

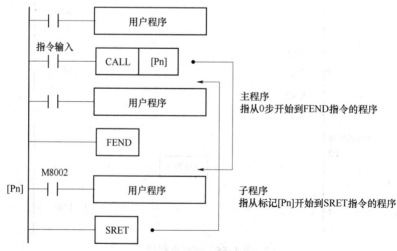

图 4-57 子程序调用指令应用

注意：

1. 在子程序内使用定时器的情况

在子程序内使用 T192～T199 的累积型定时器。该定时器在执行线圈指令时，或是执行 END 指令时进行计时。如果达到定时器设定值，在执行线圈指令时，或是执行 END 指令时输出触点动作。由于一般的定时器只在执行线圈指令时进行计时，因此，如果用于仅在某种条件下才执行线圈指令的子程序内时，则不能进行计时。

2. 使用 1 ms 累积型定时器时的注意事项

在子程序内使用 1 ms 累积型定时器时，当达到设定值后，输出触点会在最初执行线圈指令时（执行子程序时）动作，请务必注意。

3. 子程序内使用的软元件的保持对策

在子程序内被置 ON 的软元件，在程序结束后也被保持。此外，对定时器和计数器执行 RST 指令后，定时器和计数器的复位状态也被保持。因此，对这些软元件编程时，或是编写成在程序结束后的主程序中进行复位，或是编写成在子程序中执行复位和执行 OFF 的程序。

（二）主程序结束指令

FEND：FNC06，表示主程序结束的指令，即为不需要驱动触点的独立指令。执行 FEND 指令后，会执行与 END 指令相同的输出处理、输入处理、看门狗定时器的刷新，然后返回到 0 步的程序。在编写子程序和中断程序时需要使用这个指令。

五、技能强化——用位移指令编写 4 台电动机顺序启动控制程序

（一）设计要求

某设备有 4 台电动机，控制要求：按下启动按钮，第一台电动机 M1 启动，运行 5 s 后，第二台电动机 M2 启动，运行 10 s 后，第三台电动机启动，再运行 8 s，第四台电动机启动；按下停止按钮，4 台电动机全部停止。

（二）训练过程

（1）列 I/O 分配表，画出 PLC 硬件接线图。
（2）根据控制要求画出顺序功能图，并用位移指令设计梯形图程序。
（3）输入、调试程序。
（4）运行控制系统。
（5）汇总整理文档，保存工程文件。

（三）考核标准

技能训练考核标准如表 4-42 所示。

表 4–42 技能考核评价表

序号	主要内容	考核内容	评分标准	配分	得分
1	方案设计	根据控制要求，列出 I/O 分配表，画出电气原理图，设计梯形图程序	(1) 输入/输出地址遗漏或错误，每处扣 1 分； (2) 梯形图表达不正确或画法不规范，每处扣 2 分； (3) 功能指令有错误，每处扣 2 分； (4) 没有使用位移指令编程，扣 15 分	30	
2	安装与接线	按电气原理图进行安装接线，接线要正确、紧固、美观	(1) 接线不紧固、不美观，每根扣 2 分； (2) 接点松动，每处扣 1 分； (3) 不按 I/O 接线图接线，每处扣 2 分	30	
3	程序输入与调试	熟练操作计算机，能正确将程序输入 PLC，按动作要求进行调试	(1) 不熟练操作 PLC 编程软件的，扣 2 分； (2) 编程软件使用不熟练，不会对指令进行删除、插入、修改等，每处扣 2 分； (3) 不会编辑使用功能指令的，扣 5 分； (4) 第一次试车不成功的扣 5 分；第二次试车不成功扣 10 分；第三次试车不成功扣 20 分	30	
4	安全文明生产	遵守纪律，遵守国家相关专业安全文明生产规程	(1) 不遵守教学场所规章制度，扣 2 分； (2) 出现重大事故或人为损坏设备，扣 10 分	10	
备注			合计		
小组签名					
教师签名					

六、思考与练习

（一）填空题

1. 假设 M15~M0 中的初始状态均为 0，X003~X000 的位状态为 0110，则执行两次"SFTLP X000 M0 K16 K4"指令后，M15~M0 中值分别为_____。

2. 子程序调用指令的助记符为_____。跳转目标标记的指针编号用_____表示，其中_____不可以作为子程序调用指令的指针使用。

（二）编程题

1. 某台设备具有手动和自动两种操作模式。SB1 是操作方式选择开关，当 SB1 处于断开状态时，选择手动操作模式；当 SB1 处于接通状态时，选择自动操作方式，控制要求如下。

（1）手动操作方式：按下启动按钮 SB2，5 s 后电动机单向运行；按下停止按钮 SB3，电动机停止。

（2）自动操作方式：按下启动按钮 SB2，电动机运行 1 min 后自动停机；按下停止按钮 SB3，电动机立即停止。

项目五　PLC 综合系统设计

本项目主要介绍了三菱 FX_{3U} 系列 PLC 之间的通信、变频器的基本结构和参数设置、触摸屏的编程及使用方法。通过具体的综合控制项目设计，掌握 PLC 通信、触摸屏和变频器在实际工程中的综合应用。同时要求能够进行多台 PLC 之间的通信，掌握变频器的基本操作、参数设置和外部端子的功能，能编写触摸屏程序，并将程序写入触摸屏进行调试运行，解决实际工程问题。

知识目标

（1）掌握 PLC 的 $N:N$ 通信。
（2）了解变频器的工作原理、基本结构和各基本功能参数的意义。
（3）熟悉变频器操作面板和外部端子组合控制的接线、参数设置及 PLC 控制方法。
（4）了解触摸屏相关知识，掌握触摸屏的简单应用。
（5）熟悉触摸屏编程软件的使用，掌握图形、对象的操作及属性的设置。

能力目标

（1）会运用 FX_{3U}-485-BD 通信模块对 $N:N$ 通信系统进行简单设计并进行基本编程。
（2）掌握变频器的基本操作和外部端子的功能，能根据控制要求进行参数设置。
（3）能根据项目要求，熟练地使用编程软件编写触摸屏程序，并写入触摸屏与 PLC 进行联机调试运行。
（4）能运用 PLC、触摸屏和变频器进行操作控制，解决实际工程问题。

任务一　三台 PLC 数据通信

一、任务描述

某自动化生产线有 3 个工作站，每一工作站由一台 FX_{3U} 系列 PLC 控制，其中一台 PLC 为主站，另外两台 PLC 为从站，三台 PLC 之间要进行数据交换，通信方式采用 RS-485 通信。系统要求如下：
（1）用主站的输入 X000～X003 来控制 1 号从站的输出 Y000～Y003；
（2）用 1 号从站的输入 X000～X003 来控制 2 号从站的输出 Y010～Y013；
（3）用 2 号从站的输入 X000～X003 来控制主站的输出 Y000～Y003；
（4）1 号从站 D1 的值和 2 号从站 D2 的值在主站相加，运行结果存放到主站的 D3 中。

扫一扫，
查看教学课件

根据系统要求，三台 PLC 之间需进行数据交换（RS-485 通信），那么 PLC 之间的数字量、模拟量是如何进行通信的呢？这是本次任务学习的重点。

二、背景知识

（一）三菱 PLC 通信功能

三菱 PLC 的通信功能如表 5-1 所示。

表 5-1 三菱 PLC 的通信方式及功能

通讯方式	功　　能	用　　途
CC-Link 通信	（1）对于以 MELSEC A、QnA、Q 系列 PLC 作为主站的 CC-Link 系统而言，FX 系列 PLC 可以作为远程设备站进行连接； （2）可以构筑以 FX 系列 PLC 为主站的 CC-Link 系统	生产线的分散控制和集中管理，与上位机网络之间的信息交换等
$N:N$ 网络通信	可以在 FX 系列 PLC 之间进行简单的数据连接	生产线的分散控制和集中管理等
并联连接通信	可以在 FX 系列 PLC 之间进行简单的数据连接	生产线的分散控制和集中管理等
计算机连接通信	可以将计算机等作为主站，FX 系列 PLC 作为从站进行连接	数据采集和集中管理等
无协议通信	可以与具备 RS-232C 或者 RS-485 接口的各种设备，以无协议的方式进行数据交换	与计算机、条形码阅读器、打印机、各种测试仪表之间进行数据交换
变频器通信	可以通过通信控制变频器	运行监控、控制值的写入、参数的参考与变更等

本次任务需通信的数据量不大，功能也比较简单，因此在本次任务中采用 $N:N$ 网络通信。

（二）$N:N$ 网络通信

1. $N:N$ 网络的构成

$N:N$ 网络通信是把最多 8 台 FX 系列 PLC 按照一定的连接方法连接在一起组成一个小型的通信系统，如图 5-1 所示，其中一台 PLC 为主站，其余的 PLC 为从站，每台 PLC 都必须配置 FX_{3U}-485 通信板，系统中的各个 PLC 能够通过相互连接的软元件进行数据共享，达到协同运作的要求。系统中的 PLC 可以是不同的型号，各种型号的 PLC 可以组成 3 种模式，即模式 0、模式 1 和模式 2。PLC 中的一些特殊寄存器可以帮助完成系统的通信参数设定，如站点号的设定、从站数目的设定、模式选择以及通信超时的设定。设定完成后，用户就可以根据需要在主从站的 PLC 中编制要进行数据共享的程序。

2. RS-485 通信设备

如需使用 $N:N$ 网络功能，需在 FX 可编程控制基本单元中增加 RS-485 通信设备，具体类型如图 5-2 所示。在本次任务中，通信采用 FX_{3U}-485-BD，如图 5-3 所示。

PLC综合系统设计 项目五

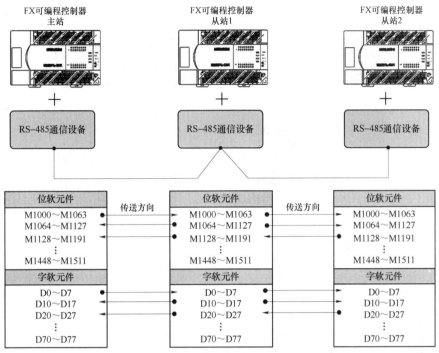

图 5-1　N:N 网络通信系统

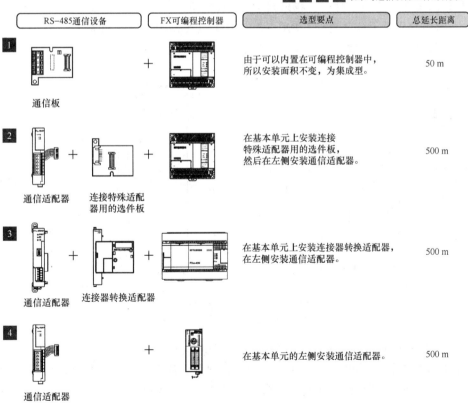

图 5-2　RS-485 通信设备

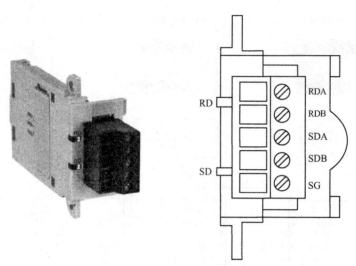

图 5-3 FX$_{3U}$-485-BD 外观及端子布局

具体接线如图 5-4 所示。

注意：

① FX$_{2N}$-485-BD、FX$_{1N}$-485-BD、FX$_{3G}$-485-BD、FX$_{2NC}$-485-ADP、FX$_{3U}$-485-ADP（-MB）上连接的双绞电缆的屏蔽层，采用 D 类接地。

② FG 端子务必连接在已经采取了 D 类接地的可编程控制器主机的接地端子上。如果可编程控制器上没有接地端子时，直接采用 D 类接地。

③ 在回路中需设置终端电阻。FX$_{3U}$-485-BD、FX$_{3G}$-485-BD、FX$_{3U}$-485-ADP（-MB）中内置终端电阻可以通过切换开关设定终端电阻。

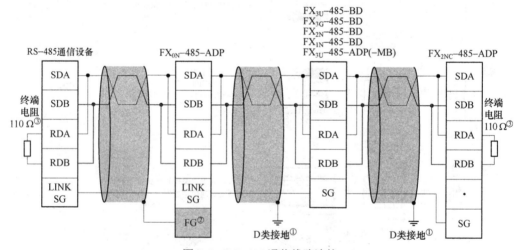

图 5-4 RS-485 通信线路连接

3. 与 $N:N$ 网络通信有关的辅助继电器和数据寄存器

在每台 PLC 的辅助继电器和数据寄存器中分别有一片系统指定的共享数据区，网络中的每一台 PLC 都分配自己的共享辅助继电器和数据寄存器。$N:N$ 网络所使用的从站数量不同、工作模式不同，共享的软元件的点数和范围也不同，这可以通过刷新范围来决定。共享软元件在各 PLC 之间执行数据通信,并且可以在所有的 PLC 中监视这些软元件。

对于某一台 PLC 来说,分配给它的共享数据区数据自动地传送到其他站的相同区域,分配给其他 PLC 共享数据区中的数据是其他站自动传送过来的。对于某一台 PLC 的用户程序来说,在使用其他站自动传来的数据时,感觉就像读写自己内部的数据区一样方便。共享数据区中的数据与其他 PLC 里面的对应数据在时间上有一定的延迟,数据传送周期与网络中的站数和传送数据的数量有关(延迟时间为 18~131 ms)。

使用 $N:N$ 网络时,必须设定软元件,如表 5-2、表 5-3 所示。

表 5-2 与 $N:N$ 网络有关的辅助继电器

属性	软元件	名称	功能	响应类型
只读	M8038	参数设定	用于 $N:N$ 网络参数设置	主、从站
只读	M8138	数据传送 PLC 主站出错	有主站通信错误时为 ON	主站
只读	M8184~M8190	数据传送 PLC 从站(1~7 号站)出错	有 1~7 号从站通信错误时为 ON	主、从站
只读	M8191	数据传送 PLC 执行中	与别站通信时为 ON	主、从站

表 5-3 与 $N:N$ 网络有关的数据寄存器

属性	软元件	名称	功　　能	响应类型
只读	D8173	站号	保存自己的站号	主、从站
只读	D8174	从站总数	保存从站的个数	主站
只读	D8175	刷新范围	保存刷新范围	主、从站
只写	D8176	主从站点号设定	对主从站号规定的数据寄存器,程序中用 MOV 指令将数据 K0 存入寄存器中,表示主站点号为 0 号,从站点号在 1~7 范围内取值	主、从站
只写	D8177	从站总数设定	用来确定网络系统中从站的数量,范围在 1~7 内取值	主站
只写	D8178	刷新范围设定	模式选择寄存器。$N:N$ 网络连接中有 3 种可选模式,从而规定网络里允许连接的 PLC 的型号,而且每种模式都限定了哪些辅助继电器和数据寄存器可用于通信,从而实现在这些寄存器内部的数据共享。从站无须设定	主站
读/写	D8179	重试次数	设置重试次数,从站无须设定	主站
读/写	D8180	监视时间	设置通信超时时间(50~2 550 ms)。以 10 ms 为单位进行设定,设定范围为 5~255。从站无须设定	主站

4. $N:N$ 网络的设定

$N:N$ 网络的设置只有在程序运行或 PLC 启动时才有效。

(1)设置工作站号(D8176)。D8176 的取值范围为 0~7,主站应设置为 0,从站设置为 1~7。

(2)设置从站个数(D8177)。该设置只适用于主站,D8177 的设定范围为 1~7 之间的值,默认值为 7。

(3) 设置刷新范围(D8178)。刷新范围是指主站和从站共享的辅助继电器和数据寄存器的范围。刷新范围由主站的 D8178 来设置,可以设定为 0、1、2(默认为 0),对应的刷新范围见表 5–4。

表 5–4　N:N 网络刷新范围

通信元件	刷新范围		
	模式 0	模式 1	模式 2
	(FX_{0N}、FX_{1S}、FX_{1N}、FX_{2N}、FX_{2NC}、FX_{3U})	(FX_{1N}、FX_{2N}、FX_{2NC}、FX_{3U})	(FX_{1N}、FX_{2N}、FX_{2NC}、FX_{3U})
位元件	0 点	32 点	64 点
字元件	4 点	4 点	4 点

刷新范围只能在主站中设置,但是设置的刷新模式适用于 $N:N$ 网络中所有的工作站。FX_{0N}、FX_{1S} 系列 PLC 应设置为模式 0,否则在通信时会产生通信错误。FX 各系列可编程控制器的连接模式如表 5–5 所示,连接点数如表 5–6 所示。

表 5–5　FX 各系列可编程控制器的连接模式

可编程控制器	模式 0	模式 1	模式 2
FX_{3UC} 系列	○	○	○
FX_{3U} 系列	○	○	○
FX_{3G} 系列	○	○	○
FX_{2NC} 系列	○	○	○
FX_{2N} 系列	○	○	○
FX_{1NC} 系列	○	○	○
FX_{1N} 系列	○	○	○
FX_{1S} 系列	○	×	×
FX_{0N} 系列	○	×	×

注:○:可以设定;×:不可以设定。

表 5–6 中辅助继电器和数据寄存器是供各站的 PLC 共享的。根据在相应站号设定中设定的站号,以及在刷新范围设定中设定的模式不同,使用的软元件编号及点数也有所不同。编程时,请勿擅自更改其他站点中使用的软元件信息,否则不能正常运行。

表 5–6　FX 各系列可编程控制器的连接点数

站号	模式 0		模式 1		模式 2	
	位元件	4 点字元件	32 点位元件	4 点字元件	64 点位元件	8 点字元件
0	—	D0～D3	M1000～M1031	D0～D3	M1000～M1063	D0～D7
1	—	D10～D13	M1064～M1095	D10～D13	M1064～M1127	D10～D17
2	—	D20～D23	M1128～M1159	D20～D23	M1128～M1191	D20～D27
3	—	D30～D33	M1192～M1223	D30～D33	M1192～M1255	D30～D37
4	—	D40～D43	M1256～M1287	D40～D43	M1256～M1319	D40～D47
5	—	D50～D53	M1320～M1351	D50～D53	M1320～M1383	D50～D57
6	—	D60～D63	M1384～M1415	D60～D63	M1384～M1447	D60～D67
7	—	D70～D73	M1448～M1479	D70～D73	M1448～M1511	D70～D77

以模式 1 为例。如果主站的 X000 要控制 2 号站的 Y000，可以用主站的 X000 来控制它的 M1000。通过通信，各从站中的 M1000 的状态与主站的 M1000 相同。用 2 号站的 M1000 来控制它的 Y000，相当于用主站的 X000 来控制 2 号站的 Y000。

（4）设置重试次数（D8179）。D8179 的取值范围为 0～10（默认值为 3），该设置仅用于主站。当通信出错时，主站就会根据设置的次数自动重新通信。

（5）设置通信超时时间（D8180）。D8180 的取值范围为 5～255（默认值为 5），该值乘以 10 ms 就是通信超时时间。该设置仅用于主站。

三、任务实施

如图 5–5 所示为连接 3 台 PLC 的通信系统构成图，该系统有 3 台 PLC（即 3 个站点），其中一台 PLC 为主站，另外两台 PLC 为从站，每个站点的 PLC 都连接一个 FX$_{3U}$–485–BD 通信板，通信板之间用单根双绞线连接。

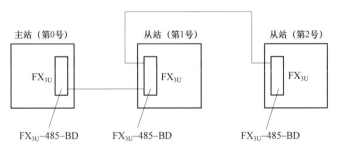

图 5–5　3 台 PLC 的通信系统构成图

（一）通信布线

3 台 PLC 通过 FX$_{3U}$–485–BD 组成 $N:N$ 网络，如图 5–6 所示。

（二）$N:N$ 网络的设置

按照前面所讲的 $N:N$ 网络设置方法，刷新范围选择模式 1（可以访问每台 PLC 的 32 个位元件和 4 个字元件），重试次数为 5，通信超时选 50 ms，设置该任务的相关参数如表 5–7 所示。

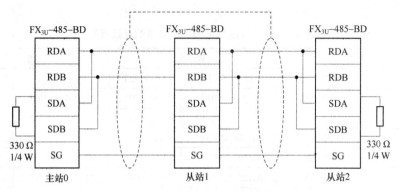

图 5-6　3 台 PLC $N:N$ 网络接线图

表 5-7　$N:N$ 网络参数设置

寄存器	参数	功　　能
D8176	0	主站设置为 0，从站设置为 1 和 2
D8177	2	从站的个数
D8178	1	刷新模式为 1，可以访问每台 PLC 的 32 个位元件和 4 个字元件
D8179	3	重试次数为 3
D8180	5	通信超时时间为 50 ms

（三）程序设计

主站梯形图程序如图 5-7 所示，主站指令语句表如图 5-8 所示。从站 1 梯形图程序如图 5-9 所示，从站 2 梯形图程序如图 5-10 所示。

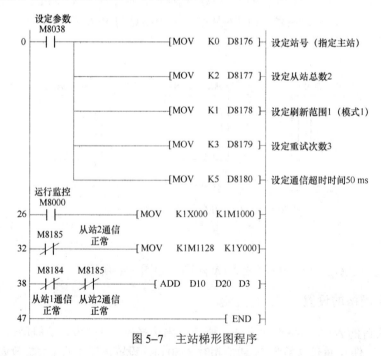

图 5-7　主站梯形图程序

步号	指令	I/O（软元件）
0	LD	M8038
1	MOV	K0　D8176
6	MOV	K2　D8177
11	MOV	K1　D8178
16	MOV	K3　D8179
21	MOV	K5　D8180
26	LD	M8000
27	MOV	K1X000　K1M1000
32	LDI	M8185
33	MOV	K1M1128　K1Y000
38	LDI	M8184
39	ANI	M8185
40	ADD	D10　D20　D3
47	END	

图 5-8　主站指令语句表

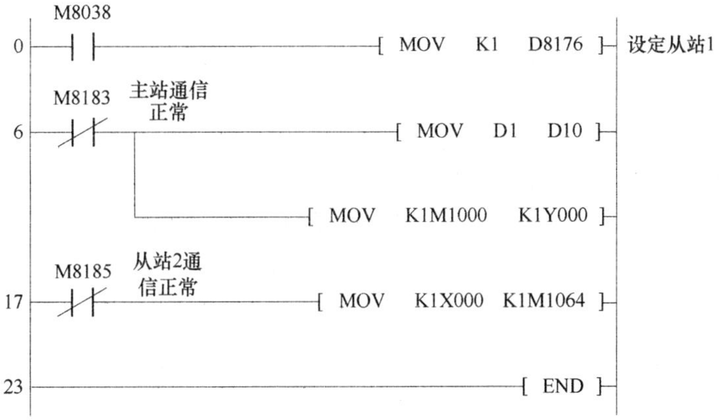

```
       M8038
  0 ─┤├──────────────────────[ MOV  K1    D8176 ]─ 设定从站1
       M8183  主站通信
              正常
  6 ─┤/├──────────────────────[ MOV  D1   D10 ]─
        │
        └──────────────────────[ MOV  K1M1000  K1Y000 ]─
       M8185  从站2通
              信正常
 17 ─┤/├──────────────────────[ MOV  K1X000  K1M1064 ]─

 23 ──────────────────────────────────────[ END ]─
```

图 5-9　从站 1 梯形图程序

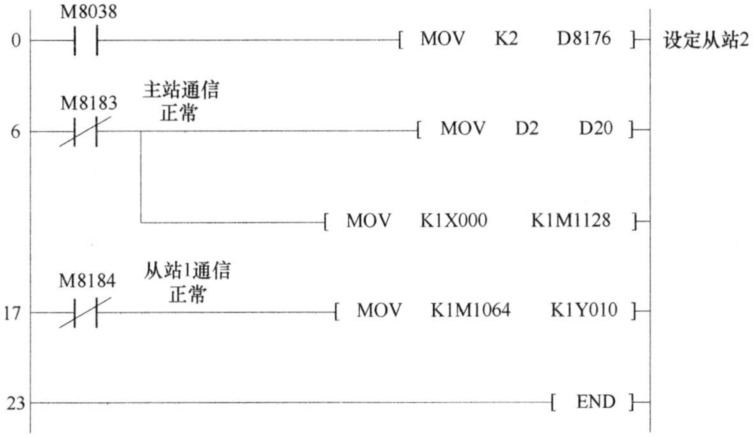

```
       M8038
  0 ─┤├──────────────────────[ MOV  K2    D8176 ]─ 设定从站2
       M8183  主站通信
              正常
  6 ─┤/├──────────────────────[ MOV  D2   D20 ]─
        │
        └──────────────────────[ MOV  K1X000  K1M1128 ]─
       M8184  从站1通信
              正常
 17 ─┤/├──────────────────────[ MOV  K1M1064  K1Y010 ]─

 23 ──────────────────────────────────────[ END ]─
```

图 5-10　从站 2 梯形图程序

试一试：将从站 1 和从站 2 的梯形图程序转换成指令语句表。

四、知识进阶——如何提高 PLC 控制系统的可靠性

PLC 是专门为工业生产环境设计的控制装置,一般不需要采取特别措施,就可以直接在工业环境中使用,但是必须严格按照技术指标规定的条件使用,才能保证长期安全运行。如果环境过于恶劣,电磁干扰特别强烈,或安装使用不当,都不能保证系统的正常安全运行。在系统设计时,应采取相应的可靠性措施,以消除或减少干扰的影响,保证系统的正常运行。

1. 工作环境与安装

PLC 适用于大多数工业控制场合,由它所构成的控制系统可以长期、稳定、可靠地工作。事实上 PLC 也有自己的环境技术条件要求,尽管它的要求较低,但只是相对而言。任何一种电子设备产生故障的原因都可分为外部和内部两类,而外部起因主要是电磁干扰、辐射干扰以及由输入/输出线、电源线等引入的干扰,环境温度、湿度、粉尘、有害气体对系统的影响,振动、冲击引起的元件损坏等,因此对 PLC 工作环境的改善必须引起高度重视并给予充分考虑。同时也应注意控制系统的施工安装这一关键环节,因为安装质量的好坏,直接影响整个系统的工作可靠性和使用寿命。具体工作环境要求及安装注意事项如下。

(1) PLC 的工作环境温度一般为 0 ℃~55 ℃。安装于控制柜内的 PLC 主机及配置模块上下、左右、前后要留有 100 mm 的空间距离,尽量远离发热器件,I/O 模块配线时要使用导线槽,以免妨碍通风。控制柜内必须设置风扇或冷风机,通过滤网把自然风引入柜内,以便降温。在较寒冷的地区,需要考虑恒温控制。

(2) 环境相对湿度应在 35%~85% 范围内。在湿度较大的环境,要考虑把 PLC 主机及配置模块安装于封闭型的控制箱内,箱内要放置吸湿剂或安置抽湿机。

(3) 周围无易燃和腐蚀性气体。

(4) 周围无过量的灰尘和金属微粒。

(5) 避免过度的振动和冲击。

(6) 不能受太阳光的直接照射或水的溅射。

(7) PLC 的基本单元和扩展单元之间要留 30 mm 以上的空间,与其他电器之间要留 100 mm 以上的间隙。

(8) 远离有可能产生电弧的开关或设备。

(9) PLC 系统控制柜应远离强干扰源,如高压电源线、大功率晶闸管装置、变频器、高频高压设备和大型动力设备等。

(10) PLC 主机及配置模块的安装,必须严格按照有关的使用说明书来进行,尽量做到安全、合理、正确、标准、规范、美观、实用。各项安装参数既要达到 PLC 的性能指标,也要符合国家电器安装技术标准。

(11) PLC 的所有单元必须在断电时安装和拆卸。

(12) 为了防止静电对 PLC 组件的影响,在接触 PLC 前,应先用手接触某一接地的金属物体,以释放人体所带静电。

2. 电源的抗干扰措施

电源是干扰进入 PLC 的主要途径之一。在干扰较强或对可行性要求较高的场合,可以在 PLC 的交流电源输入端加接带屏蔽层的隔离变压器和低通滤波器,如图 5-11 所示。隔离变压器可以抑制从电源线窜入的外来干扰,提高抗高频共模干扰能力,屏蔽层应可靠接地。

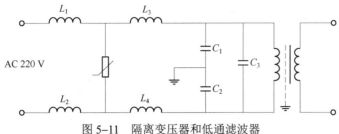

图 5-11 隔离变压器和低通滤波器

动力部分、控制部分、PLC、I/O 电源应分别配线，隔离变压器与 PLC 和 I/O 电源之间采用双绞线连接。系统的动力线应足够粗，以降低大容量异步电动机启动时的线路压降。如果有条件，可以对 PLC 采用单独的供电回路，以避免大容量设备启停时对 PLC 产生干扰。

3. 控制系统的接地

良好的接地是保证 PLC 可靠工作的重要条件，可以避免偶然发生的电压冲击的危害。为了抑制加在电源及输入端和输出端的干扰，应给 PLC 接上专用地线，且其接地点应与动力设备（如电动机）的接地点分开。若达不到这一要求，也必须做到与其他设备公共接地，如图 5-12 所示。接地点应尽可能靠近 PLC。

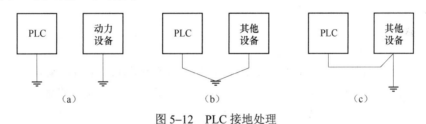

图 5-12 PLC 接地处理
（a）分开接地；（b）公共接地；（c）串联接地

另外，PLC 接地还应该注意：

（1）接地线应尽量粗，一般接地线截面应大于 2 mm²。PLC 接地系统的接地电阻一般应小于 4 Ω。

（2）接地点应离 PLC 越近越好，即接地线越短越好。接地点与 PLC 间的距离不大于 50 m。若 PLC 由多单元组成，则各单元之间应采用同一接地点，以保证各单元间等电位。当然，一台 PLC 的 I/O 单元如果有的分散在较远的现场（超过 100 m），是可以分开接地的。

（3）接地线应尽量避开强电电路和主电路的电线，不能避开时，应垂直相交，应尽量缩短平行走线长度。

（4）PLC 的输入/输出信号线采用屏蔽电缆时，其屏蔽层应用一点接地，应用靠近 PLC 这一端的电缆接地，电缆的另一端不接地。如果信号随噪声波动，可以连接一个 0.1～0.47 μF/25 V 的电容器到接地端。

4. PLC 输入/输出的可靠性措施

若 PLC 的输入端或输出端接有电感性元件，对于直流电路，应在它们两端并联续流二极管，如图 5-13 所示，以抑制电路断开时产生的电弧对 PLC 的影响。对于交流电路，电感性负载的两端应并联阻容吸收电路。一般电容可取 0.1～0.47 μF，电容的额定电压应大于电源峰值电压，电阻可取 51～120 Ω，二极管可取 1 A 的管子，但其额定电压应大于电源电压的峰值。

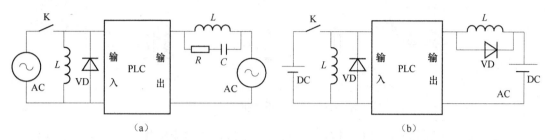

图 5-13　输入/输出电路的抗干扰处理
(a) 交流电路；(b) 直流电路

五、思考与练习

（一）简答题

1. PLC 的通信方式分为哪几种？各有什么特点？
2. PLC 中 $N:N$ 网络通信的设置分为哪几个步骤？

（二）编程题

1. 有一个小型控制系统，系统有 3 台 PLC 控制 3 台电动机，1 台电动机直接延时启动，另外两台电动机采用 Y-△ 降压启动，要求 $N:N$ 网络协议通信。控制要求如下。

（1）通信参数：重试次数 4 次，通信超时时间为 30 ms，采用模式 1 连接软元件。

（2）用主站 0 的 X001 启动、X002 停止控制从站 1 的电动机 Y-△ 降压启动，主站的 D100 定义从站 1 的 Y-△ 延时时间。

（3）从站 1 的电动机启动 50 s 后，从站 2 的电动机进行 Y-△ 降压启动，用从站 1 的 D101 定义从站 2 的 Y-△ 延时时间。

（4）从站 2 的 X001 启动、X002 停止控制主站 0 的电动机进行延时直接启动，用从站 2 的 D202 定义主站 0 的延时时间。

任务二　自动线传送带多段速运行 PLC 系统设计

一、任务描述

用 PLC、变频器设计一个电动机 7 段速运行的综合控制系统。其控制要求如下：

按下启动按钮，电动机以表 5-8 所设置的频率进行 7 段速度运行，每隔 5 s 变化一次速度，最后电动机以 45 Hz 的频率稳定运行。按下停止按钮，电动机停止工作。

扫一扫，
查看教学课件

表 5-8 7 段速设定值

7 段速度	1 段	2 段	3 段	4 段	5 段	6 段	7 段
设定值	10 Hz	20 Hz	25 Hz	30 Hz	35 Hz	40 Hz	45 Hz

交流异步电动机利用电磁线圈把电能转换成电磁力，再依靠电磁力做功，从而把电能转换成转子的机械运行。交流电动机结构简单，可产生较大功率，在有交流电源的地方都可以使用。在本次任务的实施过程中，要求电动机可以改变速度，改变电动机速度的方法很多，本次任务主要介绍现代电气控制中一种非常重要的变频调速设备——变频器。

二、背景知识

（一）变频调速的基本原理

当交流异步电动机绕组电流的频率为 f，电动机的磁极对数为 p，则同步转速（r/min）可用 $n_0=120f/p$ 表示。异步电动机的转子转速 n 的计算公式为：

$$n = \frac{60f}{p}(1-s)$$

式中，s 为转差率。

由公式可见，要改变电动机的转速可采用 3 种方法：① 改变磁极对数 p；② 改变转差率 s；③ 改变频率 f。在本次任务中，交流电动机的调速采用变频调速的方式。

从公式表面看，只要改变定子电源电压的频率 f 就可以调节转速大小了，但是事实上只改变 f 并不能正常调速，而且会引起电动机因过电流而烧毁的可能。这是由异步电动机的特性决定的。异步电动机的变频调速必须按照一定的规律同时改变其定子电压和频率，即必须通过变频器获得电压和频率均可调节的供电电源，实现变压变频调速（Variable Voltage Variable Frequency，VVVF）控制。

三相异步电动机在运行过程中需注意，若其中一相和电源断开，则变成单相运行。此时电动机仍会按原来方向运转。但若负载不变，三相供电变为单相供电，电流将变大，导致电动机过热。使用时要特别注意这种现象；三相异步电动机若在启动前有一相断电，将不能启动。此时只能听到嗡嗡声，长时间启动不了，也会过热，必须赶快排除故障。注意外壳的接地线必须可靠地接大地，防止漏电引起人身伤害。

（二）变频器基本知识

1. 变频器的结构及工作原理

变频器按照工作原理可以分为交-交变频器和交-直-交变频器两种形式。交-交变频器只要一个环节就可以把恒压恒频的交流电源转换为变压变频的电源，因此又称为直接变频器，如图 5-14（a）所示。

交-直-交变频器又称为间接变频器，它是先把工频交流电通过整流器转换成直流电，然后再把直流电逆变为频率、电压均可调节的交流电，如图 5-14（b）所示。交-直-交变频器主要由主电路（包括整流器、中间直流环节、逆变器）和控制电路组成。

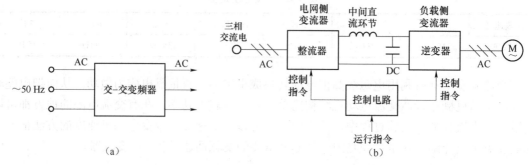

图 5-14 变频器分类
(a) 交-交变频器；(b) 交-直-交变频器

整流器主要是将电网的三相交流电整流成直流电；逆变器是通过由 6 个半导体开关组成的三相桥式逆变电路，有序地控制逆变器中主开关器件的通断，可将直流电转换成任意频率的三相交流电；中间直流环节又称中间储能环节，由于变频器的负载一般为异步电动机，属于感性负载，运行过程中中间直流环节和电动机之间总会有无功功率交换，这种无功能量要靠中间直流环节的储能元件（电容器或电抗器）来缓冲；控制电路通常由运算电路、检测电路、控制信号的输入/输出电路和驱动电路构成，主要是完成对逆变器的开关控制、对整流器的电压控制以及完成各种保护功能。

变频器的种类和型号很多，这里主要介绍三菱系列的变频器，具体型号为 FR-D720S-0.75K-CHT。其中，D720S 表示单相 200 V 系列，0.75 K 表示变频器容量为 "0.75 kW"，外观如图 5-15 所示。

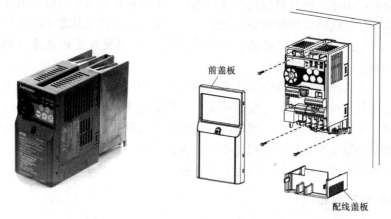

图 5-15 三菱 FR-D720S 变频器外观图

端子接线如图 5-16 所示。

2. 变频器的外部接线

FR-700 系列变频器的主电路端子说明如表 5-9 所示，其中 720S 电源线必须接变频器的输入端子 L1、N，输出端子接 U、V、W。740 电源线必须接变频器的输入端子 L1、L2、L3，输出端子 U、V、W 接三相电动机，绝对不能接反，否则，将损毁变频器。720S 为单相电源输入，740 为三相电源输入，如图 5-17 所示。

PLC综合系统设计 项目五

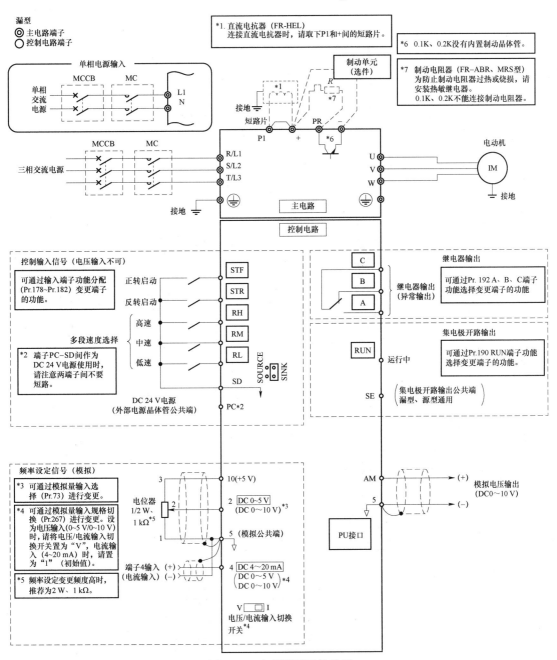

图 5-16 变频器端子接线图

表 5-9 FR-700 系列变频器的主电路端子说明

端子记号	端子名称	端子功能
R/L1、S/L2、T/L3*	交流电源输入	连接工频电源；当使用高功率因数变流器（FR-CV）时不要连接任何东西
U、V、W	变频器输出	连接三相鼠笼电动机
+、PR	制动电阻器连接	在端子+和 PR 间连接选购的制动电阻器（FR-ABR、MRS）。（0.1 K、0.2 K 不能连接）

续表

端子记号	端子名称	端子功能
+、-	制动单元连接	连接制动单元（FR-BU2）、共直流母线变流器（FR-CV）以及高功率因数变流器（FR-HC）
+、P1	直流电抗器连接	拆下端子+和P1间的短路片，连接直流电抗器
⏚	接地	变频器机架接地用。必须接大地

* 单相电源输入时，为端子L1、N。

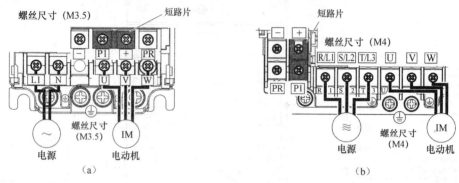

图 5-17　主电路接线端子
(a) 单相电源输入；(b) 三相电源输入

控制电路的端子布局如图 5-18 所示。推荐电线的规格为 0.3～0.75 mm^2。接线时需拨开电线外皮，使用柱状端子接线。在接线时可将柱状端子插入接线口进行接线，拆卸时用一字螺丝刀将开关按钮按入深处，然后再拔出电线，如图 5-19 所示。

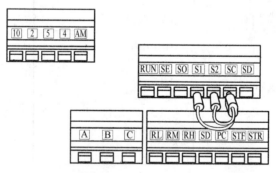

图 5-18　控制电路端子

接线时需注意以下事项：

（1）端子 SD、SE 以及端子 5 是输入/输出信号的公共端端子，不要将该公共端接大地。
（2）控制电路端子的接线应使用屏蔽线或双绞线，而且要跟主电路、强电电路分开接线。
（3）不要向控制电路的接点输入端子（例如：STF）输入电压。
（4）异常输出端子（A、B、C）上务必接上继电器线圈或指示灯。
（5）连接控制电路端子的电线建议使用尺寸 0.3～0.75 mm^2 的电线。若使用尺寸为

1.25 mm² 或以上的电线，在接线数量多或者由于接线方法不当时，会发生前盖板松动或脱落现象。

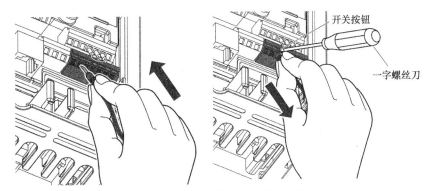

图 5-19 控制电路接线、拆线方法

（6）接线请使用 30 m 或以下长度的电线。
（7）不要使端子 PC 与端子 SD 短路，否则可能导致变频器故障。
控制电路端子的说明如表 5-10 所示。

表 5-10 控制电路端子说明

	端子记号	端子名称	端子功能	
输入信号	接点输入	STF	正转启动	STF 信号 ON 时为正转，OFF 时为停止指令	STF、STR 信号同时为 ON 时，为停止指令
		STR	反转启动	STR 信号 ON 时为反转，OFF 时为停止指令	
		RH RM RL	多段速度选择	可根据端子 RH、RM、RL 信号的短路组合，进行多段速的选择；速度指令的优先顺序是：JOG，多段速设定（RH、RM、RL、REX），AU	根据输入端子功能选择（P60～P63）可改变端子的功能；RL、RM、RH、RT、AU、STOP、MRS、OH、REX、JOG、RES、X14、X16（STR）信号选择
		SD[①]	触点输入公共端（漏型）	此为触点输入（端子 STF、STR、RH、RM、RL）的公共端子	
		PC	外部晶体管公共端 DC 24 V 电源接点输入公共端（源型）	当连接程序控制器（如 PLC）之类的晶体管输出（集电极开路输出）时，把晶体管输出用的外部电源接头连接到这个端子，可防止因回流电流引起的误动作； PC-SD 间的端子可作为 DC 24 V/0.1 A 的电源使用； 连接源型逻辑时，此端子为接点输入信号的公共端子	
	频率设定	10	频率设定用电源	DC 5 V，容许负载电流 10 mA	
		2	频率设定（电压信号）	输入 DC 0～5 V（或 0～10 V）时，输出成比例；输入 5 V（10 V）时，输出为最高频率； 通过 Pr.73 进行 DC 0～5 V（初始设定）和 DC 0～10 V 输入的切换操作； 输入阻抗为 10 kΩ；最大容许输入电压为 20 V	
		4	频率设定（电流信号）	输入 DC 4～20 mA。出厂时调整为 40 mA 对应 0 Hz，20 mA 对应 50 Hz。 最大容许输入电流为 30 mA；输入阻抗为 250 Ω； 电流输入时，请把信号 AU 设定为 ON。AU 信号设定为 ON 时，电压输入变为无效。AU 信号用 Pr.60～Pr.63（输入端子功能选择）设定	
		5	频率设定公共输入端	此端子为频率设定信号端子（2、4）及端子"AM"的公共端	

续表

端子记号			端子名称	端子功能	
输出信号		A B C	报警输出	指示变频器因保护功能动作而输出停止的转换触点。AC 230 V/0.3 A，DC 30 V/0.3 A。报警时 B–C 之间不导通（A–C 之间导通），正常时 B–C 之间导通（A–C 间不导通）	根据输出端子功能选择（P64，P65）可以改变端子的功能。RUN、SU、OL、FU、RY、Y12、Y13、FDN、FUP、RL、Y93、Y95、LF、ABC 信号选择
	集电极开	运行（RUN）	变频器运行中	变频器输出频率高于启动频率时（出厂为 0.5 Hz 可变动）为低电平，停止及直流制动时为高电平②。容许负荷 DC 24 V/0.1 A（ON 时最大电压下降 3.4 V）	
		SE	集电极开路公共端	变频器运行时端子 RUN 的公共端子，请不要将其接地。端子 SD、SE 以及 5 相互绝缘	
	模拟	AM	模拟信号输出	从输出频率、电动机电流选择一种作为输出。输出信号与各监视项目的大小成比例	出厂设定的输出项目：频率容许负荷电流 1 mA，输出信号 DC 0～5 V
通信		—	RS–485 接头	用参数单元连接电缆（FR–CB201–205），可以连接参数单元（FR–PU04–CH），可用 RS–485 进行通信运行。RS–485 通信的详细情况参照使用手册	

① 端子 SD 与 PC 不要相互连接、不要接地。漏型逻辑（出厂设定）时，端子 SD 为触点输入的公共端子；源型逻辑时，端子 PC 为触点输入的公共端子。
② 低电平表示集电极开路输出用的晶体管处于 ON 状态（导通状态），高电平表示处于 OFF 状态（不导通状态）。

注意：
（1）噪声干扰可能导致误动作发生，所以信号线要离动力线 10 cm 以上。
（2）接线时不要在变频器内留下电线切屑。电线切屑可能导致异常、故障、误动作发生。始终保持变频器清洁。在控制柜钻安装孔时请务必注意不要使切屑粉掉进变频器内。
（3）为安全起见，单相电源输入规格的产品的输入电源通过电磁接触器及漏电断电器或无熔丝断路器与接头相连。电源的开关用电磁接触器实施。
（4）单相电源输入规格的产品的输入电源输出为三相 200 V。

（三）变频器的运行模式

变频器操作面板外形、各按键及各显示符功能如图 5–20 所示。

在变频器不同的运行模式下，各种按键、M 旋钮的功能各异。所谓运行模式是指对输入到变频器的启动指令和设定频率的命令来源的指定。

一般来说，使用控制电路端子、在外部设置电位器和开关来进行操作的是"外部运行模式"，使用操作面板或参数单元输入启动指令、设置频率的是"PU 运行模式"，通过 PU 接口进行 RS–485 通信或使用通信选件的是"网络运行模式（NET 运行模式）"。在进行变频器操作以前，必须了解其各种运行模式，才能进行各项操作。

FR–D700 系列变频器通过参数 Pr.79 的值来指定变频器的运行模式，设定值范围为 0、1、2、3、4、6、7，这 7 种运行模式的内容以及相关 LED 的指示状态如表 5–11 所示。

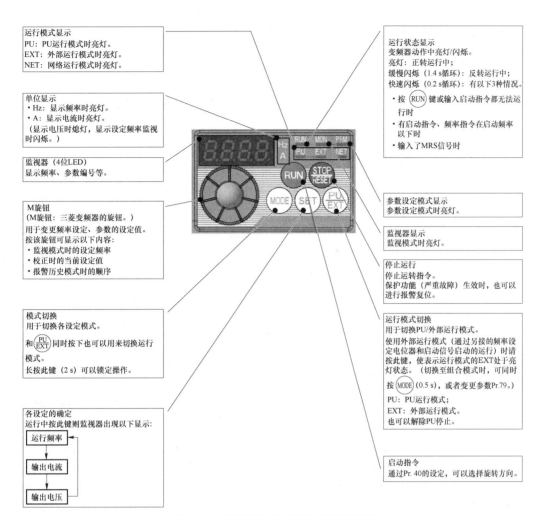

图 5-20 变频器操作面板及各按键功能

表 5-11 变频器运行模式

参数编号	名称	初始值	设定范围	内容	LED 显示
79	运行模式选择	0	0	外部/PU 切换模式。(通过 PU/EXT 可切换 PU、外部运行模式) 电源接通时为外部运行模式	外部运行模式 EXT / PU 运行模式 PU
			1	PU 运行模式固定	PU
			2	外部运行模式固定 可以切换外部、网络运行模式进行运行	外部运行模式 EXT / 网络运行模式 NET

续表

参数编号	名称	初始值	设定范围	内容		LED 显示 灭灯 亮灯
79	运行模式选择	0	3	外部/PU 组合运行模式 1		PU EXT
				频率指令	启动指令	
				用操作面板、PU 设定或外部信号输入（多段速设定、端子 4-5 间（AU 信号 ON 时有效））	外部信号输入（端子 STF、STR）	
			4	外部/PU 组合运行模式 2		
				频率指令	启动指令	
				外部信号输入（端子 2、4、JOG、多段速选择等）	通过操作面板的 RUN 键或通过参数单元的 FWD、REV 键来输入	
			6	切换模式 可以一边继续运行状态，一边实施 PU 运行、外部运行、网络运行的切换		PU 运行模式 PU 外部运行模式 EXT 网络运行模式 NET
			7	外部运行模式（PU 运行互锁）		PU 运行模式 PU 外部运行模式 EXT

（四）变频器的参数设置

变频器出厂时，参数 Pr.79 设定值为 0。当停止运行时用户可以根据实际需要修改其设定值。修改 Pr.79 设定值的一种方法是：按下 MODE 键使变频器进入参数设定模式；旋动 M 旋钮，选择参数 Pr.79，用 SET 键确定之；然后再旋动 M 旋钮选择合适的设定值，用 SET 键确定之；两次按 MODE 键后，变频器的运行模式将变更为设定的模式。图 5-21 是设定参数 Pr.79 的一个例子，该例子是把变频器从固定外部运行模式变更为组合运行模式 3。

变频器的参数设置

变频器参数的出厂设定值被设置为完成简单的变速运行。如需按照负载和操作要求设定参数，则应进入参数设定模式，先选定参数号，然后设置其参数值。设定参数分两种情况，一种是停机 STOP 方式下重新设定参数，这时可设定所有参数；另一种是在运行时设定，这时只允许设定部分参数,但是可以核对所有参数号及参数。图 5-22 是参数设定过程的一个例子,所完成的操作是把参数 Pr.1(上限频率)从出厂设定值 120.0 Hz 变更为 50 Hz,假定当前运行模式为外部/PU 切换模式(Pr.79=0)。

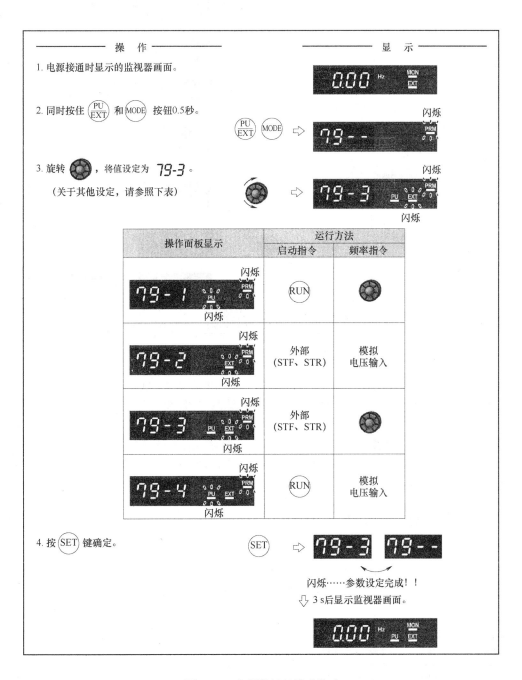

图 5-21 变频器运行模式修改

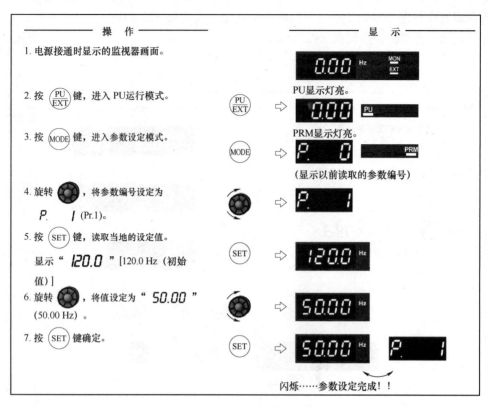

图 5-22 变频器参数修改

上述的参数设定过程,需要先切换至 PU 模式下,再进入参数设定模式,与图 5-21 所示的方法有所不同。实际上,在任一运行模式下,按 MODE 键,都可以进入参数设定,如图 5-22 所示那样,但只能设定部分参数。

注意:FR-D700 变频器有几百个参数,实际使用时,只需根据使用现场的要求设定部分参数,其余按出厂设定即可。一些常用的参数,则是应该熟悉的。关于参数设定更详细的说明请参阅 FR-D700 使用手册。

三、任务实施

变频器可以在 3 段(Pr.4~Pr.6)或 7 段(Pr.4~Pr.6 和 Pr.24~Pr.27)速度下运行,如表 5-12 所示。其运行频率分别由参数 Pr.4~Pr.6 和 Pr.24~Pr.27 来设定,由外部端子来控制变频器实际运行在哪一段速度。图 5-23 为 7 段速度对应的端子示意图。

表 5-12 7 段速与端子、参数对应表

7 段速度	1 段	2 段	3 段	4 段	5 段	6 段	7 段
输入端子闭合	RH	RM	RL	RM、RL	RH、RL	RH、RM	RH、RM、RL
参数号	Pr.4	Pr.5	Pr.6	Pr.24	Pr.25	Pr.26	Pr.27

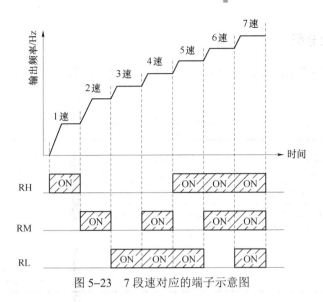

图 5-23　7 段速对应的端子示意图

（一）变频器参数设定

根据控制要求，设定变频器的基本参数、操作模式选择参数和多段速设定等参数，具体如表 5-13 所示。

表 5-13　参数设置

参数编号	参数名称	单位	初始值	设定值	备注
Pr.160	扩展功能显示选择	1	9 999	0	显示所有参数
Pr.1	上限频率	0.01 Hz	120 Hz	50 Hz	输出频率的上限
Pr.2	下限频率	0.01 Hz	0 Hz	0 Hz	输出频率的下限
Pr.3	基波频率	0.01 Hz	120 Hz	50 Hz	电动机的额定频率
Pr.7	加速时间	0.01 s	5/10 s	2.5 s	
Pr.8	减速时间	0.01 s	5/10 s	2.5 s	
Pr.9	电子过电流保护	0.01 A	变频器额定电流	设定电动机的额定电流	
Pr.79	运行模式选择	1	0	3	外部/Pr.U 组合运行模式 1
Pr.4	多段速度设定	0.01 Hz	50 Hz	10 Hz	1 速
Pr.5	多段速度设定	0.01 Hz	30 Hz	20 Hz	2 速
Pr.6	多段速度设定	0.01 Hz	10 Hz	25 Hz	3 速
Pr.24	多段速度设定	0.01 Hz	9 999	30 Hz	4 速
Pr.25	多段速度设定	0.01 Hz	9 999	35 Hz	5 速
Pr.26	多段速度设定	0.01 Hz	9 999	40 Hz	6 速
Pr.27	多段速度设定	0.01 Hz	9 999	45 Hz	7 速
Pr.179	STR 端子功能选择	1	61	62	将端子 STR 端子功能选择设为"复位"（RES）功能

（二）I/O 地址分配

根据系统的控制要求、设计思路和变频器的参数设定，PLC 的输入/输出分配如表 5-14 所示。

表 5-14 I/O 分配表

输入信号			输出信号		
输入元件	设备名称	输入继电器	输出元件	设备名称	输出继电器
SB1	1 号工作台呼叫按钮	X000	运行信号	STF	Y000
SB2	2 号工作台呼叫按钮	X001	1 速	RH	Y001
			2 速	RM	Y002
			3 速	RL	Y003
			复位	STR/RES	Y004

（三）电气原理图绘制

PLC 与变频器的外部接线示意图如图 5-24 所示，PLC 选用 FX_{3U}—32MR，变频器选用 FR-D720S。

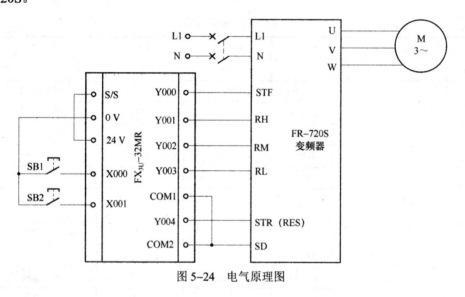

图 5-24 电气原理图

（四）程序设计

根据系统控制要求，可设计出控制系统的顺序功能图，如图 5-25 所示。

（五）安装与调试

（1）先给变频器上电，按上述变频器的设定参数值进行变频器的参数设定。

（2）输入 PLC 程序，并将 PLC 程序下载到 PLC 中。

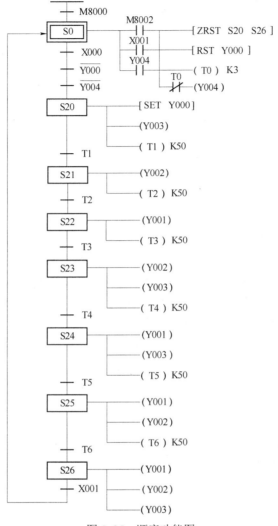

图 5-25 顺序功能图

（3）PLC 模拟调试，按照图 5-24 所示的系统接线图正确连接好设备（按钮 SB1、SB2），进行 PLC 的模拟调试，观察 PLC 的输出指示灯是否按要求指示（按下按钮 SB1，PLC 的输出指示灯 Y000、Y003 亮，5 s 后 Y000 灭，Y001、Y002 亮，再过 5 s 后 Y002 灭，Y000、Y001 亮，再过 5 s 后 Y001 灭，Y000、Y002、Y003 亮，再过 5 s 后 Y002 灭，Y000、Y001、Y003 亮，再过 5 s 后 Y003 灭，Y000、Y001、Y002 亮，再过 5 s 后 Y000、Y001、Y002、Y003 亮，任何时候按下停止按钮 SB2，Y000～Y003 都熄灭）。若输出有误，检查并修改程序，直至指示正确。

（4）空载调试。按照图 5-24 所示的系统接线图，将 PLC 与变频器连接好，但不接电动机，进行 PLC、变频器的空载调试，通过变频器的操作面板观察变频器的输出频率是否符合要求（即按下启动按钮 SB1，变频器输出 10 Hz，5 s 后输出 20 Hz，以后分别以 5 s 的间隔输出 25 Hz、30 Hz、35 Hz、40 Hz、45 Hz，任何时候按下停止按钮 SB2，变频器在 2 s 内减速至停止），若变频器的输出频率不符合要求，检查变频器参数、PLC 程序，直至变频器按要求运行。

（5）系统调试。按照图 5-24 所示的系统接线图正确连接好全部设备，进行系统调试，观察电动机能否按照控制要求进行。否则，检测系统接线、变频器参数、PLC 程序，直至电动机按照控制要求运行。

四、知识进阶——如何减少 PLC 输入/输出点数

在 PLC 的实际应用中，经常遇到输入点或输出点不够用的问题，最简单的方法就是通过增加 I/O 扩展单元或 I/O 模块来解决，但是如果不是需要增加很多点，可以通过对输入或输出信号进行一定的处理来节省一些 I/O 点数。

（一）减少所需 PLC 输入点数的方法

1. 合并输入扩展法

几个动断触点串联或动合触点并联时，用合并输入的方法与 PLC 相连，可有效地减少占用 PLC 的输入点数。例如：一个两地控制的继电器-接触器控制线路如图 5-26 所示。由图可见：有 4 个动断触点串联，两个动合触点并联。在转换成 PLC 控制时，外部的输入信号有多种接线方式，对应的梯形图也有多种。如果对输入信号不采取任何合并措施，梯形图形象直观，对于判断外部输入信号的故障时很方便，但是占用了 6 个输入点。如果输入点比较紧张时，可采取先在 PLC 外部将 4 个动断触点串联，两个动合触点并联后再接入 PLC 的输入端子的方法，只占用两个输入点，如图 5-27 所示。

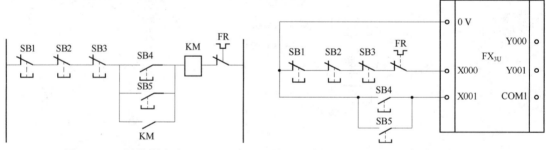

图 5-26 两地控制电路　　　　图 5-27 输入触点的合并

2. 机外设置输入扩展法

对某些功能简单、与其他设备没有联锁的输入信号，如某些手动操作按钮、热继电器的动断触点等，在 PLC 的输入点紧张时，可设置在 PLC 外部的输出电路中，如图 5-28 所示。

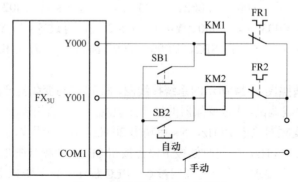

图 5-28 机外设置输入扩展法

3. 分组输入扩展法

为便于单机就地操作和调试，增加系统的可靠性，PLC 控制系统一般都要设置自动和手动两种操作方式，而自动操作程序和手动操作程序是不会同时执行的。因此，可以将这两种不同操作方式的输入信号按自动和手动分成两组，用分组输入的方法由自动/手动转换开关进行切换，并通过外部输入点控制程序进行转换，如图 5-29 所示。

（二）减少所需 PLC 输出点数的方法

1. 公共输出点扩展法

如果通断状态完全相同的两个或多个负载并联时，可共用一个输出点，如图 5-30 所示；也可以通过外部的或 PLC 控制的转换开关，使每个 PLC 输出点可以控制两个以上不同时工作的负载。当 PLC 同时带动多个并联的负载时，应注意校验 PLC 的带负载能力。

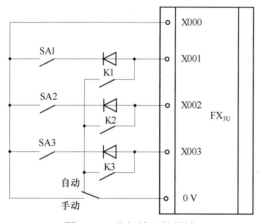
图 5-29 分组输入扩展法

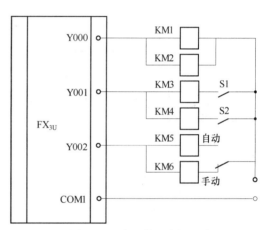
图 5-30 公共输出点扩展法

2. 机外设置输出扩展法

对某些控制逻辑而言，不参与工作循环的设备，或者在工作循环开始之前必须预先启动的设备，可不通过 PLC 控制。例如液压设备的液压泵电动机的启动、停止控制就可以不由 PLC 来承担。

3. 矩阵式输出扩展法

用矩阵式输出扩展法比较简单，此种接法需考虑 PLC 的输出类型，如图 5-31 所示。

此外，在采用信号灯做负载（例如指示不同的工步或电梯中的指示灯）时，采用数码管做指示灯可以少用输出点。一个七段数码管可以显示 0~9 这十种不同的状态，但它只占 4 个输出点。如果用单灯指示 10 种状态，则需要 10 个指示灯，要占用 10 个输出点。

五、技能强化——用模拟量输出模块来控制电动机运行频率

变频器的频率设定，除了用 PLC 输出端子控制多段速设定外，也有连续设定频率的需求。例如在变频器安装和接线完成进行运行试验时，常常用调速电位器连接到变频器的模拟量输入信号端，进行连续调速试验。如图 5-32 所示，频率设定信号在端子 2-5 之间输入 DC 0~5 V（或者 DC 0~10 V）的电压。输入 5 V 或 10 V 时为最大输出频率。5 V 的电源既可以使用内

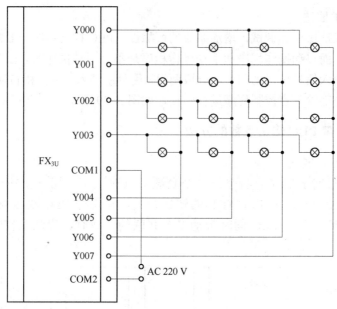

图 5-31 矩阵式输入扩展法

部电源，也可以使用外部电源输入；10 V 的电源应使用外部电源输入，内部电源在端子 10-5 间输出 DC 5 V。

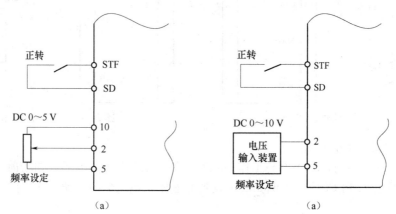

图 5-32 利用模拟量调节变频器频率
(a) 使用端子 2 (DC 0～5 V) 时的接线；(2) 使用端子 2 (DC 0～10 V) 时的接线

（一）设计要求

运用 PLC 和 FX_{0N}—3A 模块控制变频器实现多段速调速，变频器加速、减速时间均为 2 s。其控制要求如下：

（1）按 X001～X005 可分别控制变频器在 10 Hz、20 Hz、30 Hz、40 Hz、50 Hz 情况下的运行。

（2）按 X000 控制变频器启停。

（二）训练过程

（1）列 I/O 分配表，画出 PLC 硬件接线图。

(2）根据控制要求，完成电路线路连接，设定变频器参数。
(3）编写 PLC 程序。
(4）输入、调试程序。
(5）运行控制系统。
(6）汇总整理文档，保存工程文件。

（三）考核标准

技能训练考核标准如表 5-15 所示。

表 5-15 技能考核评价表

序号	主要内容	考核内容	评分标准	配分	得分
1	方案设计	根据控制要求，列出 I/O 分配表，画出电气原理图，设计梯形图程序	(1) 输入/输出地址遗漏或错误，每处扣 1 分； (2) 梯形图表达不正确或画法不规范，每处扣 2 分； (3) 功能指令有错误，每处扣 2 分； (4) 没有使用模拟量模块的，扣 5 分	20	
2	安装与接线	按电气原理图进行安装接线，接线要正确、紧固、美观	(1) 接线不紧密、不美观，每根扣 2 分； (2) 接点松动，每处扣 1 分； (3) 不按 I/O 接线图接线，每处扣 2 分	30	
3	变频器设置	根据控制要求设计变频器各运行参数	(1) 变频器运行方式设置错误，扣 5 分； (2) 其他参数设置错误，每处扣 2 分； (3) 不会设置参数，扣 10 分	10	
4	程序输入与调试	熟练操作计算机，能正确将程序输入 PLC，按动作要求进行调试	(1) 不熟练操作 PLC 编程软件的，扣 2 分； (2) 编程软件使用不熟练，不会对指令进行删除、插入、修改等，每处扣 2 分； (3) 不会编辑使用功能指令的，扣 5 分； (4) 第一次试车不成功扣 5 分；第二次试车不成功扣 10 分；第三次试车不成功扣 20 分	30	
5	安全文明生产	遵守纪律，遵守国家相关专业安全文明生产规程	(1) 不遵守教学场所规章制度，扣 2 分； (2) 出现重大事故或人为损坏设备，扣 10 分	10	
备注			合计		
小组签名					
教师签名					

六、思考与练习

（一）填空题

1. 变频器的组成可分为_____电路和_____电路。
2. 在监视模式下，显示屏显示变频器的_____和_____等参数。
3. 若要对变频器的上升时间和加、减速基准频率进行参数设置，则需要设置的参数号分别为_____和_____。
4. 三相鼠笼式交流异步电动机主要有_____、_____和_____三种调速方式。

（二）编程题

混凝土搅拌系统由以下电气控制回路组成：进料泵、出料泵均由电动机 M1 驱动（M1 为三相异步电动机，可以实现正反转控制，正转实现进料工作，反转实现出料工作，需要考虑联锁保护）；搅拌泵由电动机 M2 驱动（M2 为三相异步电动机，由变频器进行多段速控制，变频器参数设置为第一段速为 10 Hz，第二段速为 30 Hz，加速时间 1 s，减速时间 2 s）。M1 电动机旋转以"顺时针旋转为正向，逆时针旋转为反向"为准。下面要对该搅拌系统进行手动调试，功能如下：

（1）进料泵、出料泵对应电动机 M1 调试过程。

按下 SB1 按钮，M1 电动机以正转运行 4 s 后反转运行 6 s 停止，电动机 M1 调试结束。

（2）搅拌泵对应电动机 M2 调试过程。

按下启动按钮 SB1 后，电动机 M2 以 10 Hz 启动，5 s 后以 30 Hz 运行，运行 5 s 后停止。请设计该系统的控制电路、变频器参数及手动调试部分梯形图程序。

任务三　基于触摸屏的自动送料装置系统设计

一、任务描述

送料小车初始位置停在右侧仓库工位处，如图 5-33 所示。要求用 PLC 和一台昆仑通态 TPC7062K 触摸屏进行控制和显示，具体控制要求如下：

扫一扫，
查看教学课件

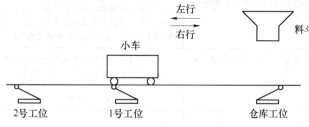

图 5-33　自动送料装置运行示意图

（1）按下启动按钮后，小车开始装料，装料时间为 5 s。

（2）装料完毕后小车开始前进，至"1 号工位"位置时，进行卸料，卸料时间为 8 s。卸完料后再后退到"仓库工位"进行装料，装料时间为 5 s。

（3）在"仓库工位"位置装料完毕后小车前进，行至"2 号工位"位置后开始卸料，卸料时间为 8 s，卸完料后再后退到"仓库工位"。

（4）在运行过程中按下停止按钮，系统运行完当前循环后停止。

（5）小车运行由一台三相异步电动机拖动，功率为 3.7 kW。装料采用 DC 24 V 驱动的装料机，功率为 80 W，卸料采用 DC 24 V 驱动的卸料机，功率为 80 W。

（6）"启动按钮""停止按钮"的功能要求可以使用触摸屏和真实按钮两种实现方式，另外，在触摸屏画面上动态显示送料小车的装料、卸料、左行、右行的工作状态。

在本次任务中需要使用触摸屏及工业组态软件。工业自动化组态软件的发展有两个方向，一方向是向大型平台软件发展，例如，直接从组态软件发展成大型的 CIMS、ERP 系统等；另一方向是向小型化发展，由通用组态软件演变为嵌入式组态软件，可使大量的工业控制设备或生产设备具有更多的自动化功能，促使国家工业自动化程度快速提升，因此嵌入式方向发展机会更多、市场容量更大。MCGS 组态软件和触摸屏 TPC 系列得到了主流工控硬件企业的大力支持，其应用深受用户的好评。

二、背景知识

（一）认识嵌入式组态和触摸屏

嵌入式组态软件是一种用于嵌入式系统并带有网络功能的应用软件，嵌入式系统是指可嵌入至某一设备产品并可连接至网络的带有智能（即微处理器）的设备。例如，在自动柜员机（ATM）、办公设备、家庭自动化、家用电器、个人数码助理乃至航空电子领域都有广泛应用。嵌入式组态软件的开发系统一般运行于具有良好人机界面的 Windows CE、Linux 和 DOS 之上，设置支持特定的 CPU。嵌入式系统具有与 PC 几乎一样的功能，与 PC 的区别仅仅是将微型操作系统与应用嵌入在 ROM、RAM 与 Flash 存储器中，而不是存储于磁盘等载体中。

随着后 PC 时代的到来，在制造业领域更注重使用符合其特定需求并带有智能的嵌入式工业控制组态软件，而嵌入式组态软件特具的按功能剪裁的特效，以及其内嵌的实时多任务操作系统，可保证整个嵌入系统体积小、成本低、实时性强、可靠性高的同时，方便不具有嵌入式开发经验的客户在极短的时间内，使用嵌入式组态软件快速开发完成一个嵌入式系统，并极大地缩短嵌入式产品进入市场的速度，并且使产品具有丰富的人机界面。北京昆仑通态自动化软件科技有限公司即将推出的嵌入式软件包（McgsForEmbedded）包括组态环境和运行环境两大部分。组态环境运行于 Windows 操作系统上，具备与北京昆明通态自动化软件科技有限公司已经推出的通用版本组态软件和 WWW 版本组态软件相同的组态环境里，有效帮助用户建造从嵌入式设备、现场监控工作站到企业监控信息网在内的完整解决方案。

1. 认识 MCGS 嵌入式

MCGS 嵌入式组态软件是昆仑通态公司专门开发用于 mcgsTPC 的组态软件，主要完成现场数据的采集和检测，前端数据的处理与控制。MCGS 嵌入式组态软件与其他硬件设施结合，可以快速，方便地开发各种用于现场采集，数据处理和控制的设备。例如，可以灵活地组态各种智能仪器、数据采集模块、无纸记录仪、无人值守的现场采集器、人机界面等专用设备。

MCGS 嵌入式组态软件的主要功能如下。

（1）简单灵活的可视化操作界面。

采用全中文、可视化的操作界面，符合中国人的使用习惯和要求。

（2）实时性强，有良好的并行处理性能。

真正的 32 位系统，以线程为单位对任务进行分时处理。

（3）丰富生动的多媒体画面。

以图像、图符、报表、曲线等多种形式,为操作员及时地提供相关信息。

(4) 完善的安全机制。

提供了良好的安全体制,可以为多个不同级别的用户设定不同的操作系统。

(5) 强大的网络功能。

具有强大的网络通信功能。

(6) 多样化的报警功能。

提供多种不同的报警方式,具有丰富的报警类型,方便用户进行报警设置。

(7) 支持多种硬件设施。

总之 MCGS 嵌入式组态软件有与通信组态软件一样强大的功能,并且操作简单,易学易用。

2. MCGS 组态软件的组成

MCGS 嵌入版生成的用户应用系统,由主控窗口、设备窗口、用户窗口、实时数据库和运行策略等部分组成,如图 5-34 所示。

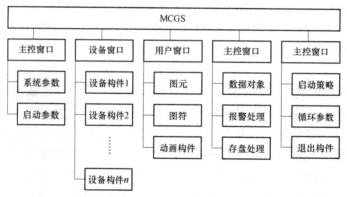

图 5-34　MCGS 组态软件的组成

1) 主控窗口

主控窗口构造了应用系统的主框架,确定了工业控制中工程作业的总体轮廓,以及运行流程、特性参数和启动特性等内容,是应用的主框架。

2) 设备窗口

设备窗口是 MCGS 嵌入式系统与外部设备联系的媒介,专门用来放置不同类型和功能的设备构件,实现对外部设备操作和控制。设备窗口通过设备构件将数据采集进来,送入实时数据库,或把实时数据库的数据输出到外部设备。

3) 用户窗口

用户窗口实现了数据和流程的"可视化",在用户窗口中可以放置 3 种不同类型的图形对象:图元、图符和动画构件。通过在用户窗口内放置不同的图像对象,用户可以构造各种复杂的图像界面,用不同的方式实现数据和流程的"可视化"。

4) 实时数据库

实时数据库是 MCGS 嵌入式系统的核心,相当于一个数据处理中心,同时也能起到公共数据交换区的作用。从外部设备采集来的实时数据送入实时数据库,系统其他部分操作的数据也来自于实时数据库。

5）运行策略

运行策略是对系统运行流程实现有效控制的手段，运行策略本身是系统提供的一个框架，其里面放置由策略条件构件和策略构件组成的"策略行"，通过对运行策略的定义，使系统按照设定的顺序和条件操作任务，实现对外部设备工作过程的精确控制。

3. 认识 TPC7062K 触摸屏

嵌入式组态软件的组态环境和模拟运行环境相当于一套完整的工具软件，可以在 PC 上运行。

嵌入式组态软件的运行环境是一个独立的运行系统，它按组态工程用户指定的方式进行各种处理，完成用户组态设计的目标和功能。运行环境本身没有什么意义，必须与组态工程一起作为一个整体，才能构成用户的应用系统，一旦组态工作完成，并且将组态好的工程下载到嵌入式一体化触摸屏（例如 TPC7062K）的运行环境中，组态工程就可以离开组态环境而独立运行。TPC 是北京昆仑通态自动化软件科技有限公司自主生产的嵌入式一体化触摸屏系列型号。

1）TPC7062K 的优势

（1）高清：800×480 像素分辨率，体验精致、自然、通透的高清盛宴。

（2）真彩：65 535 色数字真彩，丰富的图形库，享受顶级震撼画质。

（3）可靠：抗干扰性能达到工业Ⅲ级，采用 LED 背光永不黑屏。

（4）软件：MCGS 全功能组态软件，支持闪存盘（U 盘）备份恢复，功能更强大。

（5）时尚：7 英寸（1 英寸=2.54 厘米）宽屏显示、超清、超薄机身设计，引领简约时尚。

（6）服务：立足中国，全方位、本土化服务。星级标准，用户至上。

2）TPC7062K 的外观

TPC7062K 的正视图、背视图分别如图 5-35、图 5-36 所示。

图 5-35　正视图

图 5-36　背视图

（二）触摸屏组态软件的使用

MCGS 组态软件与三菱 FX 系列 PLC 组态过程介绍如下。

1. 工程建立

双击 Windows 操作系统桌面上的组态环境快捷方式，可打开组态软件，然后按照如下步骤建立通信工程。

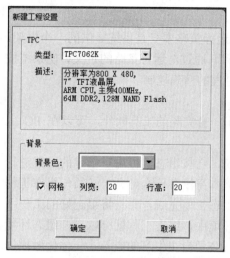

（1）单击文件夹菜单中"新建工程"选项，弹出"新建工程设置"对话框，TPC类型选择为"TPC7062K"，如图5-37所示，然后单击"确定"按钮。

（2）选择文件菜单中的"工程另存为"菜单项，弹出文件保存窗口。

（3）输入文件名，单击"保存"按钮，工程创建完毕。

2. 设备组态

（1）在工作台中激活设备窗口，鼠标双击"设备窗口"图标进入设备组态画面，如图5-38所示。单击工具条中的"工具箱"按钮打开设备工具箱，如图5-39所示。

图5-37 "新建工程设置"对话框

图5-38 单击"设备窗口"图标

图5-39 打开设备工具箱

（2）在设备工具箱中，按先后顺序双击"通用串口父设备"和"三菱_FX系列编程口"，添加至组态画面，如图5-40所示。提示"是否使用'三菱_FX系列编程口'驱动的默认通信参数设置串口父设备参数？"，如图5-41所示，单击"是"按钮。

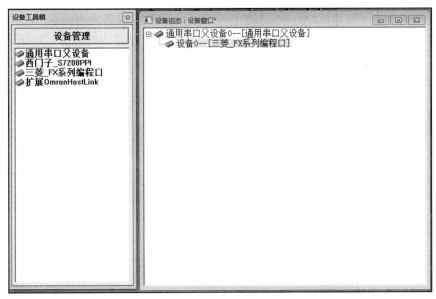

图 5-40　设备组态窗口

图 5-41　默认通信参数设置串口父设备

所有操作完成后关闭设备窗口,返回工作台。

3. 窗口组态

(1)在工作台中激活用户窗口,鼠标单击"新建窗口"按钮,建立新画面"窗口0",如图 5-42 所示。

图 5-42　新建窗口"窗口0"

（2）接下来单击"窗口属性"按钮，弹出"用户窗口属性设置"对话框，在"基本属性"页，在"窗口名称"处可以进行名称的修改，单击"确认"按钮进行保存。如图5-43所示。

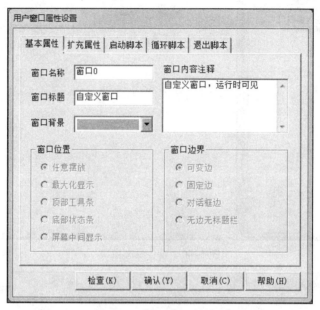

图5-43 用户窗口属性设置

（3）在用户窗口双击图标进入"窗口0"，打开工具箱，如图5-44所示。

图5-44 打开工具箱

（4）建立基本元件。

① 按钮。

从工具箱中单击选中"标准按钮"构件，在窗口编辑位置按住鼠标左键，拖放出一定大小后，松开鼠标左键，这样一个按钮构件就绘制在了窗口画面中，如图 5-45 所示。

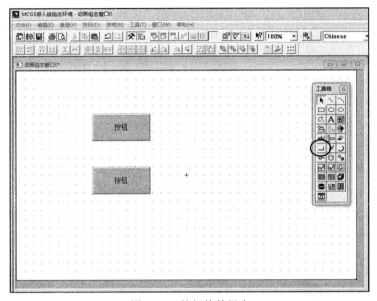

图 5-45　按钮构件组态

接下来双击该按钮打开"标准按钮构件属性设置"对话框，在"基本属性"页中将"文本"修改为"启动"，也可修改按钮的文本颜色、背景色等参数。按照同样的方法修改另一个按钮的参数。按住键盘的 ctrl 键，然后单击鼠标左键，同时选中两个按钮，使用工具栏中的"等高宽""左（右）对齐"和"纵向等间距对齐"三个按钮进行排列对齐。完成后如图 5-46 所示。

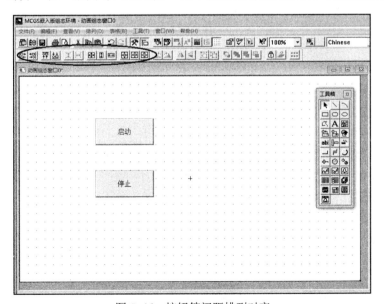

图 5-46　按钮等间距排列对齐

② 指示灯。

用鼠标单击工具箱中的"插入元件"按钮,打开"对象元件库管理"对话框,选中图形对象,如图 5-47 所示。选中库指示灯中的一款,单击"确定"按钮添加到窗口画面中,并调整到合适大小。采用同样的方法再添加两个指示灯,摆放在窗口中按钮旁边的位置,如图 5-48 所示。

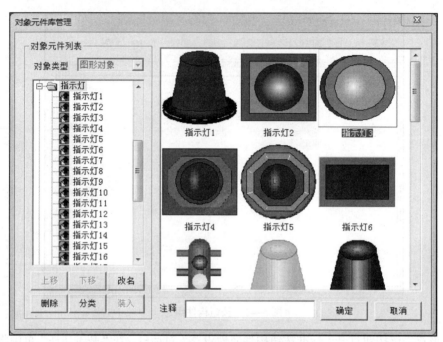

图 5-47 对象元件库管理

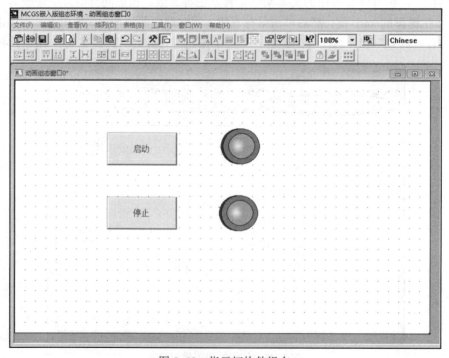

图 5-48 指示灯构件组态

(5)建立数据链接。

① 按钮。

双击"启动"按钮,弹出"标准按钮构件属性设置"对话框,如图5-49所示,在"操作属性"页,单击"抬起功能"按钮,在"数据对象值操作"选择"按1松0"选项。

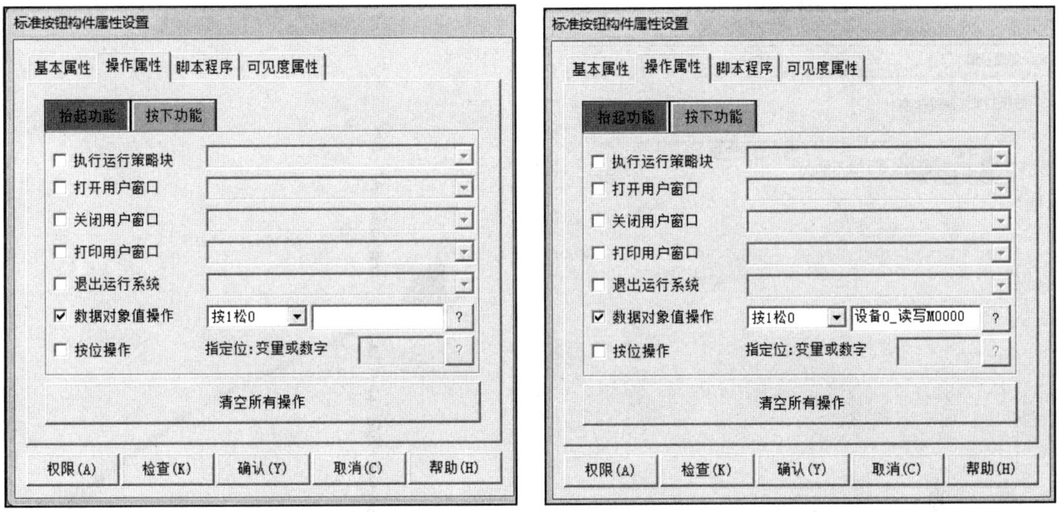

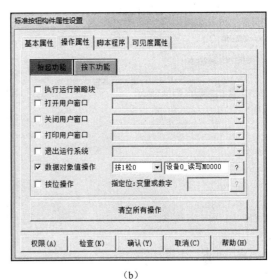

(a)　　　　　　　　　　　　　　(b)

图5-49　按钮构件属性设置

单击"数据对象值操作"后面的"？"按钮,弹出"变量选择"对话框,选中"根据采集信息生成"单选按钮,"通道类型"选择"M辅助寄存器","通道地址"为"0","读写类型"选择"读写",如图5-50所示。设置完成后单击"确认"按钮。

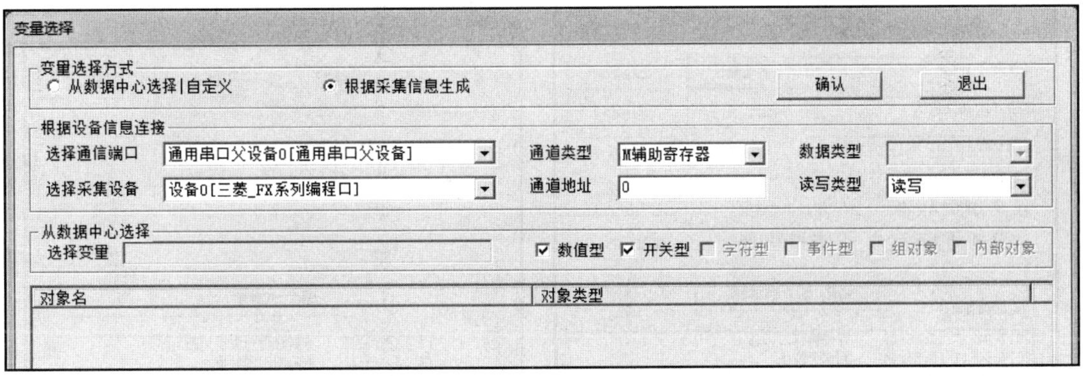

图5-50　变量选择

采用同样的方法,分别对停止按钮进行设置。停止按钮→按1松0→变量选择→M辅助寄存器,通道地址为1。

想一想：按钮的"数据对象操作"除了"按1松0"外还有"置1、清0、取反、按0松1",各种操作有何不同之处？

② 指示灯。

双击按钮旁边的指示灯元件,弹出"单元属性设置"对话框,在"数据对象"页,单击

"？"按钮，选择数据对象"设备 0_读写 M0000"，如图 5-51 所示。

采用同样的方法，将停止按钮旁边的指示灯分别连接变量"设备 0_读写 M0001"。

4. 工程下载

将普通的 USB 线（见图 5-52）扁平接口的一端插到计算机的 USB 口，微型接口的一端插到 TPC 端的 USB2 口。

图 5-51　指示灯构件属性设置

图 5-52　通信线（USB 线）

单击工具条中的"下载"按钮，进行下载配置。单击"连机运行"按钮，"连接方式"选择"USB 通信"，然后单击"通信测试"按钮，通信测试正常后，单击"工程下载"按钮，如图 5-53 所示。

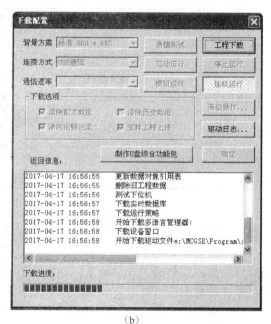

(a)　　　　　　　　　　　　　　　　(b)

图 5-53　工程下载

试一试：MCGS 软件还可以模拟运行，模拟如图 5-54 所示仿真界面。查找说明书，看看应该如何操作？

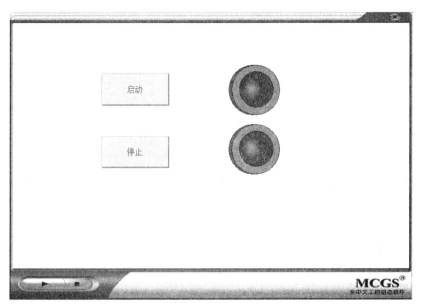

触摸屏组态软件
简介及使用

图 5-54　模拟运行

三、任务实施

（一）I/O 地址分配

通过分析送料小车的运行过程，可得 PLC 控制系统的输入/输出（I/O）分配表，如表 5-16 所示。

表 5-16　I/O 分配表

输入信号			输出信号		
输入元件	设备名称	输入继电器	输出元件	设备名称	输出继电器
SB1	启动按钮	X000	KM1	右行	Y000
SB2	停止按钮	X001	KM2	左行	Y001
SQ0	仓库工位	X002	YA1	装料	Y002
SQ1	1 号工位	X003	YA2	卸料	Y003
SQ2	2 号工位	X004			

因本次任务需用触摸屏控制，各信号地址分配如表 5-17 所示。其中触摸屏中启动和停止信号除了用指示灯进行状态显示之外，还需对 PLC 进行控制，因此设置为"读写"属性。其他信号只需在触摸屏上进行状态显示，设置为"只读"属性。

表 5–17 变量属性设置

控制信号			显示信号		
功能	地址	属性	功能	地址	属性
启动	M0	读写	右行	Y000	只读
停止	M1	读写	左行	Y001	只读
			装料	Y002	只读
			卸料	Y003	只读
			1号工位	X003	只读
			2号工位	X004	只读

（二）电气原理图绘制

根据表 5-16，可绘制 PLC 的外部接线示意图，如图 5-55 所示。

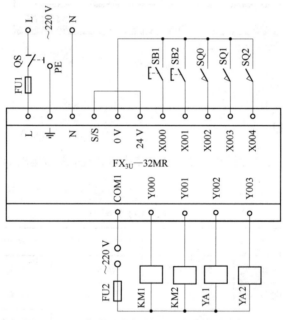

图 5-55　小车自动装卸料 PLC 控制电气原理图

（三）工作流程图绘制

将小车的工作过程进行分解，以流程图形式来表示小车每个工序的动作，从而得到小车的工作流程图，如图 5-56 所示，这就是状态转移图的原型。

（四）顺序功能图绘制

根据上述工作步骤，得到小车控制系统的顺序功能图，如图 5-57 所示。

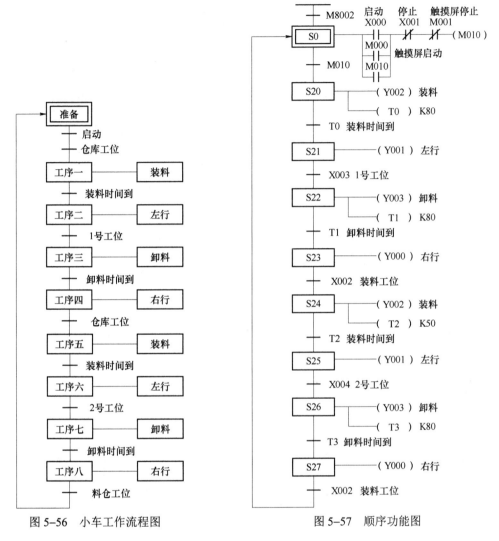

图 5-56　小车工作流程图　　　　图 5-57　顺序功能图

试一试：将图 5-57 所示的顺序功能图转换成梯形图和指令语句表。

（五）触摸屏画面设计

根据系统的控制要求及触摸屏和 PLC 软元件分配，设计触摸屏的画面如图 5-58 所示，主要由文本、按钮及指示灯等组成。

（六）安装与调试

（1）按照图 5-55 完成 PLC 控制电路的连接。
（2）在断电情况下，连接好 PC/PPI 电缆。
（3）接通电源，PLC 电源指示灯点亮，说明 PLC 已通电。
（4）在计算机上运行 GX Developer 编程软件，编写程序，将 PLC 的运行开关拨到"STOP"位置，此时 PLC 处于停止状态，可以进行程序下载。

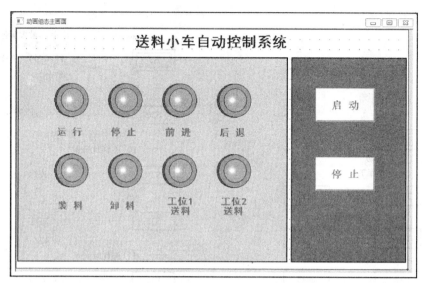

图 5-58 送料小车自动控制系统组态界面

（5）将触摸屏接口与计算机连接好，进行数据下载，观察触摸屏画面是否与计算机画面一致。

（6）调试运行。先不接触摸屏，利用按钮来控制自动送料系统，观察送料小车动作是否与要求一致。动作无误后将 PLC 与触摸屏连接好，利用触摸屏上按钮来控制系统运行，同时观察触摸屏上指示灯情况。

（7）记录程序调试过程及结果。

四、知识进阶——PLC 控制系统的日常维护

虽然 PLC 具有极高的可靠性，但在运行过程中，各种因素如机械故障（配线开路、接线端子的松动、安装不牢固等），还有散热降温措施不当，均可导致 PLC 内部元件损坏；或因空气潮湿而使电子元件遭损坏导致控制系统异常，甚至危及系统的安全，因此为了确保 PLC 控制系统长期安全地工作，定期对 PLC 进行维护和检查是十分必要的。PLC 控制系统应用中需要注意的事项如下。

（一）工作环境

（1）温度。PLC 要求环境温度在 0 ℃～55 ℃，安装时不能放在发热量大的元件下面，四周通风散热的空间应足够大。

（2）湿度。为了保证 PLC 的绝缘性能，空气的相对湿度应小于 85%。

（3）振动。应使 PLC 远离强烈的振动源，防止振动频率为 0～55 Hz 的频繁或连续振动。当使用环境不可避免振动时，必须采取减振措施，如采用减振胶等。

（4）空气。避免有腐蚀和易燃的气体，例如氯化氢、硫化氢等。对于空气中有较多粉尘或腐蚀性气体的环境，可将 PLC 安装在封闭性较好的控制室或控制柜中。

（5）电源。PLC 对于电源线带来的干扰具有一定的抵制能力。

在可靠性要求很高或电源干扰特别严重的环境中，可以安装一台带屏蔽层的隔离变压器，

以减少设备与地之间的干扰。

(二) PLC 锂电池的更换

PLC 除了锂电池和继电器输出触点外,基本没有其他易损元器件。由于存放用户程序的随机存储器(RAM)、计数器和具有保持功能的辅助继电器等均用锂电池保护,锂电池的寿命大约 5 年,当锂电池的电压逐渐降低达一定程度时,PLC 基本单元上电池电压跌落指示灯亮,提示用户注意,有锂电池所支持的程序还可保留一周左右,必须更换电池,这是日常维护的主要内容。调换锂电池的步骤如下:

(1) 在拆装前,应先让 PLC 通电 15 s 以上(这样可使作为存储器备用电源的电容器充电,在锂电池断开后,该电容可对 PLC 做短暂供电,以保护 RAM 中的信息不丢失)。

(2) 断开 PLC 的交流电源。

(3) 打开基本单元的电池盖板。

(4) 取下旧电池,装上新电池。

(5) 盖上电池盖板。

注意:更换电池时间要尽量短,一般不允许超过 3 min。如果时间过长,RAM 中的程序将消失。

(三) 控制系统中的干扰及其来源

现场电磁干扰是 PLC 控制系统中最常见也是最易影响系统可靠性的因素之一,所谓治标先治本,找出问题所在,才能提出解决问题的办法。因此必须知道现场干扰的源头。

通常电磁干扰按干扰模式不同,分为共模干扰和差模干扰。

1. PLC 系统中干扰的主要来源及途径

(1) 强电干扰:PLC 系统的正常供电电源均由电网供电。由于电网覆盖范围广,它将受到所有空间电磁干扰。

(2) 柜内干扰:控制柜内的高压电器、大的电感性负载、混乱的布线都容易对 PLC 造成一定程度的干扰。

(3) 来自接地系统混乱时的干扰:接地是提高电子设备电磁兼容性(EMC)的有效手段之一。正确的接地,既能抑制电磁干扰的影响,又能抑制设备向外发出干扰。

(4) 来自 PLC 系统内部的干扰:主要由系统内部元器件及电路间的相互电磁辐射产生,如逻辑电路相互辐射及其对模拟电路的影响,模拟地与逻辑地的相互影响及元器件间的相互不匹配使用等。

(5) 变频器干扰:一是变频器启动及运行过程中产生的谐波对电网产生传导干扰,引起电网电压畸变,影响电网的供电质量;二是变频器的输出会产生较强的电磁辐射干扰,影响周边设备的正常工作。

2. 主要抗干扰措施

(1) 电源的合理处理,可抑制电网引入的干扰。对于电源引入的电网干扰可以安装一台带屏蔽层的变比为 1:1 的隔离变压器,以减少设备与地之间的干扰。还可以在电源输入端串接 LC 滤波电路。

(2) 正确选择接地点,完善接地系统。良好的接地是保证 PLC 可靠工作的重要条件,可以避免偶然发生的电压冲击危害。此外，屏蔽层、接地线和大地有可能构成闭合环路，在变化磁场的作用下，屏蔽层内又会出现感应电流，通过屏蔽层与芯线之间的耦合，干扰信号回路。

（3）安全接地或电源接地：将电源线接地端和柜体连线接地为安全接地。如电源漏电或柜体带电，可从安全接地导入地下，不会对人造成伤害。

（四）注意事项

（1）可编程控制器的所有单元必须在断电时安装和拆卸。

（2）为防止静电对可编程控制器组件的影响，在接触可编程控制器前，先用手接触某一接地的金属物体，以释放人体所带静电。

（3）注意可编程控制器机体周围的通风和散热条件，切勿将导线头、铁屑等杂物通过通风窗落入机体内。

（4）对 PLC 进行接线时，应按图纸线号进行接线，切勿接错。特别是 PLC 电源线接线时应先确认电压等级，然后再按线号进行接线；否则将烧坏整个 PLC。

（5）切勿对 PLC 进行敲击和高温使用，以防损坏内部元件。

（6）所有接线应牢固、可靠，避免松动。

（7）安拆中应做好原始记录，并对所接线号进行核实确认，保证正确性。

五、思考与练习

（一）填空题

1. MCGS 嵌入式组态软件生成的用户应用系统其结构由主控窗口、_____、_____、_____和_____ 5 个部分构成。

2. TPC7062K 触摸屏采用的电源是_____。

（二）编程题

1. 液体混合监控系统设计。

控制要求：三种液体 A、B、C 分别通过进液阀 Y1、Y2、Y3 送入液罐，三个液位传感器 L1、L2、L3 用来检测液位，一个温度传感器检测温度，出液阀 Y4 排出液体，搅拌器对液体进行搅拌，加热器对液体进行加热。

控制要求：开始，打开进液阀 Y1、Y2，液体 A、B 进入液罐，到达液位 L_2 时，停止注入，开启进液阀 Y3，注入 C 液体，液位到达 L_1 时，停止注入，开启搅拌器搅拌，搅拌时间为 10 s，然后停止搅拌，加热，至温度 T 时，开启出液阀 Y4，放出混合液体，液面降至 L_3 时，经 5 s 延时出液阀关掉。

设计要求：

（1）设计监控界面；

（2）设计 PLC 控制程序；

（3）联机调试实现控制要求。

2. 水塔水位监控系统设计。

控制要求：当水池水位低于水池下限时，液面传感器 SQ1 接通，指示灯 1 闪烁（每隔 1 s 产生一个脉冲），进水阀门打开，开始进水。当水池水位高于水池水位下限时，液面传感器 SQ1 断开，指示灯 1 停止闪烁。当水池水位上升到高于水池水位上限时，液面传感器 SQ2 接通，进水阀关闭，停止进水。

只要水塔水箱中有水，出水阀就自动打开，出水阀打开使水塔水位下降，如果水塔水位低于水塔水位下限时，液面传感器 SQ3 接通，指示灯 2 闪烁（每隔 2 s 产生一个脉冲）；当此时水池水位高于水池水位下限时，电动机启动，水泵抽水。当水塔水位高于水塔水位下限时，传感器 SQ3 断开，指示灯 2 停止闪烁。

设计要求：

（1）设计监控界面；

（2）设计 PLC 控制程序；

（3）联机调试实现控制要求。

附　　录

附录一　三菱 FX₃U 系列 PLC 软继电器

名　称		地址	点数	备　注
输入/输出继电器	输入继电器	X000~X367	248 点	输入/输出软元件的编号为八进制，输入/输出合计为 256 点
	输出继电器	Y000~Y367	248 点	
辅助继电器	一般用（可变）	M0~M499	500 点	通过参数可以更改保持/非保持的设定
	保持用（可变）	M500~M1023	524 点	
	保持用（固定）	M1024~M7679	6 656 点	—
	特殊用	M8000~M8511	512 点	—
状态继电器	初始化状态（一般用 [可变]）	S0~S9	10 点	通过参数可以更改保持/非保持的设定
	一般用 [可变]	S10~S499	490 点	
	保持用 [可变]	S500~S899	400 点	
	信号报警器用（保持用 [可变]）	S900~S999	100 点	
	保持用 [固定]	S1000~S4095	3 096 点	—
定时器（ON 延迟定时器）	100 ms	T0~T191	192 点	0.1~3 276.7 s
	100 ms（子程序、中断子程序用）	T192~T199	8 点	0.1~3 276.7 s
	10 ms	T200~T245	46 点	0.01~327.67 s
	1 ms 累积型	T246~T249	4 点	0.001~32.767 s
	100 ms 累积型	T250~T255	6 点	0.1~3 276.7 s
	1 ms	T256~T511	256 点	0.001~32.767 s
计数器	一般用增计数器（16 位）[可变]	C0~C99	100 点	0~32 767 的计数器。通过参数可以更改保持/非保持的设定
	保持用增计数器（16 位）[可变]	C100~C199	100 点	
	一般用双方向（32 位）[可变]	C200~C219	20 点	−2 147 483 648~+2 147 483 647 的计数器。通过参数可以更改保持/非保持的设定
	保持用双方向（16 位）[可变]	C220~C234	15 点	

续表

名　　称		地址	点数	备　注
高速计数器	单相单计数的输入双方向（32位）	C235～C245	C235～C255 最多可以使用 8 点［保持用］，通过参数可以更改保持/非保持的设定，设定范围为 −2 147 483 648～+2 147 483 647。 硬件计数器 单相：100 kHz×6 点，10 kHz×2 点 双相：50 kHz（1 倍），50 kHz（4 倍） 软件计数器 单相：40 kHz 双相：40 kHz（1 倍），10 kHz（4 倍）	
	单相双计数的输入双方向（32位）	C246～C250		
	双相双计数的输入双方向（32位）	C251～C255		
数据寄存器	一般用（16位）［可变］	D0～D199	200 点	通过参数可以更改保持/非保持的设定
	保持用（16位）［可变］	D200～D511	312 点	
	保持用（16位）［固定］ ＜文件寄存器＞	D512～D7999 ＜D1000～D7999＞	7 488 点 ＜7 000 点＞	通过参数可以将寄存器 7 488 点中 D1000 以后的软元件以每 500 点为单位设定为文件寄存器
	特殊用（16位）	D8000～D8511	512 点	—
	变址用（16位）	V0～V7，Z0～Z7	16 点	—
扩展寄存器	扩展寄存器（16位）	R0～R32767	32 768 点	通过电池进行停电保持
扩展文件寄存器	扩展文件寄存器（16位）	ER0～ER32767	32 768 点	仅在安装存储器盒时可用
指针	JUMP、CALL 分支用	P0～P4095	4 096 点	CJ 指令、CALL 指令用
	输入中断 输入延迟中断	I0□□～I5□□	6 点	—
	定时器中断	I6□□～I8□□	3 点	—
	计数器中断	I010～I060	6 点	HSCS 指令用
嵌套	主控用	N0～N7	8 点	MC 指令用
常数	十进制数（K）	16 位	−32 768～+32 767	
		32 位	−2 147 483 648～+2 147 483 647	
	十六进制数（H）	16 位	0～FFFF	
		32 位	0～FFFFFFFF	
	实数（E）	32 位	-1.0×2^{128}～-1.0×2^{-126}，0，1.0×2^{-126}～1.0×2^{128}，可以用小数点和指数形式表示	
	字符串（" "）	字符串	对用" "框起来的字符进行指定。指令上的常数中，最多可以使用到半角的 32 个字符	

附录二　三菱 FX_{3U} 系列 PLC 基本指令

基本指令在下面的系统中对应，但是对象软元件有所不同。

对应的可编程控制器	FX_{3U}	FX_{3UC}	FX_{3G}	FX_{1S}	FX_{1N}	FX_{2N}	FX_{1NC}	FX_{2NC}
MEP、MEF 以外的基本指令	○	○	○	○	○	○	○	○
MEP、MEF 指令	Ver2.30 以上	Ver2.30 以上	○	×	×	×	×	×
有/无对象软元件（D□.b）	○	○	×	×	×	×	×	×
有/无对象软元件（R）	○	○	○	×	×	×	×	×

类型	符号	名称	符　号	功能	对象软元件
触点指令	LD	取		a 触点的逻辑运算开始	X、Y、M、S、D□.b、T、C
	LDI	取反		b 触点的逻辑运算开始	X、Y、M、S、D□.b、T、C
	LDP	取脉冲上升沿		检测到上升沿运算开始	X、Y、M、S、D□.b、T、C
	LDF	取脉冲下降沿		检测到下降沿运算开始	X、Y、M、S、D□.b、T、C
	AND	与		串联 a 触点	X、Y、M、S、D□.b、T、C
	ANI	与反转		串联 b 触点	X、Y、M、S、D□.b、T、C
	ANDP	与脉冲上升沿		上升沿检出的串联连接	X、Y、M、S、D□.b、T、C
	ANDF	与脉冲下降沿		下降沿检出的串联连接	X、Y、M、S、D□.b、T、C
	OR	或		并联 a 触点	X、Y、M、S、D□.b、T、C
	ORI	或反转		并联 b 触点	X、Y、M、S、D、T、C

续表

类型	符号	名称	符号	功能	对象软元件
触点指令	ORP	或脉冲上升沿		上升沿检出的并联连接	X、Y、M、S、D□.b、T、C
	ORF	或脉冲下降沿		下降沿检出的并联连接	X、Y、M、S、D□.b、T、C
结合指令	ANB	电路块与		回路块的串联连接	—
	ORB	电路块或		回路块的并联连接	—
	MPS	存储进栈		压入堆栈	—
	MRD	存储读栈		读取堆栈	—
	MPP	存储出栈		弹出堆栈	—
	INV	反转		运算结果的反转	—
	MEP	M·E·P		上升沿时导通	—
	MEF	M·E·F		下降沿时导通	—
输出指令	OUT	输出		线圈驱动	Y、M、S、D□.b、T、C
	SET	置位		动作保持	Y、M、S、D□.b
	RST	复位		解除保持的动作，清除当前值及寄存器	Y、M、S、D□.b、T、C、D、R、V、Z
	PLS	脉冲		上升沿微分输出	Y、M
	PLF	下降沿脉冲		下降沿微分输出	Y、M
主控指令	MC	主控		连接到公共触点	Y、M
	MCR	主控复位		解除连接到公共触点	—
其他指令	NOP	空操作	—	无处理	—
结束指令	END	结束		程序结束以及输入/输出处理和返回0步	—

附录三　三菱 FX$_{3U}$ 系列 PLC 功能指令

类型	编号	名称	功　　能
数据传送指令	FNC12	MOV	传送
	FNC13	SMOV	位移动
	FNC14	CML	反转传送
	FNC15	BMOV	成批传送
	FNC16	FMOV	多点传送
	FNC81	PRUN	八进制位传送
	FNC17	XCH	交换
	FNC147	SWAP	高低字节互换
	FNC112	EMOV	二进制浮点数数据传送
	FNC189	HCMOV	高速计数器的传送
数据转换指令	FNC18	BCD	BCD 转换
	FNC19	BIN	BIN 转换
	FNC170	GRY	格雷码的转换
	FNC171	GBIN	格雷码的逆转换
	FNC49	FLT	BIN 整数→二进制浮点数的转换
	FNC129	INT	二进制浮点数→BIN 整数的转换
	FNC118	EBCD	二进制浮点数→十进制浮点数的转换
	FNC119	EBIN	十进制浮点数→二进制浮点数的转换
	FNC136	RAD	二进制浮点数→弧度的转换
	FNC137	DEG	二进制浮点数弧度→角度的转换
比较指令	FNC224	LD=	触点比较 LD [S1] = [S2]
	FNC225	LD>	触点比较 LD [S1] > [S2]
	FNC226	LD<	触点比较 LD [S1] < [S2]
	FNC228	LD<>	触点比较 LD [S1] ≠ [S2]
	FNC229	LD<=	触点比较 LD [S1] ≤ [S2]
	FNC230	LD>=	触点比较 LD [S1] ≥ [S2]
	FNC232	AND=	触点比较 AND [S1] = [S2]

续表

类型	编号	名称	功　　能
比较指令	FNC233	AND ＞	触点比较 AND [S1] ＞ [S2]
	FNC234	AND ＜	触点比较 AND [S1] ＜ [S2]
	FNC236	AND ＜＞	触点比较 AND [S1] ≠ [S2]
	FNC237	AND ＜=	触点比较 AND [S1] ≤ [S2]
	FNC238	AND ＞=	触点比较 AND [S1] ≥ [S2]
	FNC240	OR=	触点比较 OR [S1] = [S2]
	FNC241	OR＞	触点比较 OR [S1] ＞ [S2]
	FNC242	OR ＜	触点比较 OR [S1] ＜ [S2]
	FNC244	OR ＜＞	触点比较 OR [S1] ≠ [S2]
	FNC245	OR ＜=	触点比较 OR [S1] ≤ [S2]
	FNC246	OR ＞=	触点比较 OR [S1] ≥ [S2]
	FNC10	CMP	比较
	FNC11	ZCP	区间比较
	FNC110	ECMP	二进制浮点数比较
	FNC111	EZCP	二进制浮点数区间比较
	FNC53	HSCS	比较置位（高速计数器用）
	FNC54	HSCR	比较复位（高速计数器用）
	FNC55	HSZ	区间比较（高速计数器用）
	FNC280	HSCT	高速计数器的表格比较
	FNC194	BKCMP=	数据块比较 [S1] = [S2]
	FNC195	BKCMP＞	数据块比较 [S1] ＞ [S2]
	FNC196	BKCMP＜	数据块比较 [S1] ＜ [S2]
	FNC197	BKCMP＜＞	数据块比较 [S1] ≠ [S2]
	FNC198	BKCMP＜=	数据块比较 [S1] ≤ [S2]
	FNC199	BKCMP＞=	数据块比较 [S1] ≤ [S2]
四则运算指令	FNC20	ADD	BIN 加法运算
	FNC21	SUB	BIN 减法运算
	FNC22	MUI	BIN 乘法运算
	FNC23	DIV	BIN 除法运算

续表

类型	编号	名称	功能
四则运算指令	FNC120	EADD	二进制浮点数加法运算
	FNC121	ESUB	二进制浮点数减法运算
	FNC122	EMUL	二进制浮点数乘法运算
	FNC123	EDIV	二进制浮点数除法运算
	FNC192	BK+	数据块的加法运算
	FNC193	BK−	数据块的减法运算
	FNC24	INC	BIN 加 1
	FNC25	DEC	BIN 减 1
逻辑运算指令	FNC26	WAND	逻辑与
	FNC27	WOR	逻辑或
	FNC28	WXOR	逻辑异或
特殊函数指令	FNC48	SQR	BIN 开方运算
	FNC127	ESQE	二进制浮点数开方运算
	FNC124	EXP	二进制浮点数指数运算
	FNC125	LOGE	二进制浮点数自然对数运算
	FNC126	LOG10	二进制浮点数常用对数运算
	FNC130	SIN	二进制浮点数 sin 运算
	FNC131	COS	二进制浮点数 cos 运算
	FNC132	TAN	二进制浮点数 tan 运算
	FNC133	ASIN	二进制浮点数 arcsin 运算
	FNC134	ACOS	二进制浮点数 arccos 运算
	FNC135	ATAN	二进制浮点数 arctan 运算
	FNC184	RND	产生随机数
循环指令	FNC30	ROR	循环右移
	FNC31	ROL	循环左移
	FNC32	RCR	带进位循环右移
	FNC33	RCL	带进位循环左移
移位指令	FNC34	SFTR	位右移
	FNC35	SFTL	位左移

续表

类型	编号	名称	功能
移位指令	FNC213	SFR	16位数据的 n 位右移（带进位）
	FNC214	SFL	16位数据的 n 位左移（带进位）
	FNC36	WSFR	字右移
	FNC37	WSFL	字左移
	FNC38	SFWR	移位写入（先入先出/先入后出控制用）
	FNC39	SFRD	移位读出（先入先出控制用）
	FNC212	POP	读取后入的数据（先入后出控制用）
数据处理指令	FNC40	ZRST	成批复位
	FNC41	DECO	译码
	FNC42	ENCO	编码
	FNC45	MEAN	求平均值
	FNC140	WSUM	计算出数据的合计值
	FNC43	SUM	ON 位数
	FNC44	BON	判断 ON 位
	FNC29	NEG	补码
	FNC128	ENEG	二进制浮点数符号翻转
	FNC141	WTOB	字节单位的数据分离
	FNC142	BTOW	字节单位的数据结合
	FNC143	UNI	16位数据的4位结合
	FNC144	DIS	16位数据的4位分离
	FNC84	CCD	校验码
	FNC188	CRC	CRC 运算
	FNC256	LIMIT	上下限限位控制
	FNC257	BAND	死区控制
	FNC258	ZONE	区域控制
	FNC259	SCL	定坐标 （各点的坐标数据）
	FNC269	SCL2	定坐标2 （X/Y 坐标数据）
	FNC69	SORT	数据排列

续表

类型	编号	名称	功能
数据处理指令	FNC149	SORT2	数据排列2
	FNC61	SER	数据检索
	FNC210	FDEL	数据表的数据删除
	FNC211	FINS	数据表的数据插入
字符串处理指令	FNC116	ESTR	二进制浮点数→字符串的转换
	FNC117	EVAL	字符串→二进制浮点数的转换
	FNC200	STR	BIN→字符串的转换
	FNC201	VAL	字符串→BIN的转换
	FNC260	DABIN	十进制ASCII→BIN的转换
	FNC261	BINDA	BIN→十进制ASCII的转换
	FNC82	ASCI	HEX→ASCII的转换
	FNC83	HEX	ASCII→HEX的转换
	FNC209	SMOV	字符串的传送
	FNC202	S+	字符串的结合
	FNC203	LEN	检测出字符串的长度
	FNC204	RIGH	从字符串的右侧开始取出
	FNC205	LEFT	从字符串的左侧开始取出
	FNC206	MIDR	从字符串中的任意位置取出
	FNC207	MIDW	从字符串中的任意位置替换
	FNC208	INSTR	字符串的检索
	FNC182	COMRD	读出软元件的注释数据
程序流程控制指令	FNC00	CJ	条件跳转
	FNC01	CALL	子程序调用
	FNC02	SRET	子程序返回
	FNC03	IRET	中断返回
	FNC04	EI	允许中断
	FNC05	DI	禁止中断
	FNC06	FEND	主程序结束
	FNC08	FOR	循环范围的开始
	FNC09	NEXT	循环范围的结束

续表

类型	编号	名称	功　　能
I/O刷新指令	FNC50	REF	输入/输出刷新
	FNC51	REFF	输入刷新（带滤波器设定）
时钟控制指令	FNC160	TCMP	时钟数据的比较
	FNC161	TZCP	时钟数据的区间比较
	FNC162	TADD	时钟数据的加法运算
	FNC163	TSUB	时钟数据的减法运算
	FNC166	TRD	读出时钟数据
	FNC167	TWR	写入时钟数据
	FNC164	HTOS	（时、分、秒）数据的秒转换
	FNC165	STOH	秒数据的（时、分、秒）转换
脉冲输出定位指令	FNC155	ABS	读出 ABS 当前值
	FNC150	DSZR	带 DOG 搜索的原点回归
	FNC156	ZRN	原点回归
	FNC152	TBL	表格设定定位
	FNC151	DVIT	中断定位
	FNC158	DRVI	相对定位
	FNC159	DRVA	绝对定位
	FNC157	PLSV	可变速脉冲输出
	FNC57	PLSY	脉冲输出
	FNC59	PLSR	带加减速的脉冲输出
串行通信指令	FNC80	RS	串行数据的传送
	FNC87	RS2	串行数据的传送 2
	FNC270	IVCK	变频器的运行监控
	FNC271	IVDR	变频器的运行控制
	FNC272	IVRD	读出变频器的参数
	FNC273	IVWR	写入变频器的参数
	FNC274	IVBWR	成批写入变频器的参数
特殊功能模块/单元控制指令	FNC78	FROM	BFM 的输出
	FNC79	TO	BFM 的写入
	FNC176	RD3A	模拟量模块的读出

续表

类型	编号	名称	功　能
特殊功能模块/单元控制指令	FNC177	WR3A	模拟量模块的写入
	FNC278	RBFM	BFM 分割读出
	FNC279	WBFM	BFM 分割写入
扩展寄存器/扩展文件寄存器控制指令	FNC290	LOADR	扩展文件寄存器的读出
	FNC291	SAVER	扩展文件寄存器的成批写入
	FNC294	RWER	扩展文件寄存器的删除·写入
	FNC292	INITR	扩展寄存器的初始化
	FNC295	INITER	扩展文件寄存器的初始化
	FNC293	LOGR	登录到扩展寄存器
其他的方便指令	FNC07	WDT	看门狗定时器
	FNC66	ALT	交替输出
	FNC46	ANS	信号报警器置位
	FNC47	ANR	信号报警器复位
	FNC169	HOUR	计时表
	FNC67	RAMP	斜坡信号
	FNC56	SPD	脉冲密度
	FNC58	PWM	脉宽调制
	FNC186	DUTY	发出定时脉冲
	FNC88	PID	PID 运算
	FNC102	ZPUSH	变址寄存器的成批保存
	FNC103	ZPOP	变址寄存器的恢复
	FNC64	TTMR	示教定时器
	FNC65	STMR	特殊定时器
	FNC62	ABSD	凸轮顺控绝对方式
	FNC63	INCD	凸轮顺控相对方式
	FNC68	ROTC	旋转工作台控制
	FNC60	IST	初始化状态
	FNC52	MTR	矩阵输入
	FNC70	TKY	数字键输入

续表

类型	编号	名称	功　能
其他的方便指令	FNC71	HKY	十六进制数字键输入
	FNC72	DSW	数字开关
	FNC73	SEGD	7段解码器
	FNC74	SEGL	7段时分显示
	FNC75	ARWS	箭头开关
	FNC76	ASC	ASCII数据的输入
	FNC77	PR	ASCII码打印
	FNC85	VRRD	电位器读出
	FNC86	VRSC	电位器刻度

参 考 文 献

[1] 郭艳萍，张海红. 电气控制与 PLC 应用 [M]. 北京：人民邮电出版社，2013.
[2] 曹菁. 三菱 PLC、触摸屏和变频器应用技术 [M]. 北京：机械工业出版社，2010.
[3] 张文明，华祖银. 嵌入式组态控制技术 [M]. 北京：中国铁道出版社，2013.
[4] 罗光伟. PLC 控制系统设计安装与调试 [M]. 北京：电子工业出版社，2013.
[5] 雷冠军，孔祥伟. 电气控制与 PLC 应用 [M]. 北京：北京理工大学出版社，2010.
[6] FX_{3G}·FX_{3U}·FX_{3UC} 系列微型可编程控制器编程手册 [基本·应用指令说明书]. 三菱电机，2009.
[7] FX_{3U} 系列微型可编程控制器硬件手册. 三菱电机，2005.
[8] FX_{3U} 系列微型可编程控制器用户手册（硬件篇）. 三菱电机，2009.
[9] 三菱通用变频器 FR-D700 使用手册（应用篇）. 三菱电机，2008.